# 데이터로 표현하는 세상

# 데이터로 표현하는 세상

## 정보적 사고의 시작

김현철

KU PRESS
고려대학교
출판문화원

# 책머리에

이 책은 '정보는 우리 머릿속 생각의 표현'이라는 말로 시작된다. 우리 머릿속으로 생각하는 모든 것이 정보이다. 이것을 밖으로 표현해 낸 것이 코드이고, 코드화된 정보는 보관되거나 다른 사람에게 전달된다. 어떻게 코드화해야 명확하고 효율적인 표현력을 가지게 될까라는 문제는 결국 우리 인간의 언어와 문자, 기호의 발달 과정과 맥락을 같이 한다.

디지털 코드도 본질적으로 같은 고민을 가지고 있다. 코드화된 정보는 다시 상호 조합되고 연결되어 새로운 의미, 혹은 문제 해결 방법이 되어 소프트웨어의 모습으로 표현된다. 어떤 문제에 대한 해결법을 우리 인간은 여러 방식으로 표현하여 다른 사람들과 공유하여 왔다. 예를 들어 조립 매뉴얼, 행사 진행 프로그램, 음식 조리 방법, 조직 관리 지침, 업무 매뉴얼 등등이 그에 해당된다. 소프트웨어도 본질적으로 같은 목적과 모습을 가지고 있다. 우리가 어떤 소프트웨어를 사용한다는 것은 그것을 만든 사람의 머릿속 생각을 내가 그대로 빌려 사용한다는 의미가 된다. 달리 말하자면 나만의 문제 해결 방법을 소프트웨어로 만들어 다른 사람이 사용하게 한다는 것은 그 사람이 나의 두뇌를 사용할 수 있게 허용하는 것이라 할 수 있다. 이는 인류의 지식과 두뇌를 상호 공유하여 사용할 수 있는 엄청난 혁명적인 일이다. 만약 세상의 많은 사람들이 자신의 분야에서 자신만의 경험과 아이디어를 소프트웨어 형태로 만들어 다른 모든 사람들과 공유할 수 있게 된다면, 우리는 지금보다 훨씬 더 좋은 세상으로 진입할 수 있을 것이다.

'데이터로 표현하는 세상'이라는 수업을 고려대학교의 핵심교양 정량적사고 영역에 처음 개설한 것이 2004년이었다. 원래는 1학년 인문사회계 학생들을 주 대상으로 하여, 그들에게 정보적 사고 능력을 가르쳐 세상을 바라보고 분석하는 새로운 방법을 습득하게 하고, 자신의 생각을 명시적으로 코드화할 수 있도록 하게 한다는 것이 그 목적이었다. 이것이 소위 말하는 정보적 사고(computational thinking)였고, 그 사고는 전공에 관계없이 21세기 지식정보 사회를 살아가는 모든 사람에게 필수적으로 요구되는 새로운 디지털 소양이라고 믿는다. 이 책은 그 '데이터로 표현하는 세상' 수업에서 사용해 온 강의노트를 재편집하여 엮은 것이다. 디지털 정보의 본질과 그 숨은 의미를 알고 싶은 사람들에게, 그리고 그것이 어떻게 세상의 문제 해결 과정과 지식의 공유 및 재생산 과정에 사용되는지 알고 싶은 사람들에게, 그리고 무엇보다도 정보의 소비자에서 정보의 생산자로 변화하고 싶은 사람들에게 이 책이 조금이나마 도움이 되길 바란다.

언제나 나의 든든한 응원자인 아내와 두 아이들(동준, 민아), 그리고 나의 영원한 후원자이자 멘토이신 우리 부모님, 그리고 일년 365일 항상 나와 함께 연구해 주고 있는 우리 INI(Intelligence & Informatics) 연구실 식구들, 사랑합니다. 그리고 이 책이 완성될 수 있도록 인내를 가지고 편집과 교정 작업을 해 주신 연구실의 성정숙 선생님과 고려대출판부 선생님들, 고맙습니다.

2013년 12월 31일
라이시움 302호실에서 김현철

# 차례

# 1. 정보는 생각의 표현

## 1.1. 데이터, 정보 그리고 지식

*'데이터'와 '정보'와 '지식'의 차이점은 무엇일까요?*

우리는 먼저 '정보'라는 것이 무엇인지 생각해 볼 필요가 있다. 어떠한 것에 대한 정의는 그것과 비슷하다고 생각되는 것과의 차이점을 생각해 볼 때 좀더 수월하게 도출되는 경우가 많다. 이 점을 염두에 두고 우리는 '데이터', '정보', '지식'이라는 용어를 나열해 놓고 그 차이점들을 생각해 보도록 하자. 사실 그것들을 명확하게 구분 짓는 것은 쉽지도 않고 별 의미도 없다. 왜냐하면 그것들의 의미는 모두 인간의 생각에 따라 다르기 때문이다. 그럼에도 불구하고 다음의 예를 가지고 우리가 '정보'라는 용어를 어떻게 사용하고 있는지 살펴보도록 하자.

한 반에 15명은 남자, 나머지 15명은 여자로 구성된 30명의 학급이 있다. 이 학생들의 키를 측정하였다고 하면 30개의 숫자들이 나열될 것이고, 그것은 "**데이터**"이다. 데이터는 단지 숫자들의 나열로, 그 30개 데이터를 '가공'하여 평균을 내 보았을 때 평균 키가 170cm로 나왔다고 한다면 우리는 "이 반 아이들의 키가 이 정도이구나"라는 "**정보**"를 얻게 될 것이다. 이 정보는 책상의 크기를 정할 때 사용할 수 있고 세면대의 높이를 정할 때에도 사용할 수 있다. 이처럼 다양하게 활용될 수 있는 유용한 것이 "정보"이다. 나아가 남학생들 키의 평균은 173cm이고, 여학생들 키의 평균은 165cm라고 하는 또 다른 "정보"를 얻어 낼 수도 있다. 이 정보는 또 다른 의미를 우리에게 줄 수 있다. 하지만 이 정보는 단지 이 특정한 반 학생들에게만 적용될 수 있는 정보이다. 다른 학년의 학생들에게나, 혹은 독일 학생들에게도 적용될 수 있는 정보는 아니다. 그럼에도 우리가 찾은 이 정보에서 우리는 또 다른 상위 레벨의 패턴을 찾아 낼 수 있다. "아, 남학생들의 키가 일반적으로 여학생들의 키보다 크구나"라는 패턴을 생각해 낼 수 있다. 그리고 이 패턴이 이 특정한 반 학생들뿐만 아니라 일반적으로 적용할 수 있는 것이라고 할 때 우리는 이것을 "**지식**"이라고 부를 수 있게 된다.

이 반 학생들의 키 평균이 170cm라고 하는 정보도 그 반 학생들이나 담임 선생님에게는 중요한, 그리고 **의미를 가진** 정보이지만, 과테말라의 초등학교 학생에게는 그것은 한낱 "데이터" 숫자에 불과할 것이다. 또한 반대로 어느 특정 학생의 키가 177.5cm라는 것도 그 반 담임 선생님에게는 데이터이지만, 그 학생 본인에게는 귀중한 정보 혹은 지식도 될 수 있는 것이다. 저자의 이름인 "김현철"도 나를 아는 사람들에게는 의미 있는 정보이며 지식이 될 수도 있겠지만, 그렇지 않은 사람들에게는 그저 4천만 가지의 한국 이름들 중의 하나에 불과한 의미 없는 데이터에 불과할 것이다. 이렇듯 데이터가 누군가에게 "의미"를 가질 때 그것을 "정보"라고 할 수 있으며, 그 의미를 만들기 위해 데이터에 어떠한 가공을 할 수 있다. 그 "의미"는 사람마다 다르게 받아들일 수 있기 때문에 데이터, 정보, 지식의 차이는 매우 상대적이고 개인적인 것이다.

### '정보'의 단어적 의미

'정보'를 한자로 쓰면 情報라고 쓴다 '정(情)'은 마음속의 의미라는 것이고 '보(報)'는 다른 사람에게 알린다는 것이다. 즉 내 마음속의 생각을(의미를) 다른 사람에게 알린다는 뜻으로, 사람들끼리 그들의 생각을 의사소통한다는 의미이다. 하지만 중국에서는 '정보'라고 쓰면 그것은 스파이(spy)와 같은 뜻으로 받아들인다고 한다. 실제로 CIA도 중앙 **정보**국이고, 우리나라도 국가**정보**원이라고 하지 않는가. 중국에서는 대신 '신식(信息)'이라는 용어를 쓴다고 한다. '신(信)' 자는 신호할 때의 그 신 자이다. 즉 부호화(enconding)된 문자(letter)를 의미한다. '식(息)' 자는 휴식, 숨쉴 식이라는 뜻으로, 마음 심(心) 위에 코(自)가 붙어 있는 모습이다. 즉 마음속의 숨이 코를 통하여 오가는 것을 의미하는데, 이것은 내 마음의 의미, 즉 생각이 내 몸 밖으로 오가는데 그것이 신호 심볼(信)을 통해서 오고 간다는 의미라고 할 수 있다. 情報에서도 報, 즉 남에게 알리려면 생각이 어떠한 신호 형태, 그러니까 언어나 문자, 혹은 동작 등으로 표현되어야 한다. 마음속의 생각을 다른 사람과 어떤 심볼을 사용하여 의사소통하는 것을 뜻한다. 그래서 여기서 중요한 두 가지 요소는 '의미'와 그것을 남에게 전달하기 위한 '기호 표현'이라고 할 수 있다.

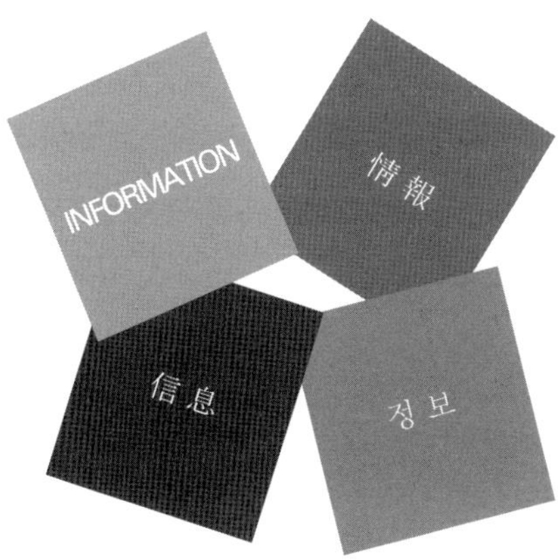

또한 정보는 영어로는 information이라고 쓰는데 그 의미는 어떨까? 어원을 보면 뒤의 'formation'에 주목할 필요가 있다. Formation이 사용되는 information, deformation, conformation, transformation으로, 거기서 사용되는 formation은 'form'에서 나온 말이다. 즉 모양을 만들어 낸다는 의미이다. 그러므로 information은 모양이 없는 존재에 모양을 주입(infusion)한다는 것을 의미한다. 그렇다면 그 모양은 과연 무엇인가. 중국어 '신식(信息)'에서 나온 말처럼 머릿속의 생각, 개념, 의미 등을 머리 밖으로 표현하기 위하여 어떤 모양으로 encoding하는 것이다. 그 모양이 문자, 숫자와 같은 심볼 기호도 될 수 있고 이미지도 되고, 다른 모양, 예를 들면 패턴, 구조, 배열도 될 수 있을 것이다.

한스 크리스천 폰 베이어가 쓴 《과학의 새로운 언어, 정보》(전대호 역, 승산, 2006)에서는 '정보'를 특정 종류의 메시지가 담고 있는 의미와 전문적인 영역에서 메시지를 전달하는 기호(심볼)의 두 가지 의미를 가지고 있으며, 정보기술(IT)은 두 번째 의미라고 하였다. 하지만 둘은 별개의 뜻이 아니며 마음속 생각이나 의미를 다른 사람에게 전달하기 위하여, 혹은 내가 기록하기 위하여 기호 · 심볼 · 형태 등을 사용하여 표현된 것을 의미한다고 생각되며 이것은 information, 정보, 신식이라는 용어에서 모두 다 표현되고 있다. '자연과학(Natural Science)'이 자연을 대상으로 관찰하여 거기서 법칙, 패턴 등을 찾아내려고 하는 것이라고 한다면 '정보과학(Information Science)'은 인간의 머릿속의 생각과 의미를 대상으로 그것을 표현하고 가공하며, 숨겨진 패턴과 법칙을 찾아내려는 분야라고 할 수 있다. 정보기술(IT: Information Technology)은 정보통신기술(ICT: Information Communication Technology)이라고도 하는데, 이는 정보의 습득, 처리, 저장, 전달 등을 컴퓨터와 통신 기술을 이용하여 다루는 것을 의미한다.

### 정보는, 그리고 지식은 당신의 마음속에 있습니다

우리 인간의 뇌 바깥에서 관찰되는 것은 대부분 '데이터'라고 할 수 있으며, 그러한 우리 주변의 수많은 데이터는 우리의 눈, 귀, 코 등을 통하여 우리의 뇌 속에 전달된다. 이 과정에서 뇌는 우리에게 의미가 있을 만한 것만 골라서 전달하며 나머지는 모두 필터링시켜 버린다. 조합 혹은 가공을 하여 정보의 형태로 받아들이기도 한다. 우리에게 전달된 데이터는 우리의 뇌 속에 이미 자리잡고 있는 어떠한 정보나 지식과 연결 조합되어 새로운 정보와 지식을 유추해 내기도 한다. 우리가 오늘 아침 지하철(혹은 버스나 자전거)로 출근할 때 우리 눈으로 본 사람이 몇 명이나 될까. 그중 지금 기억하는 사람은 몇 명이나 될까. 아주 아름다운 여자를 봤거나 아주 우스꽝스런 모습의 사람을 봤거나, 혹은 친했던 고등학교 동창을 만났다면 당신은 아마 그들을 기억하고 있을 것이다. 오늘 마주쳤을 200명의 사람들 중에서 단 세 명만이 당신의 머릿속에 남아 있다면 아마도 그것은 그 세 명이 당신에게 어떤 "의미"가 있었기 때문일 것이다. 혹은 기존의 정보나 지식과 연결시켜졌기 때문일 것이다. 우리는 수많은 데이터들 중에서 나에게 의미 있는 것만 받아들이고 나머지는 걸러내 버린다. 그래서 우리의 머릿속에 남아 있는 것은 모두 어떤 의미를 지니고 있는

그림 1-1. TV 만화에 나온 이 그림은, 정보와 데이터를 잘 구분하여 보여 주고 있다. 만화에 나온 것처럼 나에게 의미 없는 얼굴들은 간략하게 표현되어 사람이라는 것만 구분할 수 있을 정도의 데이터일 뿐이다.

여우가 나타난 것은 바로 그때였다.
"안녕." 여우가 말했다.
"안녕." 어린 왕자가 얌전히 대답하고 몸을 돌렸으나 아무것도 보이지 않았다.
"난 여기 사과나무 밑에 있어." 좀 전의 그 목소리가 말했다.
"넌 누구지? 넌 참 예쁘구나." 어린 왕자가 말했다.
"난 여우야." 여우는 말했다.
"이리 와서 나하고 놀자. 난 아주 슬프단다." 어린 왕자가 제의했다.
"난 너하고 놀 수 없어. 나는 길들어져 있지 않거든." 여우가 말했다.
"아! 미안해." 어린 왕자가 말했다.
그러나 잠깐 생각해 본 후에 어린 왕자는 다시 말했다.
"길들여진다는 게 뭐지?"
"너는 여기 사는 애가 아니구나. 넌 무얼 찾고 있니?" 여우가 물었다.
"난 사람을 찾고 있어." 어린 왕자가 말했다. "길들인다는 게 뭐지?"
"사람들은 소총을 가지고 있고 사냥을 하지. 그게 참 곤란한 일이야. 그들은 병아리들도 길러. 그것이 그들의 유일한 낙이야. 너 병아리를 찾니?" 여우가 물었다.
"아니야. 난 친구들을 찾고 있어. 길들인다는 게 뭐지?" 어린 왕자가 말했다.
"그건 너무 잘 잊혀지고 있는 거지. 그건 '관계를 맺는다'는 뜻이야." 여우가 말했다.
"관계를 맺는다고?"
"그래." 여우가 말했다. "넌 아직은 나에겐 수많은 다른 소년들과 다를 바 없는 한 소년에 지나지 않아. 그래서 난 너를 필요로 하지 않고. 너 역시 마찬가지 일거야. 난 너에겐 수많은 다른 여우와 똑같은 한 마리 여우에 지나지 않아. 하지만 네가 나를 길들인다면 나는 너에겐 이 세상에 오직 하나밖에 없는 존재가 될 거야."
"무슨 말인지 조금 이해가 가." 어린 왕자가 말했다. "꽃 한 송이가 있는데… 그 꽃이 나를 길들인 걸 거야…"

'정보'이다.(〈그림 1-1〉 참고)

프랑스의 비행사이자 작가인 생텍쥐페리가 1943년에 발표한 소설《어린왕자》에 나오는 어린 왕자와 여우의 이야기도 데이터와 정보의 의미를 잘 보여 주고 있다.

수많은 여우들 중에서 '바로 그' 여우와의 약속을 통해 그 여우는 어린 왕자에게 하나의 특별한 의미, 즉 정보로 들어와 있다. 어린 왕자에게 나머지 여우들은 그냥 데이터일 뿐이다.《어린왕자》에는 이런 문구가 있다.

"길들여진다는 것은 나에게 '의미'가 된다는 것". 나에게 의미가 있는 것은 정보, 그렇지 않은 것은 데이터이다. 그리고 '나에게 의미가 있는가'에 대한 기준은 각 사람마다, 상황 맥락마다, 혹은 특정 장소와 시간에 따라 달라질 수도 있다.

사랑하는 사람에게
이런 고백을 해 보자

### 인간의 두뇌 작업은, 인간의 생각과 사고는, 정보처리 작업이라고 할 수 있습니다

그러면 우리의 머릿속에서는 도대체 어떻게 눈, 귀, 코를 통하여 들어오는 수많은 데이터들을 자동으로 '인식'하여 그중에서 '의미' 있는 정보를 골라내며, 그러한 정보들을 기반으로 어떻게 그 복잡한 사고와 계산, 그리고 의사결정 과정을 하는 것이며, 그리고 그러한 의미 정보를 어떻게 효과적으로 표현하여 남에게 전달하는 것일까. 우리의 모든 두뇌 활동은 결국 정보처리 과정이라고 할 수 있으며, 이것에 대해서는 그동안 수백 년 전부터 많은 심리학자, 인지과학자, 철학자, 정보과학자들이 지금까지도 연구하고 있다.

인간의 머릿속에 있는 정보를 처리하기 위해 가장 먼저 필요한 것은 우리의 뇌 속에 존재하는 단편적인 정보의 명시적 표현이다. 내 머릿속에 있는 이 생각을 어떻게 밖으로 표현하여 다른 사람에게 전달할까이다. 이것을 '정보표현'이라고 말한다. 표현을 위해서는 표현의 도구가 필요한데 일반적으로 '언어', 즉 말과 글이 여기에 해당될 수 있다. 실제로 우리는 우리의 생각을 말이나 글, 숫자, 그림, 소리, 행위로 표현한다. 좀더 나아가 표(table), 그래프(graph)뿐 아니라, 서울시 지하철 노선도와 같은 것도 효율적인 정보 표현을 위한 노력이라고 이해할 수 있다.

두 번째로 생각할 수 있는 것은 우리 뇌 속에서 진행되는 정보처리의 절차이다. 단편적인 생각은 정보에 표현에 가깝지만, 그 단편적인 정보들의 관계, 정보의 처리 방법, 절차 등은 어떻게 표현해 낼 것인가는 어려운 문제이다. '업무 매뉴얼, 장난감 조립순서, 프로그램'은 이러한 정보의 처리 절차를 명시적으로 표현하려고 한 노력의 결과물이라고 할 수 있다. 그리고 그것은 대부분 '정보표현'들의 순차적 연결이라는 방법을 사용하고 있다.

## 1.2. 정보처리 자동 기계, 컴퓨터

*컴퓨터는 인간의 정보처리 과정을 자동화한 기계입니다*

20세기를 산업시대라고 말한다. 산업시대의 핵심 키워드는 '기계(machine)'이며, '기계'의 핵심적인 특징은 '반복'과 '자동'이다. 기계만 가진다면 똑같은 것을 자동으로 계속해서 만들 수 있다. 먼 옛날 누군가는 내 머릿속에 가지고 있는 어떠한 정보처리 과정을 다른 사람에게 전달하여 그 사람이 그대로 하게 하면 좋겠다라는 생각을 했을지도 모른다. 그것이 정보처리 과정을 표현한 것이며, 그 과정을 자동으로 처리하는 기계가 바로 '컴퓨터'라는 이름으로 등장한 것이다. 이 '반복'과 '자동'의 의미를 다음의 예를 가지고 다시 한 번 생각해 보자.

A씨는 은행원이다. 그의 업무는 은행에서 고객의 계좌 잔액에 따라 이율을 매겨 이자를 계산하는 일이다. 잔액에 따라 이자를 계산하는 과정은 그가 이미 잘 알고 있고, 고객이 몇백 명 정도 밖에 되지 않았을 때에는

A씨는 수작업으로 그 계산 업무를 처리하는 것이 그리 어려운 일은 아니었을 것이다. 세월이 흘러 그 은행의 고객 수가 백만 명이 되었다고 생각해 보자. 이자를 계산하는 작업 과정은 변하지 않았으며 간단한 절차이지만, 그 간단한 절차를 '반복'하여 백만 명에게 똑같이 계속 적용하여 일을 처리하는 것은 결코 쉬운 일이 아니다. 한 명의 고객에 대한 계산에 1분의 시간이 걸린다고 하더라도 1백만 분이 걸리며 이것은 쉬지 않고 계속한다고 하더라도 1백만 분/60분/24시간/356일 = 약 2년 정도의 시간이 걸리기 때문이다. A씨는 그 간단한 계산 업무를 처리해 줄 수 있는 기계가 필요하다고 생각했을 것이다. '기계'의 핵심은 '반복과 자동'이다. 컴퓨터는 그러한 인간의 뇌 속에서의 정보처리 과정을 자동으로 반복해 처리할 수 있는 기계이다. A씨는 먼저 자신이 이자 계산을 하는 절차를 명시적으로 정확하게 표현하여야 하며, 그것을 프로그램으로 만들어 컴퓨터라는 기계에 넣으면, 그 컴퓨터는 그 프로그램 대로 빠른 속도로 반복해서 백만 명의 이자계산을 일 분 안에 해 줄 수 있는 것이다. 그 컴퓨터는 A씨의 머릿속에 있는 정보처리 절차를 '대신' 해 주고 있는 것이다. A씨의 머릿속 생각이 명시적으로 표현되어 컴퓨터에 넣어지지 않는다면, 컴퓨터는 아무것도 하지 못하는 바보 고철 덩어리에 불과한 것이다.

**컴퓨팅이란 것은 인간의 생각(즉, 정보)의 처리 절차를 생각해 내어 표현하는 것입니다.**
**컴퓨터는 컴퓨팅을 자동 반복 처리해 주는 기계입니다.**

컴퓨터는 주어진 정보처리 절차를 자동적으로 반복 처리해 주는 기계이다. 정보처리 절차를 만들어서 컴퓨터에게 쥐어 주는 것은 사람이 해야 하는 일이다. 다음 예를 읽고 생각해 보자. B씨는 문서 철자법 교정 전문가이다. 어떠한 문서이던지 최종적으로 인쇄가 되기 전 B씨가 최종적으로 철자의 오류를 수정한 후 인쇄소에 넘겨진다. B씨는 수십 년 동안 이 일을 해 왔기 때문에 철자 오류를 정확하게 찾아내고 수정할 수 있는 능력을 갖고 있다. 또 다른 C씨는 그러한 능력을 갖고 있지 못하기 때문에 매번 B씨에게 그 일을 맡겨서 처리했다. 하지만 B씨도 짧은 시간 안에 너무나 많은 문서를 검토해야 하는 경우에는 종종 실수를 범하기도 하고, 시간도 많이 걸린다. B씨의 문서를 읽고 잘못된 철자를 찾아서 수정할 수 있는 능력을 그대로 '반복과 자동'의 능력을 가진 컴퓨터에게 옮겨 놓는다면, 빠르게 자동으로 문서 철자 교정을 할 수 있을 것이다. 그것을 위해서는 먼저, B씨는 자신의 머릿속에서의 정보처리 과정, 즉 철자 오류를 발견하고 수정하는 과정을 명시적으로 머리 밖으로 표현해 낼 수 있어야 한다. 그러나 내 머릿속에서 아무 어려움 없이 정보를 처리했던 일을 명시적으로 표현해 컴퓨터에게 알려주는 것은 무척이나 어려운 일이다. 그것을 정확하게 똑같이 표현해 내는 것은 몇 달이 걸릴 수도 있고 몇 년이 걸릴 수도 있다. 아무튼 B씨는 각고의 노력 끝에 그것을 표현해 내었고 (몇 가지 규칙으로 만들었다) 그것을 컴퓨터 프로그래머에게 주어서 프로그램 코드로 만들어 컴퓨터에 집어넣었다. 그것은 아마도 우리가 사용하고 있는 문서편집기 워드 프로세서에 들어 있는 맞춤법 검사 프로그램과 같은 형태일 것이다. 우리가 컴퓨터에서 그 맞춤법 검사 프로그램을 사용한다는 것은 B씨의 머릿속 생각을 사용하고 있는 것과 마찬가지이다. C씨가 그 컴퓨터를 직접 사용할 수 있다는 것은 다시 말하면 B씨의 머리를 직접 사용하고 있는 것과 같다. 소프트웨어를 사용한다는 것은 다른 사람들의 머릿속 업무 처리 절차를 사용한다는 것과 같다.

위의 두 가지 예를 보게 되면, 다음과 같은 동일한 절차가 진행되어 감을 알 수 있을 것이다. 즉 어느 전문가의 머릿속에 들어 있는 특정 업무 처리 절차, 즉 절차 정보, 절차 지식을 먼저 명시적으로 표현해 내야 한다. 이렇게 표현된 절차 지식을 일반적으로 "**알고리즘**"이라고 부른다. 그 알고리즘은 그대로도 다른 사람들과 공유될 수 있다. 업무 매뉴얼이 그런 것이고, 요리책에 나와 있는 탕수육 요리법이 그런 것이다. 단위작업들이 순서대로 절차대로 정의되어 있으며, 그대로만 따라 하면 문제가 해결될 수 있기 때문이다. 그 다음 그 알고리즘을 **반복**적으로 **자동**으로 빠르게 처리하려고 한다면 컴퓨터라는 기계에 그 알고리즘을 전달해야 한다. 그러기 위해서는 그 알고리즘을 컴퓨터 프로그램으로 프로그래밍하여 전달해야 한다. 성공적으로 전달이 되면, 컴퓨터는 그 정보 처리의 기계, 즉 사람의 생각 기계가 되는 것이다.

우리 머릿속의 생각, 생각 처리 절차를 '반복, 자동 기계'인 컴퓨터에서 대신 수행할 수 있는 형태로 명시적으로 표현해 내는 과정을 일반적으로

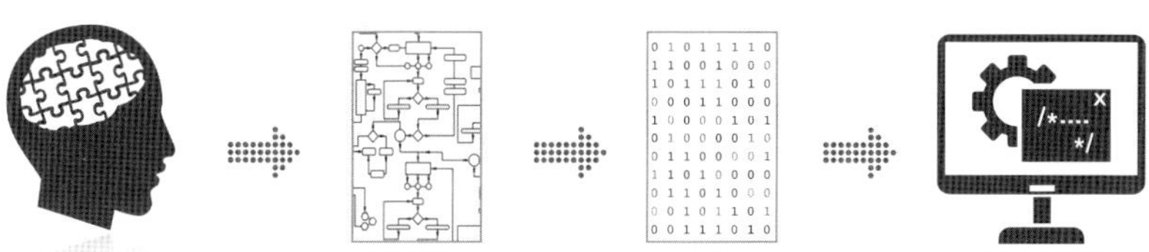

컴퓨팅이라고 부른다. 더 정확한 의미와 정의는 다음 장에서 살펴보도록 하자.

### 읽어보기

흥미로운 것은, 머릿속에 숨겨져 있는 그러한 암묵적인(implicit) 지식을 뇌 밖으로 끄집어 내어 명시적인(explicit) 지식으로 표현해 내는 과정을 통하여, 암묵적인 지식을 더욱더 논리적이고 정확하게 그리고 운이 좋다면 더 효율적으로 향상시킬 수 있다는 것입니다.

心不在焉　마음에 있지 아니하면
視而不見　보아도 보이지 않고
聽而不聞　들어도 들리지 않고
食而不知其味　먹어도 그 맛을 알지 못한다.

—《대학》〈정심장(正心章)〉편 중에서

수많은 데이터 중에서 나에게 의미가 있는 것들이 내 마음속에 들어오는 것이고 그것이 '정보'이다. 나에게 의미 있지 않은 것들은, 보여도 보이지 않고 들어도 들리지 않는 것이다. 그 의미 기준은 나의 경험적, 그리고 내가 위치한 상황맥락적인 것인데, 내가 스스로 결정하기도 하고 혹은 다른 사람이 나에게 의미 있을 만한 것들을 조합 구성하여 제공해 주기도 한다.

# 2. 컴퓨팅 기계

## 2.1. 기계의 등장

근대사에 있어서 가장 큰 변화를 가져온 것은 아마도 산업혁명이며, 산업혁명의 시작을 이야기할 때 흔히 우리가 예로 드는 것이 1800년대 말의 방직 기계일 것이다. 그 이전에는 일일이 수공업으로 직물을 만들었는데, 사실 그 직물을 만드는 과정은 매우 단순한 일련의 작업들의 반복이라는 것이다. 기계는 작은 단위의 작업들을 순서대로 진행할 수 있는, 그래서 반복적으로 자동으로 그 작업들을 진행할 수 있게 하는 도구이다. 이 작은 기계의 성공은, 그 당시 사람들에게 세상의 육체적 노동의 과정을 다시 한 번 분석적으로 보게 만들어 비슷한 방식으로 수많은 기계가 만들어지게 되었다. 그리고 그 기계로 인한 결과는 표준화된 똑같은 물건의 (하지만 획일화된) 대량생산이며, 그 과정에서 효율성(비용, 시간, 노력)이 강조되는 가치가 자리잡게 되었다. 그러한 효율성과 획일화된 대량생산의 가치는 그 이전 시절의 배고프고 무엇이든 부족했던 인간의 고통을 해소시키고 토지와 농업 중심의 사회에서 산업 사회로 변화하는 과정에서 여러 가지 사회적 변화(부와 권력의 분배, 시민사회 등장 등)도 가져 왔지만 한편으로는 에너지 고갈과 공해 문제, 인간성 상실 문제 그리고 부의 편중과

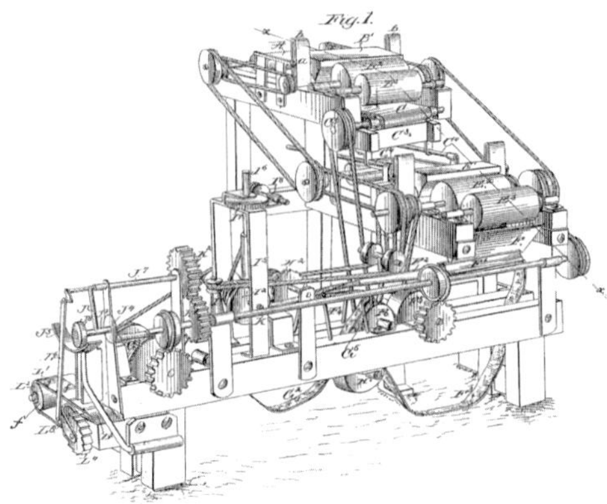

그림 2-1. 본삭(James Albert Bonsack)이 1880년에 발명하여 1881년에 특허를 낸 담배 압연 기계

과도한 경쟁 체제 등의 부작용도 생기게 되었다. 기계의 성공은 결국 그러한 식으로 사람들의 사고방식을 바꿔 놓게 되었다. 예를 들어 1800년대 말에 등장했던 교실에서의 칠판과 학교에서의 사지선다형 시험 방식은 전형적인 산업시대 사고방식의 결과라고 생각된다. 이것은 기계와는 관계가 없을 지 모르지만 짧은 시간에 대량으로 획일적으로 일을 처리하려는 방식으로 등장한 것이므로 산업시대의 사고방식이 그대로 반영된 것이라고 할 수 있다.

〈그림 2-1〉은 1880년에 만들어진 담배를 마는 기계를 보여 주고 있다. 말린 담배 잎을 종이로 말아서 길게 만드는 과정을 분석하여 작은 작업 단위들로 분해하고, 그 단위 작업들을 순서대로 진행하는 '작업 절차'를 만들고, 그것에 따라서 그것을 그대로 수행하는 물리적 기계를 만드는 과정이 산업시대의 기계가 만들어지는 과정이다. 산업시대의 기계는 대부분 인간의 육체적 한계를 극복해 주기 위한 기계가 만들어져 왔다. 특히 인간의 육체적 작업 중에서 '단순 반복' 작업을 대신 해 주기 위한 기계가 대부분이다.

이렇듯 기계는 본질적으로 "**자동화**(automation)"라는 특성을 가지고 있으며, 기계를 가지고 '문제 해결'을 하기 위해서는 문제 자체를 **추상화**(abstraction)해야 하며 추상화를 통하여 문제를 분해(decomposition)하고 그것을 효율적인 절차(procedure)로 재구성하는 일련의 과정이 필요하다. 그 과정을 통해 '자동화'할 수 있는 형태로 표현할 수 있게 된다. 예를 들어 쌀을 가지고 밥을 짓는 과정(즉 문제 해결)을 생각해 보자. 이것을 대신 해주는 '기계'를 만들어 보자. 어떤 추상화와 어떤 분해, 그리고 어떤 재조합이 필요한가.

또한 100여 년 지속된 이러한 기계 기반의 산업시대를 살아 오면서 우리 인간의 사고방식은 이러한 '분해'와 '절차', '재조합'을 통한 문제 해결에 익숙해져 왔다.

## 2.2. 컴퓨팅 기계의 등장

산업시대가 어느 정도 성숙되어 오면서, 우리 인간은 또 다른 목적의 기계를 생각하게 되었다. 즉 인간의 육체적 한계가 아닌 정신적 한계, 그러니까 인간의 정신적 작업을 대신해 줄 '기계'의 필요성을 느끼게 되었다. 그리고 그 해결 방법은 인간의 정신적 작업을 추상화하고 분해하여 재구성함으로써 '자동화'하고자 하였다. 그 결과 만들어진 것이 바로 computing machine, 즉 computer인 것이다. 왜 thinking machine이라고 하지 않았는가? 인간의 thinking의 본질은 무척 광범위하고 아직도 우리에게 알려진 것이 그리 많지 않다. 그중에서 어떠한 문제 해결 과정을 기본적인 '추상'과 '반복'과 '절차'를 가지고 '자동화'할 수 있는 형태로 만드는 것을 'computing'이라고 한다. 위키피디아에서 computing의 정의를 찾아보면 다음과 같이 나온다.

> The term *computing* has sometimes been narrowly defined, as in a 1989 ACM report on *Computing* as a Discipline:
> *The discipline of computing is the systematic study of algorithmic processes that describe and transform information: their theory, analysis, design, efficiency, implementation, and application. The fundamental question underlying all computing is 'What can be (efficiently) automated?'*

즉, 우리 인간의 정신적 행위 중에서 단순 반복하는 작업이 있을 것이고, 그러한 단순 반복 작업을 자동화할 수 있는 형태로 만들면 그것이 '컴퓨팅' 모델이고, 그러한 컴퓨팅 모델을 실제로 자동으로 반복 수행시켜 주는 기계가 바로 '컴퓨터'라고 할 수 있다. 그래서 초기의 컴퓨팅과 컴퓨터는 숫자의 반복 계산 작업에 많이 이용되었다. 예를 들어 우리가 128×9763을 계산한다고 치자. 우리는 이 계산을 직관적으로 하게 되는 것은 아니다. 우리가 배운 곱셈에 대한 규칙을 순서대로 적용해서 (기계처럼) 답을 구해 내는 것이다. 따라서 그 해결 순서를 우리가 분석해 일반화하여 적어 놓고 (이것이 곱하기에 대한 컴퓨팅 모델) 그 순서대로 진행하는 기계를 만들면 그것은 숫자를 곱하는 기계가 되는 것이다. 혹은 우리는 128을 9763번을 반복해서 더하기만 해도 답을 구할 수 있는데, 이를 적용하면 그 곱하기 기계는 더하기 기계만으로도 만들 수 있는 것이다. 만약 이런 기계가 없다면, 어떤 직업의 사람은 하루 종일 더하기나 곱하기만 10시간씩 반복하는 노동을 하고 있을지 모른다. 1800년대 기계의 도입이 가져온 사고방식의 변화가('단순 반복 작업은 기계에게') 우리의 지금을 만들어 왔던 것이라고 생각해 볼 수 있다.

여기서 한 가지 강조해야 할 부분 하나는, 어떤 문제 해결에 대한 아이디어나 생각을 컴퓨팅 모델로 변환시켜 주는 과정은 절대로 자동으로 할 수 있는 일이 아니며, 오직 인간 스스로의 사고로 그 과정을 완성해야 한다는 점이다. 그렇게 해서 컴퓨팅 모델이 일단 만들어지면 원하는 문제 해결을 컴퓨터라는 기계가 자동으로 처리해 주게 되는 것이다.

또 하나의 이슈는, 우리 인간의 정신적 활동 중에서 어떤 것이 컴퓨팅 모델로 만들어질 수 있으며, 또 어떤 것이 만들어질 수 없는 것인가에 대한 근본적인 질문이다. 인간의 모든 정신적 활동을 복잡하긴 하더라도 결국 컴퓨팅 모델로 만들 수 있을 것인가?

### 사칙연산 기계로 세상의 문제 해결하기?: 추상화

우리 머릿속의 생각이 몇 단계를 거쳐 단순한 형태로 바뀌어 해결되는 과정은 생각해 보면 매우 놀라운 일이다. 이것은 추상화의 힘이라고 할 수도 있다. 이것을 조금 과장해서 다시 이야기해 보도록 하자. 사실 과거의 컴퓨터는 이진수에 대하여 사칙연산을 하는 회로만 들어 있는 것이었다. 어떤 것은 이진수의 덧셈만 하는 회로가 들어 있기도 했다. 그렇다면 우리가 수학의 파이 값을 소수점 100자리까지 구하는 작업이나 필기체 한글을 인식하는 작업을 누군가 분석하여 작은 작업 단위들도 분해하고 수행 절차를 만들어 알고리즘으로 '변환(transform)'시켜 놓으면, 그것을 다시 누군가가 컴퓨터 프로그래밍 언어로 코드화시켜 놓고, 그러면 그것은 다시 컴파일러에 의하여 기계어로 변환되어, 결국은 원래의 그 복잡해 보이는 문제에 대한 해결이 덧셈 회로만 있는 컴퓨터에서 이진수의 덧셈의 반복 형태로 수행되는 것이다. (놀랍지 않은가?) 만약에 이 세상의 모든 문제들이 덧셈의 반복의 형태로 변환될 수 있다면, 우리는 덧셈 계산기가

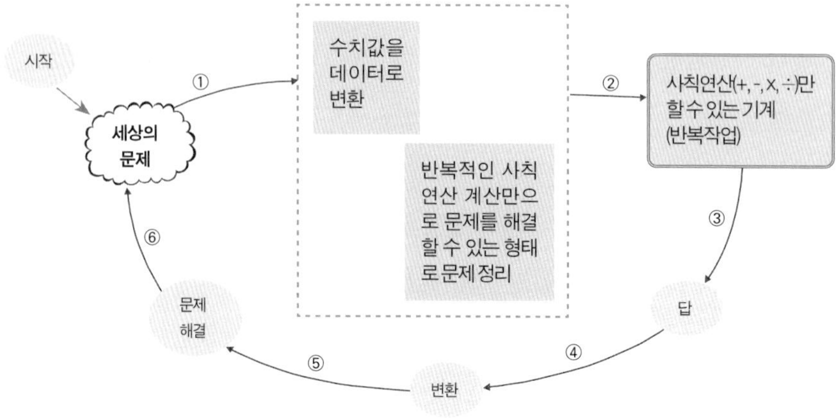


세상의 모든 문제를 해결할 수 있다고 말할 수 있게 되는 것이다. 실제로 세상의 웬만한 문제들은 (그래픽이든, 게임이든) 몇 가지 간단한 기능들을 반복하는 절차적 과정으로 변환할 수 있고 (알고리즘과 프로그램의 형태로 표현) 그것은 다시 우리가 가지고 있는 컴퓨터에서 '빠르게 계산'할 수 있다.

1940년대의 알란 튜링(Alan Turing)은 이러한 computing model이 인간의 '생각'을 흉내 낼 수 있을 것이라고 생각하여, 범용적인 수학적 모델을 만들었는데 그것이 'Turing machine'이다. 그 Turing Machine이 바로 오늘날 우리가 사용하고 있는 '컴퓨터'의 추상적 모델이었며, 실제로 그것이 그대로 현재의 컴퓨터로 만들어졌다. 튜링은 기본적으로 computing에 기반한 'Thinking Machine'을 연구했다. 안타깝게도 그는 1954년 42번째 생일을 얼마 앞두고 의문의 죽음을 당했다.

알란 튜링
(Alan Turing, 1912–1954)

## 2.3. 무엇이 필요한가?

문제 해결 과정에서 발생하는 thinking에 대하여 다시 생각해 보면서 무엇이 필요한가를 살펴보자.

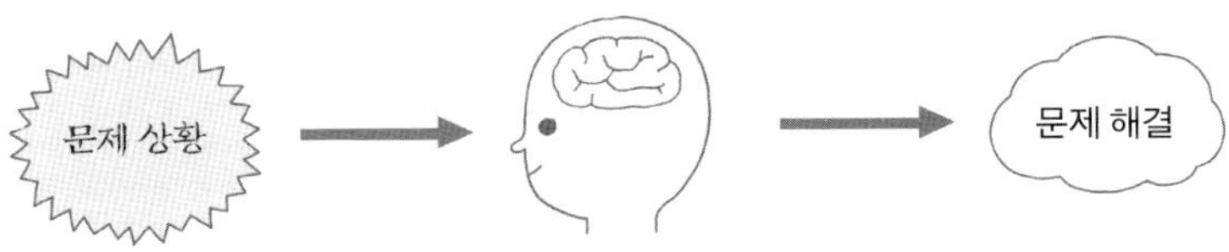


먼저 문제 상황에 대한 정보나 작업들을 최소 단위로 분해하는 것이 필요하다. 큰 문제를 잘게 쪼개는 것, 실마리 정보들을 정리하는 것이 필요하다. 그 다음에는 그것을 이용하여 어떤 절차적 구조로 재구성해 보는 과정을 통하여 문제 해결 방법을 명시화할 수 있게 되는 것이다. 그 분해되어 절차적 구조로 재구성된 문제 해결 방법을 일반적으로 그 문제에 대한 컴퓨팅 모델 혹은 알고리즘이라고 하고, 그것을 프로그램 언어로 코딩하면 컴퓨터에서 돌아가는 컴퓨터 소프트웨어가 되는 것이다.

컴퓨터 소프트웨어는 결국 우리 인간의 정신적 노동, 문제 해결 과정을 대신해 주는 역할을 하는 것이며, 우리 인간처럼 (아마도) 똑같은 정보 처리 절차를 가진다. 즉 Input-Process-Output(IPO)의 절차를 가진다. 우리 인간은 눈, 귀, 코, 등을 통하여 정보를 입력(input)받고 그것을 기반으로 내가 가지고 있는 어떤 문제 해결 방식으로 그것을 처리(process)하고, 그 결과를 출력(output)시킨다. 예를 들어, 우리가 필기체 문자를 인식한다고 생각해 보자. 무엇이 input으로 들어와야 하는가. 그 들어온 input 단위들만 가지고 문제를 해결하는 구체적 절차 혹은 규칙을 써 보자. 새로

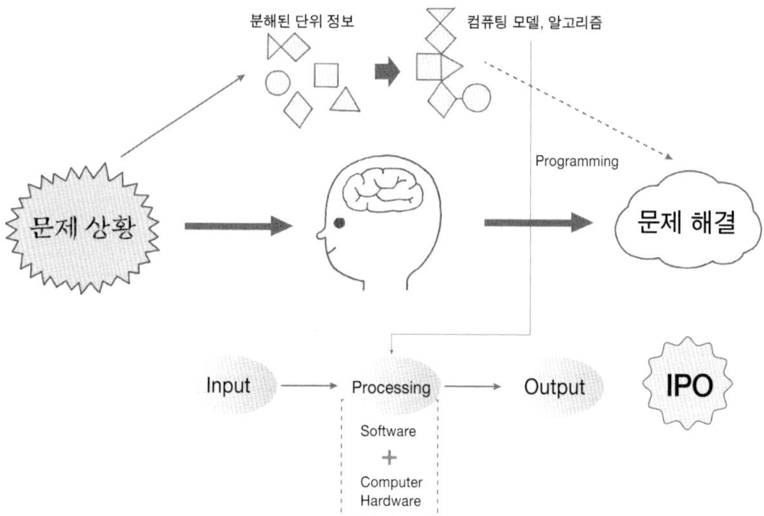


운 문자가 input으로 들어왔을 때 그 절차대로만 하면 정확한 output이 나오는가. 만약 당신이 성공했다고 하면 당신은 필기체 문자 자동 인식 기계를 만든 것이다.

컴퓨팅 모델에서 그 입력(input)되는 정보를 분해하여 정보 단위로 만들고 디지털화하는 과정을 통틀어서 정보의 '코딩'이라고 말한다. 사실 우리가 사용하는 언어, 문자, 숫자 등도 모두 어떠한 정보를 상호 구별할 수 있는 단위로 코딩된 것이라고 할 수 있다. 이 책에서는 정보의 코딩뿐만 아니라 다양한 컴퓨팅 모델을 만들 수 있는 방법에 대해서 다룰 것이며, 그 컴퓨팅 모델을 프로그래밍하는 것에 대해서도 간단하게 살펴볼 것이다. 또한 절차적 컴퓨팅 모델뿐만 아니라 비절차적 모델에 대해서도 살펴보게 될 것이다.

## 2.4. 컴퓨팅 도구(Computing Tools)의 간단한 역사*

인간의 '육체적' 반복적 노동의 한계를 극복하고자 하는 '물리적' 기계에 세상이 몰두해 있던 20세기 이전 시대에, 인간의 '정신적' 반복적 노동의 한계를 같은 방법으로 극복하고자 시도했다는 것은 아무리 생각해도 대단한 것이었다고 생각된다. 기계라기보다 도구에 가깝기는 했지만 이러한 computing 도구가 처음 만들어진 것은 1600년대이며, 우리가 이야기하는 기계의 모습은 1700년대에 등장하게 된다. 그리고 기계식 컴퓨터가 아닌 전자식 컴퓨터는 1900년대 초중반에 등장하는 것이다. 즉 우리가 지금 사용하는 컴퓨터가 어느 날 갑자기 어느 한 천재에 의해 등장하게 된 것은 아니며, 오랜 인간의 역사에서 등장한 계산 도구에서부터 시작하여 1700-1800년대의 산업화 시대를 거치면서 기계의 본질적 의미를

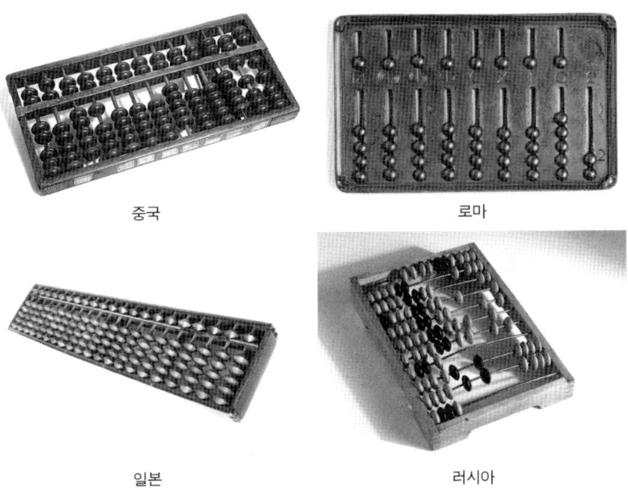


그림 2-2. 세계의 다양한 주판

* 이 절의 일부 내용은 위키피디어 사이트를 참조하였다.

떠고 그러한 모습을 가지게 되었고, 20세기 초반의 전기전자물리학의 발전에 힘입어 다시 전자 기계의 형태를 가지게 되었으며, 최근에는 인터넷과 연결되면서 새로운 모습으로 계속해서 진화해 나가고 있다. 지금 우리가 사용하고 있는 컴퓨터는 바로 1940년대 알란 튜링이 이야기했던 생각기계(Thinking Machine)의 모습이다.

수판 혹은 주판(abacus)에 대한 기록은 기원전부터 전해 내려오는데 아마도 가장 오래된 숫자 계산 도구일 것이다. 이것은 숫자를 코드화하고 계산 방식에 일정한 규칙을 두어 쉽게 처리하고 표시할 수 있게 한 것이지만 반복해서 자동으로 처리할 수 있는 기계 수준은 아니었다. 하지만 숫자 정보의 코드화와 그 처리를 일정한 규칙을 만들어 사용했다는 점은 대단하다고 할 수 있다.

기록에 나온 최초의 기계식 계산기는 프랑스의 파스칼(1623-1662)이 1642년에 처음으로 만든 계산기일 것이다. 세금 계산 일을 하는 아버지를 도울 생각으로 10대 소년일 때 처음 만들었던 것인데 톱니바퀴의 동작

그림 2-3. 파스칼이 1642년에 만든 최초의 기계식 계산기인 파스칼린(Pascaline), 파리국립기술공예박물관 소장.

그림 2-4. 〈좌〉 1885년 처음으로 Felt가 마카로니 박스로 만든 입력 키 사용 계산기. 〈중〉 1887년에 제대로 만든 초기 모델. 72개의 키가 키보드 형태의 입력 장치로 만들어져 있다. 〈우〉1961년에 영국서 발매된 최초의 완전 전자식 계산기.

을 이용해서 덧셈과 뺄셈을 연산하는 것이었으며 곱셈과 나눗셈은 덧셈과 뺄셈의 반복을 통해서 수행되도록 제작되었다. 이러한 방식은 몇 세기 후인 1971년에 개발된 '**마이크로프로세서**'로 그대로 이어졌으며, 그 마이크로프로세서는 오늘날 모든 컴퓨터의 핵심 부품이 되었다. 또한 파스칼의 계산기는 그 이후에 만들어진 기계식 계산기에 직접적인 영향을 주었다. 라이프니츠(1646-1716)는 1671년에 파스칼 계산기에 자동 곱셈과 나눗셈 기능을 추가한 것을 개발하였으며, 1820년에 파스칼과 라이프니츠의 계산기에 영감을 받은 Colmar는 최초의 상용 계산기인 arithmometer를 만들었고, 1885년에 Felt는 파스칼 계산기의 입력 톱니바퀴를 손가락으로 누를 수 있는 키로 바꾸어 comptometer를 발명했는데 이것이 아마도 손가락으로 누르는 키로 입력을 받는 최초의 계산기일 것이다. Felt는 예산 부족으로 마카로니 포장 박스, 꼬치구이용 꼬치, 스테이플과 고무줄로 만들었다고 한다. 그 이후 모두 전자식으로 바뀐 최초의 탁상용 계산기는 1961년에 등장한다.

### 기계를 컨트롤하다: 프로그램 컴퓨터

컴퓨터의 역사는 계산기의 역사와 맥락을 같이 하긴 하지만 조금 다른 관점을 가지고 있다. 원래 컴퓨터(computer)라는 용어는 앞의 그러한 계산기(calculator)를 다루고 사용하는 사람이라는 의미였다고 한다. 계산기와 컴퓨터를 구분 짓는 가장 큰 특징 중의 하나는 바로 사용자 프로그램의 사용과 저장 여부라고 할 수 있다. 왜냐하면 프로그램은 기계의 동작을 컨트롤할 수 있기 때문이다. 즉 넣어 주는 프로그램에 따라서 기계가 다르게 움직이게 한다는 것이다. 이것의 예로는 1801년에 프랑스의 자카드(Jacquard)에 의하여 만들어진 직조기(천을 짜 주는 기계)인데 천공(펀치)카드를 이용하여 천에 새겨지는 무늬를 다르게 만드는 것이었다. 직조기 자체는 전혀 변경하지 않고 카드의 천공 순서만 바꾸어 기계에 집어넣어 다른 무늬의 천이 만들어지게 한 것인데, 이것이 '프로그램'이 가능하게 한 최초의 업적이라고 할 수 있다. 이러한 천공 방식은 정보를 기록하여 그것을 재생할 때도 사용되었다. 그 예로 음악 기계를 들 수 있다. 음악을 판에다가 천공하여 그것을 돌리면 그 음악이 나오게 하는 것인데, 이것은 직조기 이후에 등장하였다.

영국의 캠브리지 대학의 수학교수였던 찰스 배비지는 1820년대에 좀 더 복잡한 기계식 계산기, 다항함수를 계산하는 Differential Engine을 만들었는데 2500개의 부품에 무게가 15톤이나 되는 엄청난 크기였다. 이렇듯 조금만 계산이 복잡해져도 그 크기가 커지고, 조금만 다른 계산을 하

그림 2-5.찰스 배비지의 Analytical Engine. 두 가지 천공카드가 사용되었는데, 앞의 것은 명령어를 입력하기 위한 것이고, 뒤의 것은 데이터를 입력하기 위한 것이다.

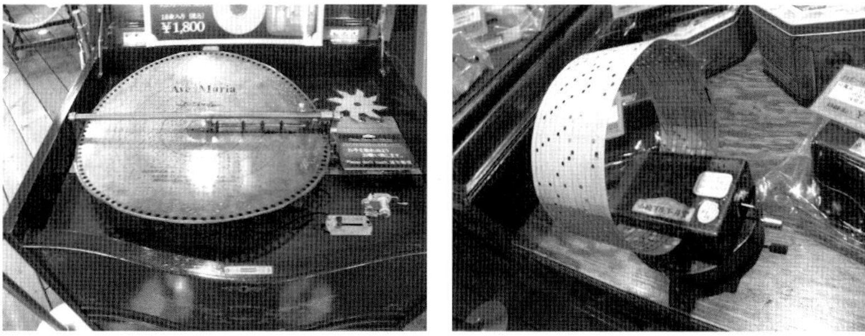


그림 2-6. 일본 오타루의 음악박물관에서 촬영. 왼쪽은 철판에 '아베 마리아'가 천공되어 저장되어 있으며, 오른쪽은 종이에 천공되어 태엽을 돌리면 음악이 재생된다

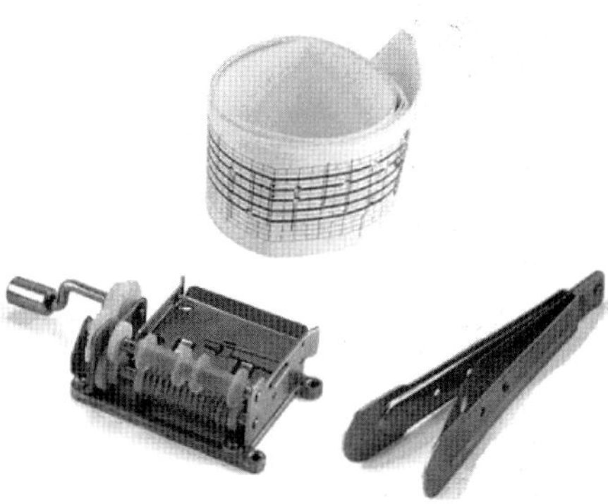

그림 2-7. 최근 장난감 가게에서 '프로그램 뮤직박스' 라는 이름으로 팔고 있는 음악 기계. 제공되는 카드에 직접 천공(펀치)를 하여 넣고 손잡이를 돌리면 천공된 정보에 따라서 음악이 재생된다.

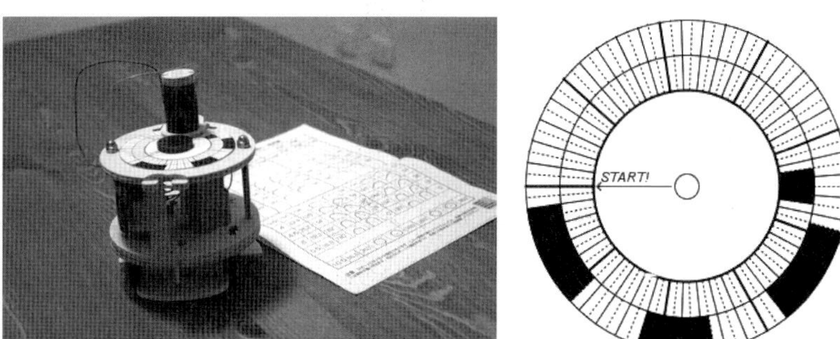


그림 2-8. 일본의 Gakken Robot이라는 과학교구로봇 회사에서 만든 '디지로봇'이라는 교육용 도구. 로봇의 위에 원반 형태의 종이가 있고, 그 종이에 검은색 펜으로 표시함으로써 로봇의 동작을 프로그램하여 로봇을 원하는대로 작동시킨다. 예를 들어, 각 칸마다 안쪽과 바깥쪽이 모두 흰색이면 직진, 안쪽은 흰색, 바깥쪽이 검정색이면 좌회전, 그 반대면 우회전, 양쪽 모두 검정색이면 정지, 이런 식으로 규칙이 있어서, 학생들은 프로그램 용지에 자신이 원하는 경로를 표시하여 로봇이 그대로 움직이게 할 수 있다.

려고 해도 또 다른 기계를 만들어야만 하는 문제가 있었다. 배비지는 천공카드를 이용한 프로그램 기계에 착안하여, 같은 기계라도 프로그램에 따라 여러 작업을 할 수 있는 범용 계산 기계를 생각해 내게 된다. 1837년 그는 최초의 범용 프로그램 컴퓨터라고 할 수 있는 Analytical Engine에 대한 아이디어를 발표한다. 입력은 천공카드로 받고, 전력은 증기엔진으로, 그리고 기어의 위치를 사용하여 숫자를 표현했다. 기계 부품의 정확성과 예산 문제 때문에 그 당시에 완성되지는 못했지만 그 과정에서 '프로그래밍'이라는 개념이 영국에서 잡혀 나가기 시작한다.

*데이터의 대량 자동처리: 저장장치의 등장*

1880년대 말에 미국인 홀러리스(Hollerith)는 기계에서 읽을 용도의 데이터 저장장치를 개발하고 있었는데, 기차표 검표인이 승객의 기차표에다가 그 승객의 특징에 따라 다른 위치에 펀치(천공)하는 것에 착안하여, 키 천공기(키보드 같은 것으로 카드에 천공하는 도구)와 천공카드 정보 처리기(tabulator)를 만들어 1890년 미국 인구센서스에 도입하여 사용하기 시작했다. 천공카드에서 천공의 유무와 위치를 가지고 특정 데이터를 표현하고, 그 tabulator는 천공카드의 그 데이터를 전기 신호로 읽어 들여서 테이

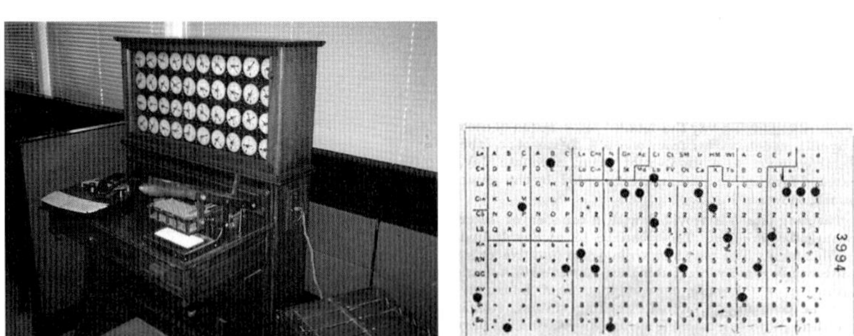


그림 2-9. 1890년의 홀러리스의 tabulator와 천공카드(punch card)

블의 형태로 요약하고 계산 같은 것을 자동으로 해 주는 전기장치이다. 이것은 컴퓨터 역사에서 또 다른 큰 발자취인데, 엄청난 양의 데이터를 자동으로 처리하게 되는 기술의 등장을 의미한다. 홀러리스는 이러한 천공기술을 이용한 대규모 데이터 처리 기술을 가지고 1911년 CTR이라는 회사를 설립했고, 이 회사는 1924년 왓슨에 의해 IBM으로 이름을 바꾸어 공공 및 상업용 대규모 데이터 처리 사업과 컴퓨터와 같은 사무용 자동화 기기 사업의 새로운 장을 열게 된다.

이렇듯 계산 기계, 혹은 데이터 처리 기계의 '입력' 부분은 1800년대 말에 등장한 키보드와 천공카드로 큰 변화를 가져왔다. 반면 계산 기계의 실제 작동은 1900년대 초로 들어오면서 여전히 톱니바퀴를 이용한 기계식이거나 혹은 전기의 전압과 전류의 양을 이용한 아날로그 방식이었다. 그러한 계산 기계는 1900년대 전반기 제2차 세계대전 동안에 급속한 발전을 하게 된다. 그 시기는 계전기, 진공관, 회로 등과 같은 많은 전기 전자

**읽어보기**

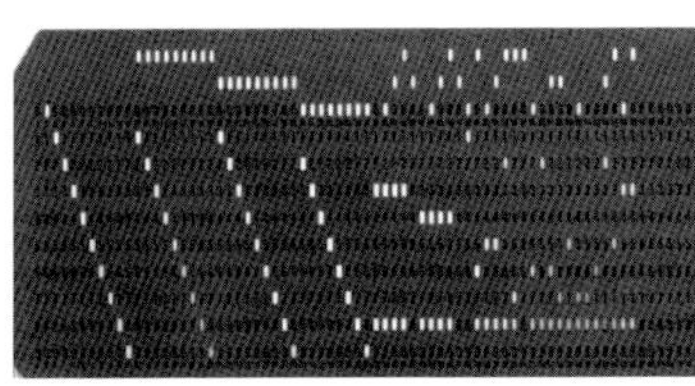

천공카드

저자가 프로그래밍을 처음 배웠던 1984년에도 천공카드를 사용했다. 그 당시 사용하던 IBM의 대형 컴퓨터는 천공카드로만 데이터를 입력받는 것이었기 때문이다. 먼저 종이에 펜으로 프로그램을 쓰고, 타자기처럼 생긴 키 천공기에 천공카드를 넣고 천공을 하는데 프로그램 한 줄이 카드 한 장에 들어간다(프로그램 코드가 200줄이면, 카드 200개). 그렇게 천공된 카드를 순서대로 묶어서 계산소에 제출하면, 몇 일 후에 그 프로그램을 실행한 결과가 프린트되어 내 사물함에 전달된다. 하지만 그 다음 해부터는 천공카드를 사용하지 않고 컴퓨터에 직접 프로그래밍을 키보드로 입력하는 시스템을 사용했다.

적 발견이 있었으며 컴퓨팅에 대한 많은 새로운 이론(파인만, 튜링, 섀논, 폰 노이만 등)이 등장한 시기였다. 그러한 노력의 결과로 1940년대에 들어서 현대적 컴퓨터의 모습을 갖춘 전자계산기가 등장하는데, 어느 것이 최초의 전자식 디지털 범용 컴퓨터인가에 대해서는 아직도 많은 논란이 있다. 그 논란은 여러 기준에 대한 관점 때문에 생기는데, 그것이 완전 전자식 혹은 전기기계식인지, 이진수 혹은 십진수를 쓰는지, 프로그램의 여부는 어떻게 되는지, 튜링머신과 같은 방식인지(이것은 Turing-complete이라고 함), 혹은 최초라는 것이 개발연도인지 첫 운영연도인지 등에 대한 것이다.

*최초의 컴퓨터는?*

독일인 추제(Zuse)가 1941년에 처음 운영시킨 Z3는 최초의 프로그램 기반의 범용 디지털 컴퓨터라고 불린다. 이진수를 사용하였고 프로그램은 35mm 영화 필름을 천공하여 사용했다. Z3가 전자기계식인 것에 비하여 1942년에 처음 운영된 아이오와 주립 대학의 ABC는 최초의 완전 전자식 디지털 컴퓨터라고 불리운다. 하지만 프로그래밍이 가능한 범용 컴퓨터가 아니었고 당연히 튜링머신 방식이 아니었다. 영국의 암호 해독 팀에서 독일군 암호 해독용으로 만들어서 1944년에 처음 사용한 Colossus Mark-1은 케이블과 전기 스위치로 프로그램을 하도록 되어 있었으며 튜링머신 방식은 아니었다. 같은 해 1944년에 운영된 하버드 대학과 IBM의 Harvard Mark-1은 10진수를 쓰는 전자기계식이었으며 완전한 튜링머신 방식은 아니었다. 일반적으로 최초의 완전 전자식 범용 컴퓨터라고 불리우는 ENIAC은 1945년에 운영되는데 10진수 체계를 사용하였으며 케이블과 스위치로 프로그램하는 것이었다. 그 무게는 30톤이나 되었으며 18,000개 이상의 진공관 튜브를 사용하였다. ENIAC은 사람이 7시간 걸

그림 2-10. 케이블 연결을 변경함으로써 ENIAC을 프로그램하고 있는 모습

려 했던 탄도 계산을 단 3초 만에 계산함으로써 컴퓨터의 잠재력을 보여 주었다.

여기까지의 컴퓨터는 프로그램이 천공카드나 테이프를 사용하여 읽어 들이거나, ENIAC처럼 스위치로 케이블 연결을 변경함으로써 프로그램을 하는 프로그램 외장 방식(프로그램이 컴퓨터 밖에 있음)이었다. 현대 컴퓨터의 가장 큰 특징 중 하나인 '프로그램 내장 방식(stored program)'이 처음 사용된 것은 1948년 영국 맨체스터의 빅토리아 대학에서 사용된 실험용 맨체스터 베이비이다. 저장식 프로그램은 프로그램 명령어들이 전자식 메모리에 들어가 있어서 컴퓨터 안에 저장되어 있다는 뜻이다. 실험용이 아닌 정식 컴퓨터로는 영국 캠브리지 대학에서 만든 EDSAC이 처음으로 프로그램 내장 방식을 사용했다. 이후 1950년에 미국 펜실베이니아와 프린스턴 대학에서 폰노이만 방식의 프로그램 내장 방식을 사용한 EDVAC을 개발하였다. 최초의 상업용 컴퓨터는 1951년에 영국 맨체스터 대학에 납품된 Ferranti Mark 1과 미국의 인구통계국에 납품된 UNIVAC-1을 꼽는다. UNIVAC은 최초로 대량 생산된 컴퓨터이며 입력, 연산, 출력을 동시에 할 수 있고 저장은 자기테이프 시스템을 사용하였다. 1953년에는 IBM에서 자기드럼장치를 기억장치로 사용하는 IBM650을 개발한다. 1958년에는 미국에서 텍사스인스트루먼트가 반도체 회로를 처음 개발했으며, IBM에서는 진공관이 아닌 트랜지스터를 사용한 IBM7090/7070을 발표한다.

그 이후에는 프로그램 언어와 운영체제 개발, 반도체와 메모리 분야의 혁신 등이 빠른 속도로 이루어져 왔고, 1980년대와 1990년대에는 애플과 마이크로소프트, 그리고 IBM이 개인용 컴퓨터를 대량 생산하고, 인터넷이 대중화되면서 정보화 혁명이 시작되었고, 2000년대에 들어와서는 웹 2.0의 문화가 확대되면서 관련된 기술과 무선 인터넷, 그리고 유비쿼터스와 스마트 기기와 관련된 환경이 인류의 문화와 역사, 사회를 변화시켜 나가고 있다.

이상과 같이 계산 기계의 역사를 보면 우리가 지금 사용하고 있는 컴퓨터는 1800년대부터 축적된 기술과 사고방식의 발전에 의한 결과물이며 상호 간에 연결되어 영향을 받으면서 진행되어 온 것을 알 수 있다. 분명한 것은 사람의 생각과 사고 자체를 컴퓨팅 모델로 표현하여 컴퓨팅 기계에서 자동으로 수행시키고자 한 그 노력은 분명 우리 인류 역사에서 혁명적인 일이었다고 할 수 있다. 그리고 그 노력은 앞으로 진행될 인류 역사에 비추어 보면 이제 막 시작을 한 단계에 불과하며 앞으로 얼만큼 더 발전이 진행될지 궁금하다.

# 3. 정보 코드와 정보 표현

## 3.1 코드를 통한 정보의 표현

### 코드가 맞는 사람

우리는 흔히 '그 사람은 나와 코드가 맞아' 라는 말을 사용하기도 한다. 정치에서는 한때 '코드 인사(人事)'라는 말이 유행했던 적도 있다. '코드(code)'를 국어사전에서 찾아보면 '전통적인 사회 규약' 그리고 '(컴) 정보를 나타내기 위한 기호의 체계'라고 되어 있다. 위키피디아에서 찾아보면 정보를 다른 형태로 변환하는 규칙이라고 나와 있다. 정리하자면 '정보'를 어떠한 형태로 (예를 들어 기호) 표현하는 것에 대한 것인데 그 표현된 것들 다른 사람들도 알아보게 하려면 그 사람들끼리 그 표현 기호에 대한 합의된 규칙, 규약, 체계 등이 필요하고, 그것을 코드라고 한다는 것이다. 따라서 '코드가 맞는 사람' ⇨ '같은 코드를 사용하는 사람' ⇨ '정보의 상호 교환이 가능한 사람' ⇨ '의사소통이 가능한 사람' ⇨ '생각이 맞는 사람'이라는 의미가 된다.

우리의 머릿속의 어떠한 정보를 밖으로 표현해 내어 다른 사람과 의사소통을 하려면, 어떠한 약속된(혹은 합의된) 기호 형태로 표현하여야 한다. 그 표현 규칙을 '코드'라고 하고 그 코드를 이용하여 정보를 표현하는 것

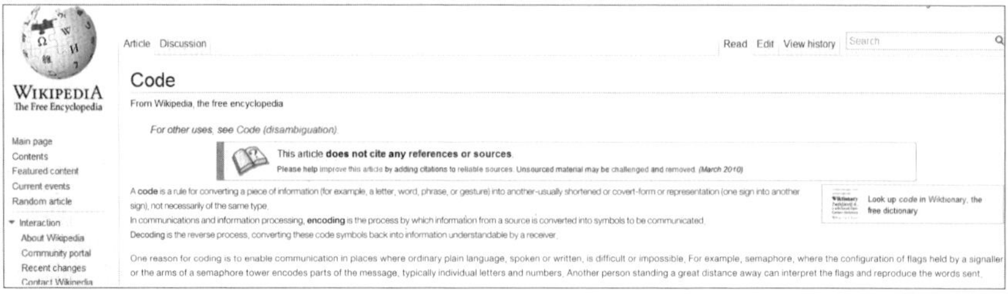

code에 대한 위키피디아의 정의

을 인코드(encode)라 하고, 코드화된 정보를 다시 해석하는 과정을 디코드(decode)라 한다.

결국 내 머릿속의 생각, 정보를 어떻게 효율적으로 표현할 것인가에 대한 것인데, 우리 인간이 사용하는 코드에는 어떤 것들이 있을까. 언어, 문자, 숫자, 이모티콘 기호 같은 것들이 그 예가 될 수 있을 것이다.

먼저 숫자를 생각해 보자. 먼 옛날 누군가가 사냥해 온 동물의 마릿수를 센다고 해 보자. 그 숫자 정보를 무엇을 사용하여 어떻게 표현하고 기록할 것인가. 인간은 숫자 정보를 표현하기 위하여 자연스럽게 '손가락'을 사용했다. 왜냐하면 손가락은 폈다 접었다를 쉽게 할 수 있으므로 '표시'하기 수월하기 때문이다. 우리는 10개의 손가락을 가지고 있으므로, 한꺼번에 열 가지 개수를 표시할 수 있게 되는 것이다. 즉 양손을 합쳐 하나의 표현 단위가 되는 것이고, 그 표현 단위는 (펴는 손가락의 개수에 따라서) 열 가지의 정보를 표현할 수 있다(사실 손가락을 전혀 펴지 않은 상태, 즉 0도 표현한다면 모두 11개를 표현할 수 있다고 하지만 '0'의 개념은 후에 등장했고, 숫자의 표현에 개수와 위치 혹은 자릿수를 사용하게 되면서 오늘날과 같은 10진법 체계가 갖추어졌다). 즉 하나의 단위(한 자리)에 10가지의 정보를 표현할 수 있는 것이다. 만약 발(손)가락이 양쪽 합쳐서 8개만 있는 독수리나 닭 같은 조류가 숫자를 만들었다면 아마도

8진법으로 만들었을 것이다. 두 개의 발굽만 가지고 있는 돼지는 4진수를 사용했을까, 8진수를 사용했을까? 우리가 사용하는 10진수에서처럼, 이렇게 생긴 모양을 이 정보로 표현하기로 하자라고 약속을 정해 놓고 사용하게 되는데 그 약속 규칙을 코드라고 한다. 자 그럼 다시 이 10개의 손가락으로 또 어떤 다른 코드, 즉 정보를 표현하는 방법은 없을까?

**방법1)** 앞서 해 본 것처럼 모든 손가락을 접은 상태에서 숫자만큼 같은 개수의 손가락을 펴게 되면 모두 10가지의 정보를 표현할 수 있는 규칙, 즉 코드를 만들 수 있게 된다. 이것은 10개의 손가락 그룹 전체를 하나의 표현 단위로 보고, 그 하나의 단위가 10개의 다른 정보를 표현하게 하는 것이다. 하지만 표현할 수 있는 정보의 양이 매우 적어 비효율적이다.

**방법2)** 이번에는 정보를 표현하는 단위가 하나의 손가락 각각이라고 생각해 보자. 그러면 이 단위에서는 손가락을 폈다 접었다, 이 두 가지 정보만 표현할 수 있다. 하지만 우리는 이러한 표현 단위가 10개가 있으므로(10개의 손가락!), 그 10개의 단위를 조합하면, 즉 10개의 손가락으로 만들 수 있는 다른 모양의 조합의 개수를 생각해 보자. 하나의 손가락은 폈다 접었다만 하므로 2가지 정보를 표현할 수 있고 그런 것이 10개가 모여 있으니까 $2 \times 2 \times 2 \times 2 \times 2 \times 2 \times 2 \times 2 \times 2 \times 2 = 2^{10}$, 즉 1024가지의 다른 정보를 표현할 수 있는 코드를 만들 수 있는 것이다. 0부터 1023까지의 숫자를 열 손가락의 접고 펴고의 모양 조합 각각에 배정시켜 놓으면 그것이

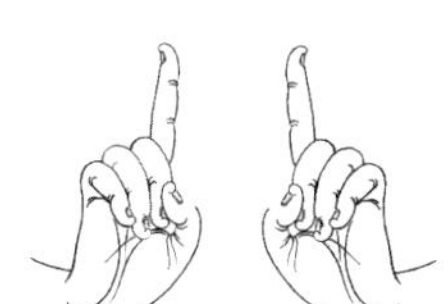

000000 000001
000000 000010
000000 000100
⋮ ⋮
100000 100000
⋮ ⋮
111111 111111

$\} 2^{10}$

바로 코드가 되는 것이고, 그 코드에 의해 숫자를 표현하는 것을 인코딩, 그 표현된 것을 다시 코드에 의해 해석하는 것은 디코딩한다고 말한다. 이 방법은 우리가 사용하는 '이진수' 코딩 방법과 동일하다.

방법3) 만약 손가락을 접고 펴고 할 수 있을 뿐만 아니라 중간 구부리기를 할 수 있다고 한다면, 손가락 하나로 3가지 정보를 표현할 수 있는 것이고, 그런 손가락이 (즉 표현 단위가) 10개가 있으므로 그 10개가 표현해 낼 수 있는 모양의 조합의 개수는 $3\times3\times3\times3\times3\times3\times3\times3\times3\times3 = 3^{10} = 59{,}049$가 된다. 놀랍지 않은가. 우리 손가락 10개로 거의 6만 개의 정보를 표현할 수 있다니! 이것이 3진법이 되는 것이고, 방법2는 2진법이 되는 것이고, 방법1은 열 손가락을 하나의 단위로 생각해서 10가지의 정보를 표현한 것이니까 10진법이 되는 것이다. 즉 진법은 하나의 표현 단위가 표현할 수 있는 정보의 개수에 의해서 정해지며, 단위의 개수가 늘어나면 표현할 수 있는 정보의 가짓수도 지수 단위로 늘어나게 된다.

조류의 발톱은 4개이다. 독수리가 숫자를 만들었다면 8진법이 되었을 것이다

자 이번엔 조금 더 나가서, 우리의

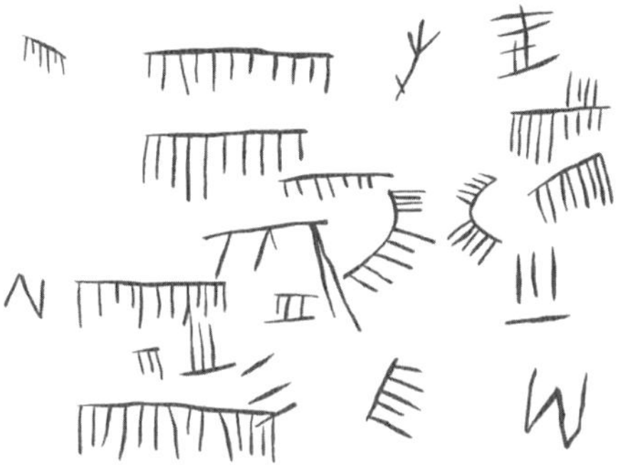

◀ 2만5천 년 전 스페인의 동굴에서 발견된 그림. 이것은 단항기수법, 즉 1진법을 사용한 것으로 추정한다. 즉 1을 의미하는 선이 유일한 기호이며, 그 기호를 반복적으로 사용하여 그 개수로 숫자를 표현한다. 이 방법으로는 큰 숫자를 표현하기 힘들기 때문에 그 이후에 여러 모양의 기호를 사용하여 다른 숫자를 표현하게 하고 그들을 위치조합하기도 하여 다양한 숫자 정보를 표현하고 있다.

▲ 중국에서는 한 손의 다섯 손가락으로 열 가지의 숫자를 표현한다고 한다. 그러므로 손 하나가 열 가지 정보를 표현하는 하나의 단위가 된다. 우리는 두 손(즉 두 개의 표현 단위)이 있으므로 10×10 = 100가지의 숫자를 표현할 수 있을 것이다.

언어를 생각해 보자. 우리 한국 사람이 (한글로) 만들어 낼 수 있는 소리는 몇 가지나 될까. 그것이 무한의 수일까, 유한의 수일까. 아마도 유한일 것이다. 하지만 우리의 생각은 무한이다. 문제는 유한 개의 소리로 무한 개의 정보를 표현해야 한다는 것이다. 다른 나라 사람들은 우리와는 다른 소리를 만들어 냄으로써 다른 표현 방법(코드)을 사용한다. 우리가 사용하는 문자도 마찬가지이다. 26개의 영어 문자도 그렇고 우리 한글 문자 기호 또한 우리 머릿속의 생각을 밖으로 표현하기 위한 약속된 코드이다. 그리고 그 문자들의 조합을 사용하여 새로운 문자와 단어들을 만들어 낸다. 한글을 보면 정교하고 분석적인 코드 체계를 갖추고 있다. 하나의 글자는 자음-모음-자음을 조합하여 만들어지게 된다. 자음은 표준 자음은 14개(ㄱㄴㄷㄹㅁㅂㅅㅇㅈㅊㅋㅌㅍㅎ)이지만 이중 자음(ㄲ ㄸ ㅃ ㅆ ㅉ)까지 포함하면 19개, 모음은 표준 모음은 10개(ㅏ ㅑ ㅓ ㅕ ㅗ ㅛ ㅜ ㅠ ㅡ ㅣ)이지만 이중 모음(ㅐ ㅒ ㅔ ㅖ ㅘ ㅙ ㅚ ㅝ ㅞ ㅟ ㅢ)까지 표현하면 21개가 된다. 그리고 받침에 사용되는 자음은 일반 자음 14개, 겹받침 자음 13개와 받침이 없는 경우를 합치면 모두 28개가 되어, 그들을 조합하면 모두 19×21×28 = 11,172개의 글자를 만드는 것이 이론적으로 가능하다. (사실 실제로 사용하는 글자는 이것보다 훨씬 적다. 현실에서 사용되는 글자의 99.9%가 2,300여 개의 글자라고 한다.) 우리는 우리의 입으로 1만 개가 넘는 다른 소리를 만들어 낼 수 있는가? 사실 우리 한국어에서 사용되는 모든 소리는 이것만 가지고도 충분하고 남을 것이다. 그럼에도 그 코드가 보편적인 인간이 낼 수 있는 모든 소리를 다 표현하는가. 영어 'F' 소리를 표현하는가. 영어 'R'과 'L'의 소리를 구분하여 표시하는가. 남아프리카 원주민의 그 처음 들어본 발음을 정확하게 표현하는가. 사실 우리나라 사람이 그러한 소리를 내지 않으니까 글자로도 표현되지 않는 것이지, 만약 그 새로운 소리를 어느 특정한 글자에 사용하기로 합의한다면 그것도 가능한 것이다. 사실 우리 한글 체계에서 사용하는 기호의 조합만 가지고 만들어 낼 수 있는 글자의 수는 (비록 사용은 안 하지만) 더욱 많다. 한번 상상을 해 보자. 표준 자음이 14개이므로 겹자음을 모두 억지로 만들어 낸다면 14×14 = 196가지이므로 모두 210가지가 가능하다. 받침으로 사용되는 경우에는 받침이 없는 경우도 있으므로 211가지. 겹모음은 기본모음 10가지에서 2개를 골라내는 조합이므로 C(10, 2) = 45가지, 따라서 가능한 모음의 개수는 10 + 45 = 55가지. 그래서 가능한 전체 글자 기호의 개수는 210×55×211 = 2,437,050가 된다. 새로운 소리를 만들어 낸다고 해도 걱정할 필요 없다. 새로운 코드를 배정하면 되니까! 각 민족들은 그 민족의 언어와 주변 환경의 영향을 받아서 자신들만의 문자 코드를 만들어 사용해 오고 있다. 영어나 중국어, 일본어라는 문자 코드를 한번 생각해 보자. 그리고 그 코드의 표현 효율성을 비교해 보자.

우리가 앞의 예에서도 보았듯이 코드를 만드는 것은 가능한 적은 재원

문명의 영향을 받지 않은 어느 밀림의 부족장을 만났는데 그 부족은 문자가 없다고 한다. 그리고 그 부족은 한 손의 다섯 손가락만을 사용하여 (다른 한 손은 창을 들어 있어야 하므로) 소리를 내지 않고 말을 표현하는 수화, 아니 지화(指話)를 만들어야 한다. 그 부족이 사용하고 있는 언어에서 내는 소리는 모두 100개 정도인 것으로 파악되었다. 그들을 위하여 지화(指話)를 만들어 보자, 즉 코드를 만들어 보자. 그리고 그 코드는 그 부족의 학교에서 가르치게 되어 그 부족 사람들은 그 합의된 '코드'를 사용하여 상호 의사 소통을 하게 될 것이다.

으로 가능한 많고 다양한 정보를 표현하고자 하는 코드의 효율성이 중요시 된다. 사실 우리가 코딩하는 목적은 정보를 표현하기 위함도 있지만 이미 만들어진 정보를 더욱 효율적으로 표현하기 위함도 있다.

### 효율적인 코드

우리는 일상생활에서도 코드를 만들어 사용하기도 한다. 예를 들어 패스트푸드 음식점인 켄터키프라이드치킨을 각 단어의 앞 스펠링만 붙여서 KFC라고 하기도 하고, TV프로그램 '웃음을 찾는 사람들'도 마찬가지 방식으로 '웃찾사'라고 하기도 한다. 그런가 하면 경찰에서도 코드를 많이 사용하고 있는데, 예를 들면 '총기를 사용한 강도살인 사건'을 '코드 234'라 부를 수도 있는 것이다. 왜 그렇게 하는가? 더 효율적으로 사용하기 위해서이다. 같은 정보를 표현하는데 전자는 너무 길어 매번 말할 때나 글을 쓸 때 코딩에 시간과 공간이 너무 많이 들기 때문에, 다른 정보와 겹치지 않는 범위 내에서, 그리고 현재 사용되는 코드로 상호 간 이해할 수 있는 범위 내에서, 최대한 효율적인 (크기가 작은) 코드를 만들어 사용하고 있는 것이다. '웃찾사'와 같은 경우는 글자의 첫 음을 모아서 줄인 경우이지만, 좀 다른 방법으로도 코딩의 효율을 높일 수 있다.

동네 슈퍼마켓을 운영하는 아저씨는 매일 가게에 들여놓을 물건을 전화로 주문한다. 예를 들어 생수 두 박스, 라면 한 박스, 백열전구 10개, 손톱깎이 1개 등의 주문이다. 매번 물건 이름을 이야기하는 것이 번거로우니까 물건에 대한 약속된 코드 값을 매겨서 사용한다. 그래서 '강릉 생수 700*ml*짜리 두 박스' 이렇게 이야기하지 않고 '18766번 두 박스' 이렇게 이야기한다. 훨씬 효율적이 되었다. 하지만 가만 생각해 보면 매일 주문하는 생수에도 5자리 코드를 쓰고, 한 달에 한 번 주문하는 손톱깎이에도 5자리 코드를 쓰는 것은 뭔가 비효율적일 것 같다. 따라서 매일 주문하는 생수는 2자리 코드를, 아주 가끔 주문하는 물건에는 7자리 코드를 사용한다면 더 효율적일 수 있다. 즉 항상 사용되는 코드에는 짧은 것은 할당하고, 가끔 사용되는 코드에는 긴 것을 할당해서 전체 정보 전달을 효율적으로 한다는 것도 효율적인 코드화의 한 방법이다. 이러한 사례를 몇 가지 더 보도록 하자.

아래 그림은 1997년에 번역본으로 나온 책인데 2007년에 영화로도 나와서(영화 제목은 '잠수종과 나비') 2008년 골든글로브 수상도 하였다. 프랑스의 어느 잡지 편집장으로 일하던 저자 보비는 젊은 나이에 갑자기 뇌졸중으로 쓰러지고 3주 후에 의식을 회복했지만 그가 움직일 수 있는 것은 왼쪽 눈꺼풀뿐이었다. 그가 15개월 동안 20만 번 이상 눈을 깜빡여서 완성한 책이 바로 이 책이다. 다시 생각해 보자. 보비가 의식을 회복했을 때, 그는 모든 생각을 정상적으로 할 수 있었다. 하지만 그가 움직일 수 있는 것은 왼쪽 눈꺼풀뿐이었다. 언어도 사용하지 못하고, 문자도 사

20세의 장 도미니크 보비

용하지 못하고, 손가락도 사용하지 못한다. 무엇을 사용하여 어떻게 내 머릿속의 생각을 '표현'하여 다른 사람에게 전달할 것인가. 어떻게 의사 소통을 할 것인가. 그가 움직일 수 있는 것은 왼쪽 눈꺼풀뿐인데…, 그의 집필을 도와주는 사람이 매일 병실에 와서 스펠링을 a에서부터 z까지 순서대로 하나씩 읽는다. 그러면 보비는 원하는 스펠링이 나올 때 눈을 깜빡여서 표시한다. 그러면 그 스펠링을 적고, 또다시 보비에게 스펠링을 하나씩 읽어 주는 식이다. 이것이 머릿속으로는 정상적으로 모든 것을 생각하고 있던 그가 바깥의 세상과 의사 소통을 위해 사용할 수 있었던 유일한 방법이었다. 그 과정을 코드의 효율적 관점에서 좀 더 다른 방법을 생각해 볼 수 있다. 자주 사용되는 스펠링을 먼저 불러 준다면, 시간과 노력을 많이 단축시킬 수 있을 것이다. 프랑스어에서 각 스펠링의 발생 빈도 수를 보면 'E S A R I N T U L O M D P C F B V H G J Q Z Y X K W'의 순서라고 한다. 보비에게 이 순서대로 스펠링을 불러 주었다면 훨씬 효율적이었을 것이다.

인기 있는 미국의 퀴즈 프로그램인 'Wheel of Fortune'은 가려져 있는 속담을 알아 맞히기 위해 참가자들이 순서대로 스펠링을 하나씩 불러서 풀어 내는 프로그램인데, 참가자들이 제일 처음 부르는 스펠링은 거의 대부분 'e'이다. 즉 영어에서 제일 많이 나오는 스펠링을 차례대로 불러서 처음의 힌트를 잡아 내려고 하는 것이다.

비슷한 사례는 '모스부호(Morse Code)'에서도 찾아볼 수 있다. 모스부호는 전화가 만들어지기도 전인 1800년대에 장거리 간의 문자 전송을 위하여 만들어진 '코드'이다.

1836년에 미국의 모스는 모스부호와 전신기(electrical telegraph)를 개발하였다. 전선으로 연결돼 전신기의 키를 손가락으로 누르면 전류가 통하고 떼면 전류가 차단되는데, 키를 "띡" 짧게 누르거나, "띠이익—" 하고 길게 누르거나 해서 그 조합으로 문자를 표시하였다. 그러면 전선의 다른 쪽에서는 그 "띡" 혹은 "띠이익"의 조합을 모스코드로 다시 재해석해서 텍스트를 받는 식이었다. 1800년대 말에는 이탈리아에서 전파를 이용한 무선 전신기도 개발하여 장거리 통신 발전에 큰 바탕이 되었다. 키를 한 번 누르는 것은 두 가지 정보(짧게 누르거나, 길게 누르거나)를 표현한다. 영어 스펠링 26개와 숫자 10개를 합치면 36개이므로, 표현 단위(즉 2가지 정보 표현)를 6개 나열하여 조합을 만들면 2×2×2×2×2×2 = 64가지를 표현할 수 있으므로 (5개를 사용하면 32가지가 되어 모자란다) 각 코드를 6개의 길이로 만들면 될 것이다. 하지만 장거리의 수신자에게 적은 노력으로 적은 시간에 더 많은 텍스트를 보내야 하는 입장에서는 당연히 일률적인 길이의 코드가 아니라 더 효율적인 코드를 만들 수 있을 것이다. 그렇게 해서 모스는 영어에서 더 자주 쓰이는 철자에 더 작은 길이의 코드를, 덜 자주 쓰이는 철자에 더 긴 코드를 배정하였다. 이 과정은 흔히 알고 있는 허프만 코딩 방법과 비슷하지만 허프만 코딩 알고리즘은 1950년대에 만들어진 것이고 모스 코드는 1800년대 초중반에 만들어진 것이어서 개발이 상호 직접 연관된 것은 아닐 것이다. 기록에 의하면 모스는 영문자들의 일반적인 분포를 관찰하여 이 코드를 만든 것으로 알려져 있다. 따라서 조금 불완전한 부분도 있다. 그리고 이 모스 코드에서는 문자가 이진 코드와 비슷한 모습을 보이고 있는데, 이것은 아마도 1900년대의 디지털 이진 코드 개념에 큰 영향을 미쳤을 것으로 추측된다.

발생 확률이 높은 것에 작은 코드를 부여하고, 그 반대의 것에 길이가

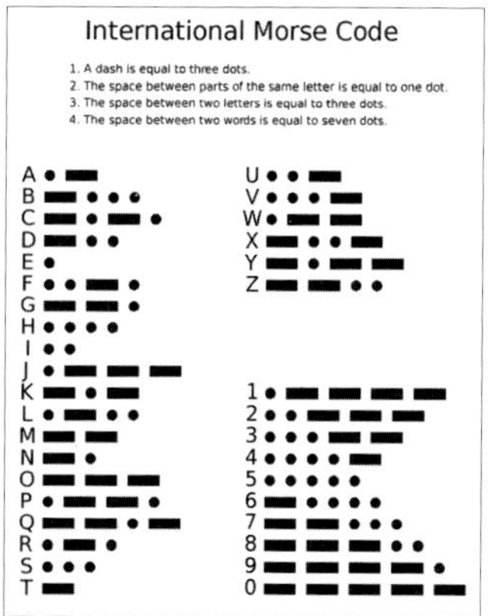

표 3-1. 모스부호표

| 영문 모스부호 | | 한글 모스부호 | | 숫자 모스부호, 약부호 | | |
|---|---|---|---|---|---|---|
| A | ·– | ㄱ | ·–·· | 1 | ·–––– | ·– |
| B | –··· | ㄴ | ··–· | 2 | ··––– | ··– |
| C | –·–· | ㄷ | –··· | 3 | ···–– | ···– |
| D | –·· | ㄹ | ···– | 4 | ····– | ····– |
| E | · | ㅁ | –– | 5 | ····· | ····· |
| F | ··–· | ㅂ | ·–– | 6 | –···· | –···· |
| G | ––· | ㅅ | ––· | 7 | ––··· | –··· |
| H | ···· | ㅇ | –·– | 8 | –––·· | –·· |
| I | ·· | ㅈ | ·––· | 9 | ––––· | –· |
| J | ·––– | ㅊ | –·–· | 0 | ––––– | – |
| K | –·– | ㅋ | –··– | 마침표 | ·–·–·– | |
| L | ·–·· | ㅌ | ––·· | 쉼표 | ––··–– | |
| M | –– | ㅍ | ––– | 물음표 | ··––·· | |
| N | –· | ㅎ | ·––– | 콜론 | –––··· | |
| O | ––– | ㅏ | · | 세미콜론 | –·–·–· | |
| P | ·––· | ㅑ | ·· | 하이픈 | –····– | |
| Q | ––·– | ㅓ | – | 사선 | –··–· | |
| R | ·–· | ㅕ | ··· | 따옴표 | ·–··–· | |
| S | ··· | ㅗ | ·– | | | |
| T | – | ㅛ | –· | | | |
| U | ··– | ㅜ | ···· | | | |
| V | ···– | ㅠ | ·–· | | | |
| W | ·–– | ㅡ | –·· | | | |
| X | –··– | ㅣ | ··– | | | |
| Y | –·–– | ㅔ | –·–– | | | |
| Z | ––·· | ㅐ | ––·– | | | |

CW 부호의 구성

① 모스부호는 단점(短點, ·)과 장점(長點, –)의 조합으로 이루어지며, 단점(발음: 'dit' 또는 '돈')과 단점의 3배 길이인 장점(발음: 'dah' 또는 '쓰')로 구성되며, 문자와 기호 사이는 3단점 길이의 간격을 취한다.

② 영어의 경우 어(語)와 어(語) 사이는 7단점 길이의 간격을 두고, 한글의 경우 자(字)와 자(字) 사이는 5단점의 길이를 둔다.

* 한글 모스 부호에서는 모음 ㅏ가 가장 짧은 신호를 사용한다

표 3-2. 영어에서의 각 철자의 발생 빈도율

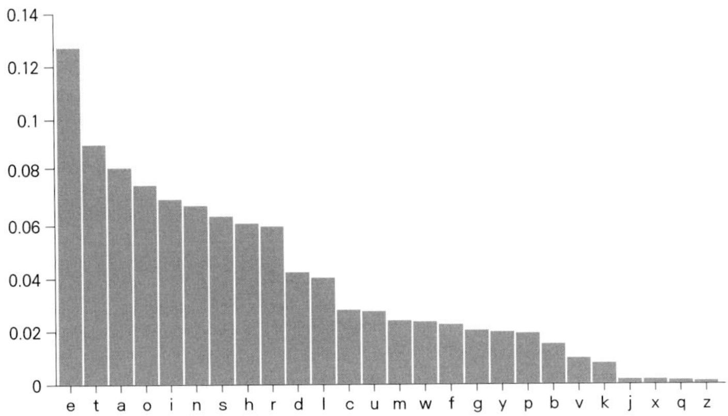


* 여기에는 표시가 되지 않은 빈칸, Space의 발생빈도율은 'e'보다 조금 더 높다.

긴 코드를 부여하여 효율성은 높힌 것은 앞서 이야기했던 모스 부호와 허프만 코딩 알고리즘 이외에 또 다른 것과 연관되어 있는데 그것이 바로 '샤논(Shannon)'의 정보이론(information theory)이다.

## 정보이론(Information Theory): 이 정보의 가치는?

앞서 언급하였지만 정보는 손으로 만질 수 있는 것이 아니어서 부피나 무게로 측정할 수 있는 것도 아니고, 정보가 가지고 있는 '의미'는 사람마다 다르게 받아들여지는 것이어서 정보의 가치는 '정량적으로 측정'하기도 어렵다. 1940년대에 샤논(Shannon)은 정보(information)를 정량적으로 측정가능하게 하는 정보 이론을 제시하였다. 기본적인 아이디어를 간단히 설명하면 다음과 같다.

먼저 정보를 불확실성(uncertainty)과 연결시켰다. 우리가 어떤 판단 혹은 의사결정을 하지 못하고 있다고 하자. 그 판단을 위해 필요한 정보가 없기 때문이고 따라서 불확실성(uncertainty) 상태가 발생한다. 만약 누군가 내게 판단을 위해 필요한 정보를 주었고, 그 정보로 인하여 그 불확실성이 줄었다고 하자. 그리고 그 불확실성은 정량적으로 측정 가능하다고 하면, 그 줄어든 만큼의 불확실성 값을 그 정보의 가치라고 말할 수 있을 것이다. 즉 어느 특정 정보의 가치는 그 정보로 인하여 줄어든 불확실성의 양이라고 정의할 수 있다. 그러면 그 불확실성(uncertainty)은 어떻게 정량적으로 측정하는가? 확률을 이용하여 측정할 수 있다.

하나의 예를 보자. 내가 동전을 위로 던져서 땅에 떨어졌을 때 앞면이 나올 것인가 뒷면이 나올 것인가. 불확실성이 매우 높다. 앞면일지 뒷면일지는 50% 대 50%로 같으므로 최고의 불확실성이다. 그런데 누군가가 나에게 '앞면에 무거운 특수 자석을 붙여 놓아서 뒷면이 위에 나올 확률이 높다'라는 정보를 주었다고 하자. 결국 앞면이 나올 확률 20%, 뒷면이 나올 확률이 80%하고 하면 불확실성은 그만큼 줄어 들었고, 만약에 각각 나올 확률이 0%와 100%라고 하면, 불확실성은 0이 된다. 여기서 그 정보의 가치는 그 정보가 없었을 때의 불확실성과 그 정보가 들어온 후의 불확실성의 차이만큼으로 측정하면 될 것이다.

샤논은 불확실성을 확률값과 로그(logarithm with base 2)를 사용하여 표현하였다. Base가 2인 logrithm에서는 단위가 bit가 된다. 예를 들어 아까 양면이 나올 확률이 같은 동전의 경우에서, 가능한 output 심볼이 두 개이니까(앞면, 뒷면) $\log_2 2 = 1$bit가 된다. 만약 동전에 무슨 조작을 해서 앞면만 100% 나올 것이라는 것을 안다면 가능한 output 심볼은 앞면 하나 이므로 $\log_2 1 = 0$bit 즉 불확실성이 0비트이다. 두 개 심볼의 확률이 같은 경우는 불확실성이 최대이고 1비트가 된다. 만약에 동전이 아니고 사면체 물건에 4가지 symbols가 나올 확률이 모두 같다고 하면 $\log_2 4 = \log_2 2^2 = 2$bit가 된다. 만약에 팔면체 주사위라고 한다면 $\log_2 8 = 3$bits가 된다. 즉 여러 개 더 많은 것들 중에서 골라야 하는 상황이니까 맞힐 가능성은 더 낮아지고 불확실성은 더 높아지게 된다. 나올 수 있는 symbols의 수가 많아질수록 uncertainty는 증가한다. 이것은 현재 컴퓨터에서 모든 정보처리를 bit단위로 하는 것에 이론적 기반을 제공했다. (2가지 정보를 표현하려면 1bit가 필요하고, 8가지 정보를 표현하게 하려면 3bits가 필요하다.)

이번에는 각각의 심볼이 나올 수 있는 확률이 서로 같지 않고 각각 다른 경우를 생각해 보자. 각 심볼에 대한 확률을 사용해야 하는데, 먼저 아까처럼 모든 심볼의 확률이 똑같은 경우에서부터 시작해 보자.

- 이 경우에 uncertainty는 $\log_2 M$ 그리고 M은 심볼의 개수였다.
- $\log_2 M = -\log_2 \frac{1}{M}$ 이며, $\frac{1}{M}$ 은 확률 p와 같으므로 $-\log_2 P$라고 쓸 수 있다.
- 동전의 경우에는 M=2이므로 $\log_2 2=1$이며, 또 각 심볼이 나타날 확률은 50%, 즉 $\frac{1}{2}$ 이므로 $-\log_2 \frac{1}{2}=1$이 된다.

이것을 좀더 일반적으로 정리해 보자.

- M개의 심볼이 있고, 각 각각의 index를 i라고 하자. 그리고 그 i번째 symbol이 나타날 확률을 $P_i$라고 하자.
- 확률의 합은 1이 되어야 하므로 $\sum_{i=0}i^M P_i=1$이 되어야 한다.
- i번째 symbol이 나타났을 때 우리가 겪게 되는 놀라움(surprise)을 "surprisal"이라고 부르고 그것을 다음과 같이 정의하자. $U_i = -\log_2 P_i$
- 만약 나타날 확률이 적은 놈이 나타난다면 우리의 "놀라움"은 매우 클 것이고, 나타날 확률이 매우 높은 놈이 나타나면 우리는 별로 놀라지 않을 것이다. 만약 확률이 적은 놈, 즉 $P_i$가 0에 가깝다면 i번째 symbol을 보게 되면 very surprised할 것이어서 $U_i$ =infinity할 것이고, 만약 $P_i=1$이

라면 "전혀" 놀라운 일이 아니라서 $U_i$ =0이 될 것이다.

- 이제 uncertainty를 생각해 보자. M개의 각 symbols의 $U_i$(즉, 개별 uncertainty)의 평균을 계산함으로써 device(즉 동전, 주사위 등)의 "uncertainty"을 계산한다. 평균은 어떻게 계산할 것인가?
- 평균은 즉 average surprisal (H)은 $H = \sum P_i U_i = -\sum P_i \log_2 P_i$가 되고
- 정리하면 $H = -\sum P_i \log_2 P_i$bits 이 H를 정보의 엔트로피라고 한다.

우리가 어떤 심볼의 발생 확률을 모를 때에는 발생 횟수를 카운트해서 확률로 만들어 사용할 수 있다. 예를 들어 A, B, C, D의 네 개의 심볼이 있는데 전체 100개의 발생 중에서 각각 60, 20, 10, 10번 발생했다고 하면, 각각의 발생 확률은 $\frac{6}{10}, \frac{2}{10}, \frac{1}{10}, \frac{1}{10}$이 되고 각각의 u값을 구하고 그것을 각각의 확률에 비례해서 평균을 내는 것이다. 만약 발생 확률이 모두 $\frac{25}{100} = \frac{1}{4}$로 똑같다고 한다면, $-\frac{1}{4}\log_2\frac{1}{4} - \frac{1}{4}\log_2\frac{1}{4} - \frac{1}{4}\log_2\frac{1}{4} - \frac{1}{4}\log_2\frac{1}{4} = -\log_2\frac{1}{4} = \log_2 4 =$ 2bits가 된다. 이 경우는 $\log_2 M = \log_2 4 =$ 2bits와 똑같은 값을 낸다.

이해를 돕기 위해 또 다른 간단한 예를 보도록 하자. DNA의 어느 position에 symbol A C G T 중의 하나가 발생을 한다. 특정 position에 그 4개의 symbol 중에서 어떤 것이 발생할 것인지를 모르면 우리는 equally likely하다고 가정을 하고, 그렇다면 이 position이 가지는 uncertainty는 $\log_2 4$ = 2bits가 된다. Uncertainty를 줄이고자 몇 가지의 sequence를 관찰을 했다. 그랬더니 그 position에서 최근 발생했던 심볼은 ACATGAAC들이었다. 그러면 이 position이 가지는 uncertainty, 혹은 entropy는 얼마나 될까.

- 관찰에서 각 심볼의 발생 횟수를 가지고 발생 확률을 계산한다. $P_A = \frac{4}{8} = \frac{1}{2}$, $P_C = \frac{2}{8} = \frac{1}{4}$, $P_G = \frac{1}{8}$, $P_T = \frac{1}{8}$이다.

- $H = -\frac{1}{2}\log_2\frac{1}{2} - \frac{1}{4}\log_2\frac{1}{4} - \frac{1}{8}\log_2\frac{1}{8} - \frac{1}{8}\log_2\frac{1}{8}$이 되고 그러면 $H = \frac{1}{2} + \frac{1}{2} + \frac{3}{8} + \frac{3}{8} = \frac{14}{8} = 1.75$bits가 된다.
- 즉 entropy가 2bit에서 1.75bit로 줄었다. 우리가 가진 관찰 정보 때문에 entropy가 그만큼 줄었으며, 그것이 그 정보의 가치이다.

우리가 앞서 이야기했었던 wheel of fortune 퀴즈쇼의 예를 다시 생각해 보자. 간단한 예를 만들어 보면, ?????의 네 영문자의 단어를 맞추는 것이라고 하자. 참가자는 글자를 하나씩 불러 가면서 단어를 맞혀야 한다. 최고의 entropy이다. 각 positon이 가지는 uncertainty는 영문자가 26이므로 $\log_2(26) = 4.***$ bits가 될 것이고, 단어를 생각한다면 가능한 단어의 개수는 영문 철자가 26개이고 4개가 연속해 있으니까 $26^4 = 456{,}976$개가 된다. 그 모든 조합이 발생할 확률이 모두 같다고 가정한다면 엔트로피는 $\log_2 456976 = 18.***$bits가 될 것이다. 하지만 우리는 앞서 보았던 각 철자의 발생 확률을 알고 있다. 이것을 이용하면 엔트로피를 많이 낮추는 방향으로 퀴즈를 풀어 나갈 수 있는 것이다.

### 디지털 코딩

앞서 우리가 살펴본 코딩은 모두 코딩을 위한 도구, 즉 손가락, 문자기호, 모스기호와 같은 기호(symbols)를 사용한 것이었다. 미리 약속된 한정된 개수의 심볼만을 이용하여 정보를 코딩한 것을 디지털 코딩이라고 하며, 그렇게 표현된 정보를 일반적으로 디지털 정보라고 한다. 반면에 아날로그는 미리 정해진 한정된 개수의 기호를 사용하는 것이 아니다. 디지털 정보는 한정된 개수의 기호만을 사용하기 때문에 모든 무한의 정보를 다 세밀하게 표현하지 못할 수 있다.

우리가 아날로그와 디지털을 비교할 때 흔히 예를 들고 있는 시계의 숫자를 가지고 생각해 보자. 디지털 숫자는 0, 1, 2, …, 9까지의 10개의 숫자 기호를 사용한다고 하자. (문제를 간단하게 하기 위하여 한 단위만 생각해 보자.) 즉 미리 약속된 한정된 개수의 심볼만을 이용하여 수 정보를 표현한다. 만약에 지금 현재 시간 숫자가 2.67*****이라고 하면 (왜냐하면 2에서 3까지 시간은 연속해서 계속 이어서 움직이기 때문에 어떤 특정 시점에서는 이 숫자가 나올 수 있다.) 이것은 미리 정해진 심볼이 아니므로 가장 근사한 기호, 즉 3으로 표현한다. 그러면 디지털 정보에서는 그만큼의 정보(0.32***만큼)를 잃어버리게 된 것이다. 그러면 우리가 할 수 있는 방법은, 사용하는 기호의 개수를 좀더 늘려 보는 것이다. 자 그러면 이번에는 20개의 숫자 기호를 사용해 보자. 즉 0.5 간격으로 해서 0, 0.5, 1.0, 1.5, 2.0, …, 9.0, 9.5의 모두 20개 기호를 사용한다고 하자. 그러면 2.67*****이라는 아날로그 정보는 가장 근사한 2.5로 표현하면 된다. 즉 아까 3으로 표현한 것보다 2.5로 표현한 것이 정보를 덜 잃어버렸다. 더 정확하다. 하지만 여전히 진짜 정보와는 다르고 일부 정보를 잃어버렸다. 그러면 사용하는 심볼의 개수를 더 늘여서 그 에러를 더 줄이면 되지 않을까. 무한정 그렇게 할 수 없는 이유는, 심볼의 개수를 늘리는 것은 정보의 표현과 처리에 있어서 효율적이지 못하기 때문이다. 예를 들어, 우리는 미리 정해진 한정된 개수의 영문자(26개)를 사용하여 영어 언어를 표현하고 있는데, 아니 좀더 정확하게 말하면 26개의 문자들의 조합으로 만들어진 (아주 많기는 하지만) 한정된 개수의 단어들을 사용하여 영어 언어를 표현하고 있다. 언어를 표현한다는 것은 우리 머릿속의 생각을 표현하는 것인데, 사실 우리 머릿속의 생각은 아날로그에 가까운데 그것을 제한된 개수의 단어들로만 표현하게 되므로 정확하게 표현하지 못하고 잃어버리는 정보 또한 많을 것이다. 그렇다 하더라도 더 많은 기호(문자)를 계속 만들어 낸다는 것은 저장과 사용 관점에서 본다면 그리 효율적인 일은 아니다. 따라서 정확성과 효율성 사이에서 우리는 어느 정도 합의점을 찾아서 사용하게 된다. 자 그러면 가장 일반적인 그러면서도 가장 기본적인 코드 기호는 무엇일까. 그렇게 해서 정보를 전기전자적으로 쉽게 저장하고 처리하고 관리할 수 있게 하는 코드 기호는 무엇일까.

우리가 제2장에서 살펴본 것과 같이 1800년대 말부터 1900년대 초중반까지 개발된 컴퓨팅 도구를 생각해 보자. 다양한 전기전자 장치들이 발명되었고 그것을 이용하여 정보를 저장하고 처리하고자 하는 많은 노력들이 있었다. 그 장치들은 결국 심볼을 처리하는 것인데, 전류의 흐름이 ON 또는 OFF되는 상태, 즉 연결되거나 끊어지거나 그 두 상태를 심볼로 사용하고자 하였다. 다시 표현하면 1(연결 상태)과 0(끊어진 상태) 두 가지를 사용한다는 것이다. 앞서서 보았던 모스기호를 생각해 보자. 두 가지의 심볼 상태로 영문자를 표현하였다. 즉 On과 Off의 두 가지 기호를 사용해서도 필요한 정보를 표현할 수 있다는 것이다. 자 그렇다면, 우리가 사용하는 정보(문자, 숫자, 이미지, 소리 등)를 On과 Off, 혹은 1과 0, 즉 이진(Binary) 형태로만 표현할 수 있다면, 우리는 전기전자 장치 도구를 이용하여 정보를 저장하고 처리하고 관리할 수 있다는 말이다. 1900년대 중반에 전자식 컴퓨터가 등장하면서 컴퓨터를 이용한 정보의 자동처리와 저장관리를 위하여 정보의 이진 코드(binary code)가 사용되기 시작하였다. 즉 1과 0을 이용하여 정보를 코딩한다는 말이다.

앞서 디지털 코딩이라고 하면 유한 개수의 기호를 이용하여 정보를 표현하는 것이라고 하였으나, 그것은 일반적이고 포괄적인 의미의 디지털이며, 좀 더 전기전자적 도구의 관점 혹은 컴퓨터의 관점에서 디지털이라고 이야기할 때에는 1과 0이라는 이진 코드(binary code)를 사용한 것을 말한다. 샤논(Shannon)은 그 1과 0을 비트(bit; Binary Digit)라고 하였으며 비트야 말로 가장 기본적인 정보, 즉 정보의 최소 단위라고 하였다. 그에 따르면 세상의 모든 정보는 '비트 단위'로 분해될 수 있다고 할 수 있다. 그리고 컴퓨터의 관점에서는 정보의 기본 단위, 즉 비트로 코드화된 정보를 디지털 정보라고 부른다. 이런 측면에서 보자면 디지털 정보는 이진 코드화한 정보, 아날로그 정보는 코드화하지 않은 정보라고 볼 수도 있다.

이번에는 그 이진 코드의 표현력과 효율성에 대하여 간단히 생각해 보자. 이미 언급한 것처럼 하나의 bit는 1또는 0을 표시할 수 있다. 즉 1bit를 사용하면 1 혹은 0의 두 가지 정보를 표현할 수 있다. 2bit를 사용하면 $2^2$ = 4가지, 즉 00, 01, 10, 11의 4가지 정보를 저장할 수 있을 것이다. 마찬가지로 8bit는 $2^8$ = 256가지 정보를 저장할 수 있다. 만약에 내가 a, b, c, d, e라는 기호를 표현할 이진 코드를 만든다고 한다면 몇 bit를 사용하면 될까? 5가지의 다른 기호를 표현해야 하므로 3bits가 필요할 것이다. 만약 2bits만 사용한다면 4가지만 표현할 수 있으므로 부족하다. 3bit를 사용하면 000부터 111까지의 8가지 bit pattern(즉 bit들을 한 줄로 나열한 것)이 만들어지게 되고 그 각각에 a, b, c, d, e를 배정하고, 그 배정한 약속 표를 코드표라고 부른다.

우리 수업에 70명의 학생이 등록을 하였는데, 그 각각을 이진 코드에 배정한다고 한다면 bit pattern의 크기는 $\log_2 70$ = 6.****가 되므로 7bit가 필요하다.

## 3.2. 데이터 인코딩

컴퓨터에서는 그 회로에서 전기 흐름의 연결/비연결의 형태로 데이터를 처리한다. 즉 연결(1)과 비연결(0), 즉 1과 0이라는 두 가지 표현을 사용한다. 따라서 컴퓨터에서 데이터를 사용하게 하기 위해서는 1과 0이라는 이진수로 변환, 즉 인코딩을 해 주어야 한다. 물론 이러한 인코딩을 우리 일반 사람이 매번 해 줘야 하는 것은 아니다. 예를 들어 우리가 디지털 카메라로 사진을 찍는다면, 그 사진은 디지털 인코딩되어 저장이 되는데, 그 인코딩은 컴퓨터 과학자들이 이미 만들어 놓은 인코딩 방법에 의하여 자동으로 처리된다. 즉 1과 0이라는 이진수 형태로 저장되고 처리되는 것인데, 문제는 그 인코딩 방법은 여러 가지가 있으며 또 새로운 방법이 계속 등장하고 있다. 예를 들어 우리는 그 디지털 카메라에서 jpg, bmp, png 등의 인코딩 방법을 선택할 수 있으며 그 품질 정도도 선택할 수 있다. 그것에 따라서 다르게 인코딩되어 저장되는 것이다. 따라서 우리는 컴퓨터에서 사용되는 다양한 인코딩 방법에 대해 알 필요가 있으며, 또한 그러한 인코딩 방법을 이해하는 과정에서 정보라는 것이 어떻게 디지털 코딩이 되는지에 대한 근본적인 이해를 할 수 있게 될 것이다.

여기서는 문자, 이미지, 소리 그리고 숫자를 어떻게 이진 데이터로 변환하는지를 살펴보도록 하자. 일단 디지털 코딩, 이진 코딩이 되면 컴퓨터라는 기계에서 알고리즘에 의해 계산 처리될 수 있게 된다. 아래한글이나 MS word 같은 워드프로세서 프로그램은 문자 데이터를 만들고, 없애고, 옮기고, 모양을 바꾸고 하는 등의 일들을 처리한다. 이미지 처리 프로그램은 이미지 데이터를 확대/축소도 시키고, 회전도 시키며, 각종 효과도 처리할 수 있다. 음악이나 목소리도 디지털 데이터로 변환되어 처리되고, 숫자는 각종 과학 계산 소프트웨어에서 효율적으로 처리될 수 있는 형태로 인코딩된다.

### 문자(text)데이터 인코딩

언어에서 text라는 것은 생각을 표현하기 위한 기호들의 순서적 나열(a sequence of symbols)이다. 영어라는 언어에서 보면 사용되는 기호들이 대문자 26개(A, B, C, …, Z), 소문자 26개(a, b, c, …, z), 그리고 숫자기호 9개(0, 1, …, 9), 그리고 기타 기호들(., !, ? 등)으로 이루어져 있다. 이제 각 기호들을 이진 데이터로 어떻게 인코딩해야 하는지를 생각해 보자. 우리가 앞서서 보았던 bit pattern을 다시 생각해 보자. 그러면 문제는 하나의 기호를 표현하기 위해 몇 bits가 필요할 것인가일 것이다. 그리고 그것은 전체 기호의 개수에 의해서 결정된다. 만약 4가지 다른 기호를 표현하기 위해 2bit ($\log_2 4 = 2$)를 사용하면 (즉 00, 01, 10, 11) 되는 것처럼, bit의 수는 전체 기호가 몇 개인가에 따라 달라지게 된다. 영어의 예를 보면 대소문자와 숫자, 그리고 기호 합쳐서 대략 70-80개 정도 될 것으로 추정할 수 있는데, 그렇다면 몇 bit를 사용하면 그 기호들을 모두 표현할 수 있을까. 80개로 가정하고 로그를 취하면 $\log_2 80 = 6.32$가 되므로 최소한 7bits면 다 표현할 수 있겠다. 왜냐하면 6bits만 사용하면 64개만 표현할 수 있어서 모자라지만 7bits를 표현하면 128개를 표현하므로 충분히 여유 있게 사용할 수 있게 된다. (한글이나 한자는 어떨까?)

그 다음으로 어느 기호를 어느 bit pattern에 배정할 것인가에 대한 문제이다. 이것에 대해서는 '약속된 표'를 만들어서 사용하면 된다. 즉, 이 기호는 이 bit pattern으로 하자라는 약속, 표를 만들어서 'E'가 1000101이다라는 것을 사람들이 알고 사용하게 하면 되지 않는가. 이 표를 우리는

character set이라고 부른다. 영어에서는 아까 생각해 본 것처럼 7bits만 있으면 모든 대소문자, 숫자, 기호를 다 표현할 수 있을 것이며 그것에 대하여 각 기호에 bit pattern을 배정한 character set 중에 가장 많이 알려진 것이 ASCII character set이다

ASCII code는 각 symbol에 대하여 1byte, 즉 8bits를 사용한다. 즉 8bits를 사용하므로 $2^8$ = 256가지의 정보를 표현할 수 있다. 하지만 보통 8bits 중 첫 번째(제일 왼쪽) bit는 check bit로 사용하고, 나머지 7bits를 사용하여 128가지의 정보를 표현하는데, 영어권에서는 이것으로 모든 문자와 심볼을 나타낼 수 있다. 〈표 3-3〉을 보면 각 기호들이 0부터 127까지 모두 128개의 숫자에 배정되어 있다. 대문자 'E'를 표에서 보면 69번째 기호이며 69는 이진으로 1000101이 된다.

컴퓨터를 처음 활용했었던 영미권 국가에서는 이 문자코드표로 문제가 없었지만, 이후 비영어권 국가에서도 컴퓨터를 사용하게 되었고 따라

표 3-3. ASCII 코드

| Right Digit / Left Digit(s) | ASC II | | | | | | | | | |
|---|---|---|---|---|---|---|---|---|---|---|
| | *0* | *1* | *2* | *3* | *4* | *5* | *6* | *7* | *8* | *9* |
| 0 | NUL | SOH | STX | ETX | EOT | ENQ | ACK | BEL | BS | HT |
| 1 | LF | VT | FF | CR | SO | SI | DLE | DC1 | DC2 | DC3 |
| 2 | DC4 | NAK | SYN | ETB | CAN | EM | SUB | ESC | FS | GS |
| 3 | RS | US | □ | ! | " | # | $ | % | & | ' |
| 4 | ( | ) | * | + | , | - | . | / | 0 | 1 |
| 5 | 2 | 3 | 4 | 5 | 6 | 7 | 8 | 9 | : | ; |
| 6 | < | = | > | ? | @ | A | B | C | D | E |
| 7 | F | G | H | I | J | K | L | M | N | O |
| 8 | P | Q | R | S | T | U | V | W | X | Y |
| 9 | Z | [ | \ | ] | ^ | _ | ` | a | b | c |
| 10 | d | e | f | g | h | i | j | k | l | m |
| 11 | n | o | p | q | r | s | t | u | v | w |
| 12 | x | y | z | { | \| | } | ~ | DEL | | |

표 3-4. 유니코드의 예

| Code(Hex) | Character | Source |
|---|---|---|
| 0041 | A | English(Latin) |
| 042F | Я | Russian(Cyrillic) |
| 0E09 | ฉ | Thai |
| 13EA | Ꮺ | Cherokee |
| 211E | ℞ | Letterlike Symbols |
| 21CC | ⇌ | Arrows |
| 282F | ⠯ | Braille |
| 345F | 㑟 | Chinese/Janpanese/ Korean(Common) |

| 문자 | | 이진수로 표현 |
|---|---|---|
| 한글 | 가 | 1010110000000000 |
| 숫자 | 1 | 0000000000110001 |
| 영문 | A | 0000000001000001 |
| 아랍어 | ئ | 0000011000100110 |
| 한자 | 上 | 0100111000001010 |
| 히브리어 | פ | 0000010111100100 |

서 그들의 문자를 표현할 수 있는 문자코드표의 필요성이 생겼다. 그래서 나온 것이 Unicode이다. Unicode는 2byte, 즉 16bits를 사용한다. 즉 $2^{16}$ = 65,536가지의 문자를 표현할 수 있다. 이 Unicode에는 한글을 포함하여 전 세계 모든 문자들을 이 하나의 character set에 다 포함시킬 수 있다. 물론 한자는 약식 한자만 포함된다. 앞서 보았지만 로마자를 사용하는 미주와 유럽 국가들에서는 문자의 수가 그리 많지 않지만 한글과 한자, 일본어와 같은 문자가 많은 비중을 차지하고 있다. 지금은 세계 모든 문자들과 기호들을 모두 포함하여 사용하고 있다.

우리가 사용하는 text의 각 문자(spell, digit, symbol)들이 어떻게 bit pattern으로 바꾸는지에 대하여 살펴보았다. 이제는 어떻게 "효율적"으로 저장할 것인가를 생각해 보자.

"Korea"는 5개의 문자로 이루어져 있다. Unicode를 사용한다고 하면 우리는 5symbols*16bits = 80bits의 메모리가 필요할 것이다. 만약에 엄청나게 많은 text 정보를 가지고 있는 문서가 있다고 할 때, 그것을 bit로 바꾼다고 할 때, 메모리의 낭비를 최소화할 수 있는 방법은 없을까.

### 문자 데이터의 압축

코딩의 효율성은 '얼마나 적은 bit를 가지고 얼마나 많은 정보를 표현할 것인가'라고 할 수 있다. 문자들로 이루어진 문서를 코딩할 때에 그 문서에 대한 약간의 힌트와 지식을 이용해서 전체 bit 수를 줄일 수 있다면 많은 도움이 될 것이다. 이렇게 줄이는 것을 일반적으로 압축(compression)이라고 말하며, 여기서는 다음과 같은 기본적인 압축 방법 몇 가지를 영문자를 가지고 설명하도록 하겠다.

- Keyword encoding(키워드 인코딩)
- Run-length encoding(반복 길이 인코딩)
- Huffman encoding(허프만 인코딩)

Keyword encoding은 문서에서 매우 자주 사용되는 단어에 대하여 특별히 짧은 코드를 부여하여 전체 크기를 줄이겠다는 것이다. 예를 들어 영어문서에서 the, and, which, that, what 등과 같은 단어는 아주 자주 나오는 단어들이며, 이 단어들의 코딩 bit 수를 조금만 줄여도 전체적으로는 도움이 될 것이라는 생각에서 나온 것이다. 예를 들어 자주 등장하는 키워드들에 대하여 다음과 같은 짧은 기호로 대체한다고 하자.

| 단어 | 대체어 |
|---|---|
| the | ~ |
| and | + |
| as | ^ |
| who | ' |
| Big | * |
| Party | ! |

즉 2-5자의 문자로 이루어진 단어가 1개의 문자로 줄어들었다. 여기에 따라서 다음의 문장을 인코딩한다고 하면,

Their tyranny is headed by Big Brother, the quasi-divine Party leader who enjoys an intense cult of personality, but who may not even exist. Big Brother and the Party justify their rule in the name of a supposed greater good. The protagonist of the novel, Winston Smith, is a member of the Outer Party who works for the Ministry of Truth, which is responsible for propaganda and historical revisionism. His job is to re-write past newspaper articles so that the historical record always supports the current party line. Smith is a diligent and skillful worker, but he secretly hates the Party and dreams of rebellion against Big Brother.

다음과 같이 변환될 것이다.

~ir tyranny is headed by * Bro~r, ~ quasi-divine ! leader ' enjoys an intense cult of personality, but ' may not even exist. * Bro~r + ~ ! justify ~ir rule in ~ name of a supposed greater good. ~ protagonist of ~ novel, Winston Smith, is a member of ~ Outer ! ' works for ~ Ministry of Truth, which is responsible for propag+a + historical revisionism. His job is to re-write past newspaper articles so that ~ historical record always supports ~ current ! line. Smith is a diligent + skillful worker, but he secretly hates ~ ! + dreams of rebellion against * Bro~r.

원래 문장에서는 530개의 문자가 사용되었으나 압축된 것에서는 458개의 문자가 사용되어 72개의 문자가 줄어들었으며, 따라서 $\frac{458}{530}$ = 0.864 로 원본에 비해 86%의 크기로 압축되었다.

이 방법은 여러 가지 문제점들이 있는데, 예를 들어 '!'가 실제 문장부호(느낌표)인지 아니면 Party의 대체 기호인지를 분간할 수 없다. 따라서 사용되는 대체기호는 제한될 수밖에 없다. 또 다른 문제는, 아마도 가장 많이 사용되는 단어 중의 하나인 a나 I 같은 것은 어차피 한 개의 기호이므로 압축 효과가 없다. 하지만 만약 어떤 특정 분야의 문서에서 특정 단어가 많이 사용된다면 그것을 키워드로 사용함으로써 많은 도움을 받을 수 있다. 예를 들어 조지 오웰의 소설 《1984》에서 'Big Brother'라는 단어가 많이 나온다면, 이런 특정 키워드 단어를 대체 기호로 사용하면 압축을 늘릴 수 있을 것이다. 또 다른 것은 만약 특정한 단어가 아니라 단어의 일부를 압축한다면 더 압축률을 늘릴 수 있을 것이다. 예를 들어 ex-, -ing, -tion 등은 많은 단어에서 사용되는 부분이므로 대체 기호로 바꿀 수도 있을 것이다. 그럼에도 불구하고 키워드 인코딩은 압축되는 양이 그리 크지 않다.

Run-length(반복 길이) 인코딩은 하나의 문자가 계속 반복해서 나열되는 경우에 사용된다. 실제 일반 문장에서는 거의 나타나지 않는 경우이지만 DNA염기서열 데이터 같은 경우에 많이 발생하기도 한다. 일반적으로 반복기호열을 반복표시기호-반복기-반복횟수 이렇게 3문자로 대체하는 방법이다. 예를 들면,

kkkkkkkkk를 *k9로 표시하는 것이다. 여기서 *를 표시기호라고 가정한다. 반복횟수는 1자리 숫자만 사용한다고 가정한다. 예를 들어 인코딩된 문장이,

*t7sss*k5 can be changed *c9*x5

라고 한다면,

tttttttsssskkkkk can be changed cccccccccxxxxx

가 되는 것이고, 이 경우에 원래 45개의 문자가 31개로 줄었으므로 압축률은 $\frac{31}{45}$ = 0.68이 된다. 여기서 sss는 인코딩하지 않았는데, 인코딩해 봐야 똑같이 3개의 문자여서 압축되지 않기 때문이다. 그리고 우리의 가정에서 반복횟수를 1자리 숫자로 표시한다고 했는데 그러면 9번까지의 반복만 표시할 수 있을 것 같아 보이지만, 실제로는 각 문자가 이진 데이터로 바뀌어 8bits를 사용한다고 하면, 반복횟수는 어차피 8bits로 사용하기 때

문에 0-255까지, 혹은 4개 이상 반복만 인코딩하므로 4-259번까지의 반복횟수를 표시할 수 있다.

허프만 코딩은 David Huffman 박사의 이름을 딴 것인데, 거의 잘 사용되지 않는 문자 'x'와 가장 많이 나오는 'e'에 같은 수의 bits를 사용할 필요가 있는가라는 생각에서 나온 방법이다. 앞서서 우리가 공부한 모스부호 코드를 보면 문자의 일반적인 발생 빈도에 따라서 다른 길이의 코드를 부여한 것을 보았는데 그것과 같은 것이라고 할 수 있다. 다만 허프만 코딩은 어느 특정 문서에 대하여 그 문서에 나오는 각 문자의 빈도수를 계산하여 그것에 따라서 코드표를 만들어 주는 방법을 보여 주고 있다. 많이 발생하는 문자에는 짧은 코드를 발생 빈도수가 낮은 문자에는 긴 코드를 부여하여 전체 코딩 크기를 줄이려고 하는 방법이다.

먼저 인코딩과 디코딩에 대하여 간단히 살펴보도록 한 후에 구체적인 방법에 대하여 보도록 하자. 다음의 몇 개 문자에 대해 허프만 코드가 다음과 같이 정해졌다고 하자.

| Huffman Code | Character |
|---|---|
| 00 | A |
| 01 | E |
| 100 | L |
| 110 | O |
| 1010 | B |
| 1011 | D |

자주 발생하는 A, E에는 길이 2의, 자주 발생하지 않는 D에는 길이 4의 코드가 배정되었다. 예를 들어 DOORBELL이라는 문장은 다음과 같이 인코딩된다.

1011110110111101001100100

만약 각 문자당 8bits씩 동일하게 사용하는 ASCII코드를 사용한다고 한다면 DOORBELL이 모두 8자이므로 8×8 = 64bits가 필요하지만, 허프만 코딩을 사용한다면 모두 25bits가 사용되어, $\frac{25}{64}$ = 0.39의 압축률을 보이게 된다.

자 그러면 반대로 위의 25bits의 이진 코드를 봤을 때 어떻게 원래 문자로 디코딩할 것인가. 만약 아스키코드를 썼을 때에는 8bits씩 잘라서 각각을 디코딩하면 되었지만, 허프만 인코딩에서처럼 각 문자의 bits 수가 다를 경우에는 어디서 잘라서 디코딩해야 할 것인지 헷갈리는 것이다. 예를 들어 위의 인코딩된 것을 보면 앞에서부터 10을 가지고 해야 할지, 101을 가지고 해야 할지, 혹은 1011을 해야 할지 혼란스럽게 된다. 하지만 다행히 허프만코드표를 보면 10, 혹은 101에 해당하는 문자가 없으므로 1011에 해당하는 D라고 디코드하면 된다. 이렇게 어떤 문자코드는 다른 문자코드의 prefix(앞부분의 일부)가 되면 절대로 안 된다. 이것이 허프만인코딩 방법이 만족시키는 기본 조건이기도 하다. 자 그럼 어떻게 허프만코드를 만들어 내는가 보기로 하자.

예를 들어 우리가 코딩하려고 하는 문서는 다음과 같은 7개의 문자들로만 이루어져 있다고 하자.

K, O, R, E, A, space, newline

먼저 ASCII코드를 사용하면 각 문자당 8bits가 필요하다. 만약 이 문자들만 가지고 별도의 코드표를 만든다면, 모두 7개의 문자이므로 $\log_2 7$이므로 각 문자당 3bits면 충분하다. 각 문자에 3bit의 pattern을 부여하고 문서에서 각 문자의 발생빈도(frequency)를 조사해 보았다.

| 문자 | 코드 | 빈도 (frequency) | 전체 사용 비트 수 |
|---|---|---|---|
| K | 000 | 100 | 300 |
| O | 001 | 140 | 420 |
| R | 010 | 110 | 330 |
| E | 011 | 50 | 150 |
| A | 100 | 70 | 210 |
| Space | 101 | 130 | 390 |
| Newline | 110 | 15 | 45 |
| total | | 615개 문자 | 1845 bits |

이 문서는 각 문자당 3bits를 사용하여 때 전체 1,845bits를 사용하였다. 만약 각 문자당 8bits를 사용하는 ASC II코드를 사용했다면 4,920bits을 사용하게 될 것이며, 유니코드를 사용하면 9,840bits를 사용하게 된다.

이 3 bit-pattern은 다음 그림과 같은 이진 트리로 표현될 수 있다.

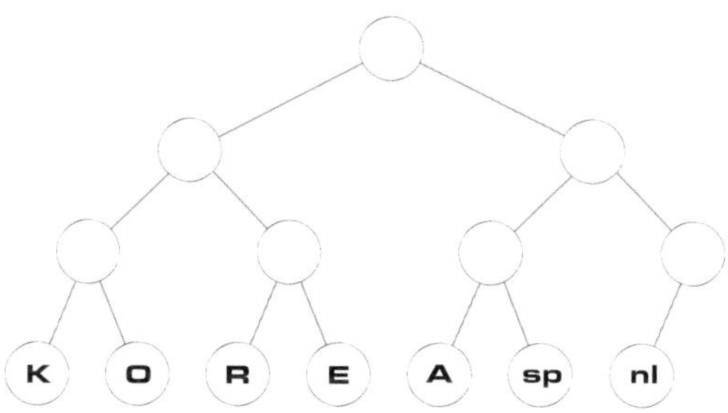


이 트리에서 각 문자의 코드는 다음과 같이 찾아진다. 트리의 root node (제일 꼭대기 노드)에서부터 시작하여, 왼쪽 가지로 가면 0, 오른쪽 가지로 가면 1이 붙여진다. 예를 들어 R이라는 문자는 root부터 시작하여 왼쪽으로 한 번, 오른쪽으로 한 번, 다시 왼쪽으로 한 번 가서 만날 수 있으므로 R의 코드는 "010"이 된다. (이러한 데이터 구조를 trie라고 부른다). 이 트리는 우리가 위의 표에서 사용한 코드를 보여 주고 있다.

만약 이 트리를 다음과 같이 개선시키면 좀더 효율적이 될 수 있다.

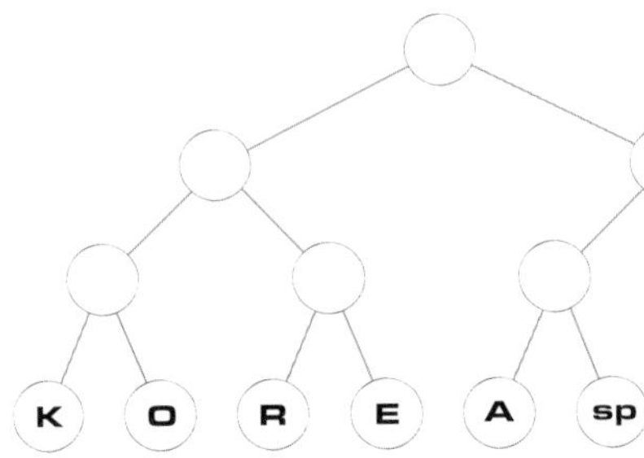


제일 오른쪽 노드에는 chile node가 하나만 있었기 때문에 위로 올려도 무관하다. 그래서 nl은 한 칸 위로 올라갔고, 따라서 nl의 코드도 "11"이 되어 2bits만 사용하게 된다. 따라서 이 문서의 전체 사용 bits 수도 15bits 만큼 줄어들고 전체 사용 bit 수는 1830이 된다.

이러한 트리에서 문자가 제일 아래 끝에만 위치하게 된다면, 이 트리에서 만들어지는 bit sequence는 분명하게 명확하게 해석될 수 있다. 즉, 어느 한 문자의 코드는 다른 문자의 코드의 prefix가 되지 않는다는 것이 보장된다. 각 문자의 코드 길이가 다르다 하더라도 이것은 보장된다. 이러한 인코딩을 prefix code라고 부른다.

문제는 어떻게 각 문자의 발생빈도를 고려한 효율적인 코딩 트리를 어떻게 만들 것인가이다. Huffman이 1951년에 만든 알고리즘을 소개한다. 이 코딩 시스템을 보통 Huffman code라고 부른다.

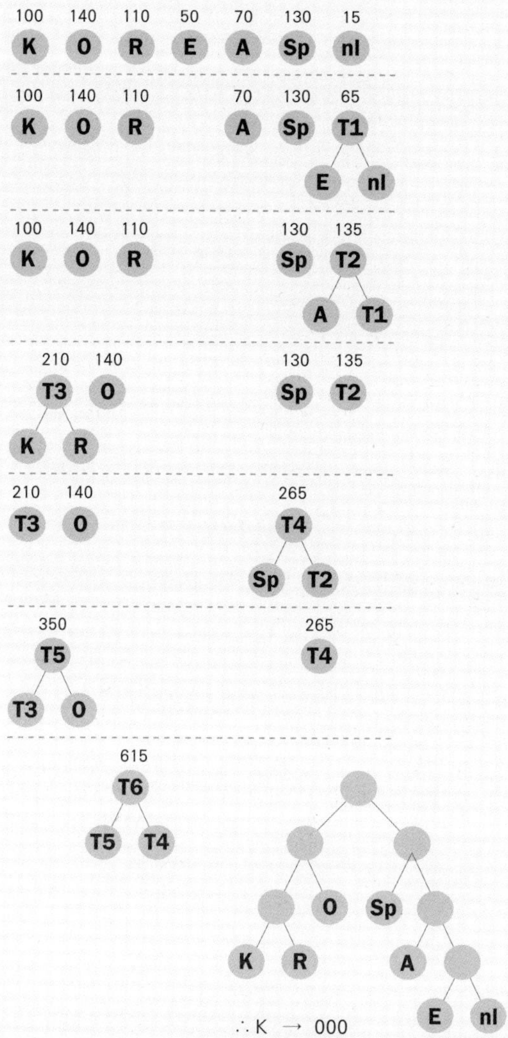


∴ K → 000
R → 001
O → 01
Sp → 10
A → 110
E → 1110
nl → 1111

이것을 다시 정리하여 보면

| 문자 | 코드 | 빈도(frequency) | 전체 사용 비트 수 |
|---|---|---|---|
| K | 000 | 100 | 300 |
| O | 01 | 140 | 280 |
| R | 001 | 110 | 330 |
| E | 1110 | 50 | 200 |
| A | 110 | 70 | 210 |
| Space | 10 | 130 | 260 |
| Newline | 1111 | 15 | 60 |
| total | | 615개의 문자 | 1640bits |

전체 1640bits를 사용하게 되며 3bits 균일 인코딩을 사용할 경우 1845bits를 사용하므로, 데이터 압축률을 (압축되기 전 크기 : 압축된 크기)로 정의한다면, 1845 : 1640, 즉 1845/1640 = 112.5%의 압축률을 보인다. 그리고 절약된 공간은 1 - 압축된 크기/압축되기 전 크기 = 1 - 1650/1845 = 11.1%가 된다. 8bits 아스키 인코딩과 비교할 경우 300%의 대단한 압축률을 보이게 된다.

유니코드는 원래 16bits를 사용하지만(utf-16), 영어권 사람들은 원래 8bits만 가지고도 문제가 없었기 때문에 문자당 16bits를 사용한다는 것은 효율성과 압축 관점에서 보면 손해가 된다. 그래서 나온 것이 utf-8이며, 8bits만 사용하여 영문자를 처리하고 그 외의 것은 16bits, 24bits 이렇게 늘려 가면서 사용하도록 되어 있다. 미국에서는 8bits만 사용하고, 유럽 변형 알파벳은 16bits를 사용하고, 한자/한글 등의 문자는 24bits로 늘어나게 된다. 사실 동양 문자를 쓰는 사람은 utf-16을 사용하는 것이 더 유리하다. 하지만 미국처럼 영문자만 사용하는 경우엔 사용하지 않는 동양 문자를 제거하여 파일 크기를 2배로 압축할 수 있게 된다.

### 한글의 인코딩

영문자와 달리 한글은 여러 가지 자모음을 조합하여 글자를 만들기 때문에 많은 다양한 인코딩을 생각할 수 있으며 그만큼 그동안 많은 논의가 있어 왔다. 한글의 코딩 방식은 크게 나누어 조합형과 완성형으로 구분하여 생각해 볼 수 있다. 정확하게 말하면 컴퓨터에서의 한글 구현 방식이라고 하는 것이 맞다. 조합형은 한글의 모든 자모(ㄱ, ㄴ, ㅏ, ㅓ, …)에다 일련의 숫자를 할당하여 이를 불러와 조합하여 한글을 구현하는 방식임에 반해, 완성형은 이미 만들어진 글자(가, 각, 간, 갈, …) 자체에다 각각의 숫자를 할당하여 그 글자를 불러오는 방식이다. 컴퓨터 자판에서 '김'을 표현하기 위해 'ㄱ', 'ㅣ', 'ㅁ'을 차례대로 누르면 조합형에서는 그 각각을 불러와서 짜맞추어 '김'을 표현하는 데 반해 완성형에서는 이미 만들어져 있는 '김'을 그대로 불러와 표현하는 것이다.

조합형은 한글의 구성원리를 따라 19개의 초성, 21개의 중성, 그리고 28개의 종성을 조합하여 나올 수 있는 11,172자를 표현할 수 있다. 초기 완성형은 실제로 우리가 주로 많이 사용하는(99%라고 한다) 2,350개의 문자만을 코드에 반영하여 사용하였기 때문에 '똠', '햏', '뷁'과 같은 문자는 쓸 수 없었다. 이를 보완하기 위해 '확장 완성형'이 나왔고 이어서 '유니코드2.0'이 개발되었다. 유니코드에서는 조합형에서 구현할 수 있는 11,172자 모두를 포함하고 있으며 각각의 자모 또한 포함하여 조합까지 할 수 있도록 하고 있다. 현재 사용하고 있는 대부분의 운영체제에서는 유니코드를 사용하고 있다.

### 이미지(Image) 인코딩(encoding)

이번에는 이미지를 어떻게 디지털화하여 컴퓨터에 저장 및 처리하게 할 것인가를 생각해 보자. 다시 말해 이미지를 어떻게 1과 0으로 이루어진 나열(즉 bit pattern)로 변환할 것인가를 생각해 보자. 그리고 그 1과 0의 나열은 다시 원래 이미지로 만들어질 수 있어야 한다. 어떻게 인코딩 규칙을 만들어 낼 것인가.

먼저 간단한 것부터 이야기해 나가도록 하자. 우선 이미지를 가로 세로 격자로 나누어 잘게 쪼갠다고 생각해 보자. 그러면 이미지는 잘게 쪼개진 칸들의 행렬(matrix)처럼 될 것이다. 그 각각의 칸을 픽셀(pixel; picture element)이라고 부른다. 아주 잘게 쪼개기 때문에 각 칸은 실제 보기에는 하나의 점 같은 크기이다. 그 픽셀의 개수를 그 이미지의 해상도(resolution)라고 부른다. 만약 한 이미지를 1,000개의 픽셀로 쪼갤 수도 있고 10,000개의 픽셀로도 쪼갤 수 있다면 당연히 후자가 훨씬 좋은 해상도를 보일 것이고, 그만큼 메모리는 많이 차지하게 될 것이다.

이미지를 픽셀들로 나눈 다음 각각의 픽셀을 bit pattern으로 변경시킨다. 자 이제부터는 하나의 픽셀을 가지고 bit pattern을 생각해 보도록 하자. 이미지는 black-and-white일 수도 있고 grey-scale일 수도 있고, 낮은 품질의 컬러일 수도 있고 높은 품질의 컬러일 수도 있다. 그 이미지가 무엇이냐에 따라서 그리고 어떤 품질을 원하느냐에 따라서 각각 여러 가지 인코딩 방법이 사용될 수 있다. 먼저 아주 간단한 이미지를 생각해 보도록 하자.

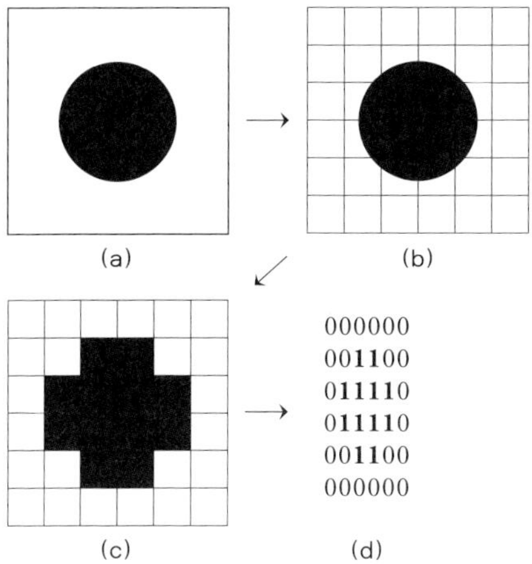


먼저 흑백만 표시하는 (a)의 이미지가 있다고 하자. 이것을 (b)처럼 6×6개의 픽셀로 나눈다고 하면 각 픽셀을 흑 또는 백만 표시하면 된다. 각 픽셀마다 흑 또는 백, 이렇게 두 가지만 표시하면 되므로 각 픽셀당 1bit만 있으면 된다. 그래서 이미지가 그 픽셀을 차지하면 1이라고 표시하고 그렇지 않으면 0이라고 인코딩하기로 하자. 그러면 우리는 (c)처럼 인코딩된 이미지를 보게 되는 것이고 이것의 bit pttern의 행렬은 (d)처럼 표현된다. 이 행렬 표현은 한 줄로 나란히 배열시켜도 된다. 이렇게 함으로써 (a)의 이미지는 (d)의 이진표현으로 인코딩될 수 있는 것이다. 디코딩은 반대로 하면 된다. 이렇게 디지털화를 하는 과정에서 아날로그 정보의 일부는 손실되기도 한다. 따라서 아직도 고품질의 사진 촬영 작업은 아날로그로 하기도 하지만 최근에는 디지털 해상도가 워낙 높게 표현되는 기술이 발달해서 (즉 픽셀의 크기를 매우 크게 할 수 있어서) 육안으로는 구별하기 힘든 정도가 되었다.

사실 흑과 백, 이렇게 두 가지로만 이루어진 이미지는 거의 없다. 그 다음으로 생각해 볼 수 있는 것이 컬러 정보는 없지만 명도 정보는 다양하게 표현되어 있는 grey-scale 이미지를 생각해 보자. 각 픽셀에 표시되는 정보는 흑과 백뿐만 아니라 다음 그림과 같이 다양한 명암을 가진 회색 계열 색을 표현할 수 있다.

자 그러면 각 픽셀당, 얼마나 많은 명도 정보를 표현할 것인가? 일반적으로 각 픽셀당 1byte, 즉 8bits를 배정한다면 0부터 255까지 모두 256가지의 명도 정보를 표현할 수 있을 것이다. 0은 완전 black, 그리고 255는 완전 white로 지정하여 encoding할 수 있다. 그리고 명도의 차이에 따라 256가지 다른 코딩 값을 지정하면 될 것이다. 이렇게 되면

**그림 3-1.** 8bits grey-scale일 때와 1bits black-and-white일 때의 픽셀 비교

black-and-white의 이미지보다 8배나 많은 bits 수가 필요하게 될 것이다. 6×6 픽셀의 이미지의 경우 흑백 표현은 6×6×1bits = 36bits만 필요하지만, grey-scale의 경우에는 6×6×8bits = 288bits가 필요하게 된다. 〈그림 3-1〉은 540×720픽셀을 가지고 있으며, 각 픽셀이 8bits grey-scale일 때와 1bits black-and-white일 때를 비교해 보고 있다. 오른쪽의 일부 확대 이미지를 보면 각 픽셀이 사각형 모양으로 보여지는 것을 확인할 수 있으며, 다양한 greyscale과 black and white로만 표시된 픽셀을 확인할 수 있다.

### 색상의 표현

색상(Color)은 우리 눈의 망막(retina)에 도달하는 빛의 다양한 주파수를 우리가 인식하는 것이다. 인간의 망막에는 빛의 주파수에 대해 다르게 반응하는 깔때기 모양의 빛 감지 세포가 세 가지 있다. 각각은 빨강, 초록, 그리고 파랑의 색상에 해당하는 빛 주파수에 대하여 반응한다고 한다. 인간의 눈이 인식하는 모든 다른 색상은 이들 세 가지 색상의 강약 조합에 의해 만들어질 수 있다. 따라서 이러한 망막의 기능을 흉내 내어 이미지의 색상은 일반적으로 컴퓨터에서는 RGB(Red-Green-Blue)값으로 표현하는데, 실제로는 세 개의 값인데 각각 red, green, blue의 값의 정도를 표시하고 있다. 각 값은 8비트를 사용하여 256가지의 scale을 가지는데 0은 그 색상이 아예 없는 것, 255는 그 색상이 완전한 것으로 표시한다. 예를 들어 RGB값이 (255, 0, 0)이면 완전한 빨간색이며, (255, 255, 0)이면 빨강과 초록을 극대화시키고, 파랑을 없애 버리게 되어 노란 색깔이 표현된다. 〈표 3-5〉는 몇 가지 색상에 대한 RGB값을 보여 주고 있다.

우리가 흔히 사용하는 많은 편집 소프트웨어에서도 사용자들이 RGB 값을 이용하여 색상을 선택하도록 하고 있다. 〈그림 3-2〉는 MS파워포인

표 3-5. RGB 색상값의 예

| RGB Value | | | Actual Color |
|---|---|---|---|
| Red | Green | Blue | |
| 0 | 0 | 0 | black |
| 255 | 255 | 255 | white |
| 255 | 255 | 0 | yellow |
| 255 | 130 | 255 | pink |
| 146 | 81 | 0 | brown |
| 157 | 95 | 82 | purple |
| 140 | 0 | 0 | maroon |

그림 3-2. MS파워포인트의 RGB 색상값 예

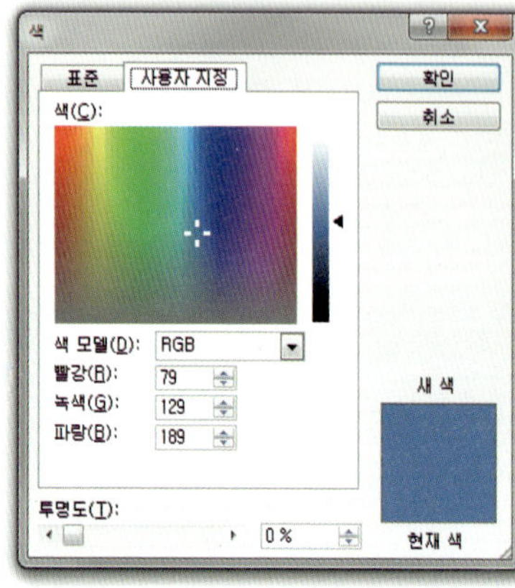


트 소프트웨어에서 RGB값이 (79, 129, 189)인 색상을 보여 주고 있다.

색상의 깊이를 나타내는 데이터의 양을 흔히 color depth, 즉 색상 깊이라고 한다. 우리가 사용하는 TrueColor는 24bits의 color depth를 사용한다. 즉 세 가지 기본 색상에 대하여 8bit씩 사용하여 하나의 픽셀에 대하여 24비트의 bit pattern을 사용한다.

RGB는 세 가지 색상에 대해 각기 조합으로 표현되므로 일반적으로 3차원 공간으로 이야기되기도 한다. 3차원 색상 공간의 각 꼭지점은 〈그림 3-3〉처럼 보여진다.

이 3차원 공간 안에 Red, Green, Blue가 조합되어 만들어지게 되는 색상은 모두 256×256×256 = 16,777,216가지인데, 우리의 눈이 구별할 수 있는 색깔은 그중 몇 가지나 될까?

사실 24bits를 사용하는 TrueColor는 인간이 구별할 수 있는 색상의 수보다 훨씬 많은 색상을 제공한다. 따라서 이미지 파일 크기를 줄이기 위하여 indexed color(인덱스 색상)을 사용하기도 한다. 어떤 웹브라우저와 같

그림 3-3. 3차원 색상 공간상의 RGB 조합 예

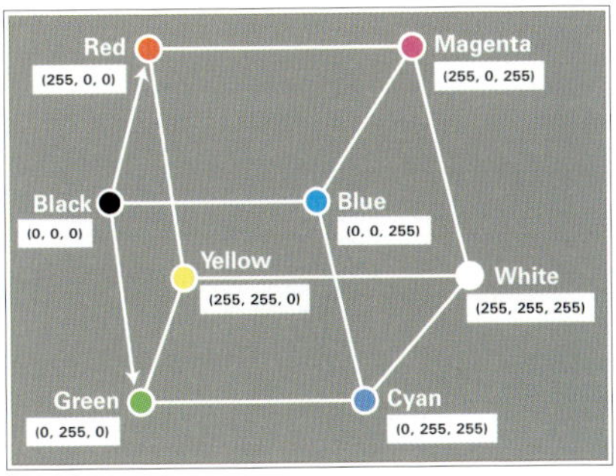


그림 3-4. MS파워포인트의 팔레트

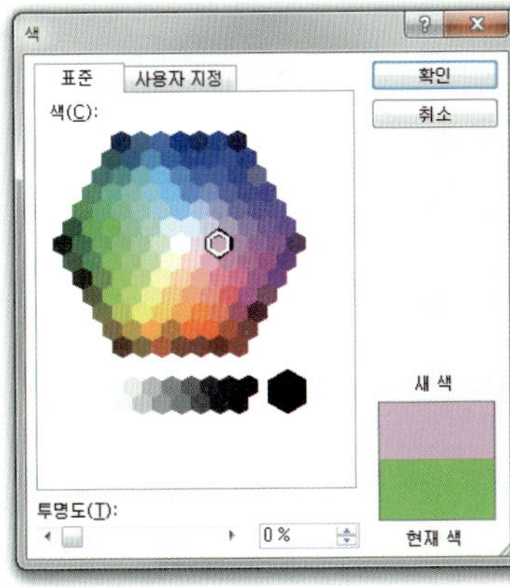


은 응용 프로그램에서는 모든 색상을 다 사용하지 않고 제한된 개수의 색상만을 가지고 팔레트를 만들어 사용자가 실제 색상과 가장 비슷한 색상을 팔레트에서 골라서 사용하도록 하기도 한다. 〈그림 3-4〉는 팔레트의 예를 보여 주고 있다.

RGB색상 공간이 〈그림 3-5〉와 같이 3차원의 큐브 형태로 표현되었지만, 원통형 공간으로 표현되기도 하는데 대표적인 것이 HSL(Hue, Saturation, Lightness)과 HSV(Hue, Saturation, Value)이다. RGB값을 큐브 공간

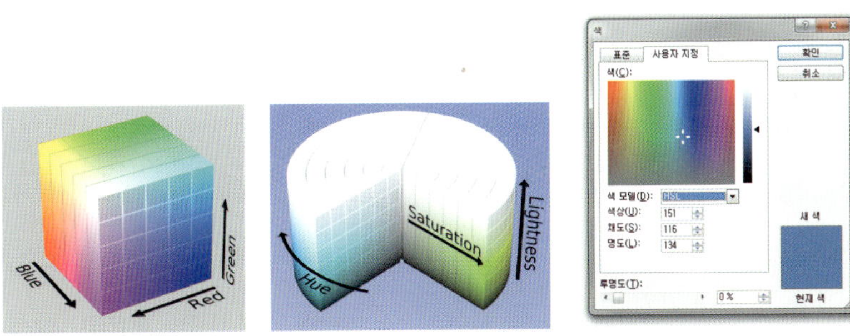


그림 3-5. 좌로부터, RGB의 큐브 공간, HSL 원통 공간, 그리고 MS파워포인트에서 사용되는 색상선택기. Color mode를 RGB 또는 HSL로 선택하여 사용할 수 있다.

에서 표현하는 것보다 더 직관적이고 인지적이라고 하며 많은 이미지 처리 프로그램에서 함께 사용되고 있다.

지금까지 이미지가 어떻게 이진 코딩이 되는지에 대한 기본적인 방법을 살펴보았다. 하지만 이미지의 인코딩에는 여전히 문제가 있는데 그것은 바로 인코딩된 파일의 크기 문제이다. 예를 들어 24bits TrueColor를 사용한다면 540×720 해상도의 이미지는 각 픽셀당 24bits, 즉 3byte의 bit pattern을 사용하므로 파일 크기가 540×720×3 = 1,166,400바이트가 된다. 즉 약 1.16MB 크기가 된다. 17인치 컴퓨터 모니터의 최대 해상도(resolution)로 본다면 1280×1024×24bits / 8 = 3,932,160byte = 약 4MB. 엄청난 메모리를 차지하게 된다. 따라서 더 효율적인 인코딩 방법, 즉 적은 코드로 더 많은 정보를 인코딩할 수 있는 압축 방법을 생각하게 된다.

### 효율적인 이미지 압축 코딩

우리가 각 픽셀에 대하여 똑같은 크기의 bit pattern을 사용하는 것을 우리는 bitmap(비트맵)이라고 부른다. 이미지 파일의 확장자가 .bmp라고 되어 있는 것이 바로 비트맵 파일이라는 것을 의미한다. 일반적으로 픽셀당 24bits TrueColor 비트맵을 사용하는데, 앞서 문자 압축 기법에서 배웠던 반복길이(run-length) 기법이 적용되기도 하고, 혹은 사용되는 색상의 종류가 많지 않다면 색상 깊이(color depth)를 24bits보다 적게 사용하기도 한다.

GIF(Graphics Interchange Format) 형식은 1987년에 만들어진 것인데 파일 크기를 줄이기 위하여 색인 색상(indexed color)을 사용하여 256개의 색상만 사용할 수 있다. 256가지의 색상만 표현하게 하려면 픽셀당 8bits만 사용하면 되므로 픽셀당 24bits를 사용하는 비트맵보다 1/3을 줄일 수 있다. 이러한 이유로 GIF는 라인아트(line art) 같은 그래픽이나 혹은 사용되는 색상의 수가 많지 않은 사진의 경우에 주로 사용된다. GIF 압축에 무료로 사용되던 LZW 압축 알고리즘이 1995년부터 특허가 적용되기 시작하면서 사람들은 그 대안으로 무료 압축 형식인 PNG(Portable Network Graphics) 형식을 만들어 사용하고 있는데 GIF에 비하여 압축률도 좋고 TrueColor 색상을 사용한다.

아마도 가장 많이 사용되고 있는 압축 이미지 형식인 JPEG는 사람 눈의 특성을 반영하여 만들었다고 한다. 쉽게 설명한다면 비슷한 색상끼리 모여 있는 영역을 평균화시키는 방법이다. 이 방법은 여러 수학적 변환 모델을 사용하며 지금도 계속 발전해 나가고 있다. JPEG는 주로 컬러 사진에 많이 사용되며 문자, 만화 혹은 흑백 라인아트 같은 것에는 그 효율성이 다른 것에 비하여 떨어진다. 그리고 픽셀 영역을 평균화시켜서 압축하기 때문에 실제 원 정보가 손실된다. 따라서 JPEG를 손실압축(lossy compression)이라고 부르기도 한다. 일반적으로 bmp에 비하여 10 : 1 정도의 압축률을 보이는데 압축률은 사용자가 파일의 크기와 이미지의 품질 사이의 적절한 상호 만족선에서 선택할 수 있다. 위키피디아에 소개된 샘플 사진으로 파일 크기와 압축률 사이의 관계를 비교해 보도록 하자.

quality 100%, 파일크기 83KB, 압축률2.6:1

quality 50%, 파일크기 15KB, 압축률15:1

quality 25%, 파일크기 9.5KB, 압축률23:1

quality 10%, 파일크기 4.7KB, 압축률46:1

quality 1%, 파일크기 1.5KB, 압축률144:1

**그림 3-6.**
원 bmp이미지는 73,242픽셀을 가지고 있으며 크기는 약 220KB였는데, JPEG을 이용하여 다른 품질을 적용하였을때 이미지의 크기와 품질을 비교. Quality 100%인 jpeg의 경우에 픽셀당 9bits의 bit pattern이 사용되었다.

**벡터 그래픽**

위에 언급된 압축 방법들은 모두 픽셀 단위의 bit pattern인 비트맵을 기본으로 하여 만들어진 방법이지만, 벡터 방식 표현은 전혀 다른 방식의 표현 방법이다. 벡터 그래픽은 픽셀 단위로 정보를 저장하는 것이 아니라 선과 도형을 이용하여 이미지를 표현하는 형식이다. 따라서 선과 도형의 방향, 두께와 색상 같은 정보들이 저장되어 있다. 따라서 사진과 같은 경우에는 적당하지 않고 라인아트나 만화 같은 경우에 매우 효율적으로 사용될 수 있다. 파일 크기는 이미지 안에 있는 모습들이 얼마나 복잡한가에 따라 다르지만 대부분의 라인아트 같은 경우에는 파일 크기가 매우 작아진다. GIF 같은 비트맵 형식에서는 이미지 크기를 확대 혹은 축소를 하게 되면 인코딩을 다시 해야 하지만, 벡터 그래픽에서는 확대 축소가 수학적으로 동적으로 계산되어 이루어지게 된다. 따라서 품질이 떨어지게 되는 경우가 없다.

그림 3-7. 벡터 그래픽과 비트맵 그래픽의 비교. 벡터 그래픽은 원 이미지를 7배 확대해도 품질의 차이가 발생하지 않는다

파일 크기와 이미지 크기의 자유로운 변환 때문에 웹에서 주로 사용하고 있는데 대표적인 것이 플래시(Flash) 이미지이다. 또한 SVG(Scalable Vector Graphics)도 웹에서 많이 사용되는 형식이다. 〈그림 3-8〉은 간단한 이미지에 대한 SVG 파일의 내용을 보여 주고 있다. 예를 들어 두 번째 줄의 내용을 보면 사각형(rect)을 만드는 데 시작점을 (80, 60)에서 시작해서

그림 3-8. SVG 파일 내용의 예

Svg_example3.svg (SVG file, nominally 467 × 462 pixels, file size: 477 B)

```
<svg xmlns="http://www.w3.org/2000/svg" version="1.1"  width="467" height="462">
<rect x="80" y="60" width="250" height="250" rx="20" fill="red" stroke="black" stroke-width="2px" />
<rect  x="140"  y="120"  width="250"  height="250"  rx="40"  fill="blue"  stroke="black"  stroke-width="2px"
fill-opacity="0.7" />
</svg>
```

넓이와 높이를 각각 250으로 하고 코너 각의 둥글기 정도, 색상, 가장자리 선의 색깔과 두께가 기술되어 있다.

### *소리 데이터의 인코딩*

오디오(audio)란 소리나 음악이 표현되는 것을 말한다. 소리는 높이, 크기 그리고 음색으로 이루어져 있는데, 모두 진동수와 파형으로 구분이 된다. 오디오를 저장하는 표준 방법은 없지만 기본적으로 소리를 디지털 형식으로 변환하는 절차는 유사한데, 먼저 원래 아날로그인 오디오 파형을 디지털 데이터로 변환하고 그리고 bit pattern을 사용하여 저장한다. 〈그림 3-9〉는 그 구체적인 과정을 보여 주고 있다.

먼저 아날로그 신호가 샘플링된다. 샘플링은 시간에 따라 일정하게 간격으로 나누고 각 간격마다 신호의 값을 측정하는 것이다. 그렇게 만들어진 샘플들은 양자화(quantization)된다. 양자화는 각 샘플에 정해진 값을 지정하는 것이다. 예를 들어 샘플 값이 23.4이고, 우리가 만약 6bits를 사용하여서 0부터 63까지 64가지 정수를 사용한다고 하면 그 샘플 값을 23

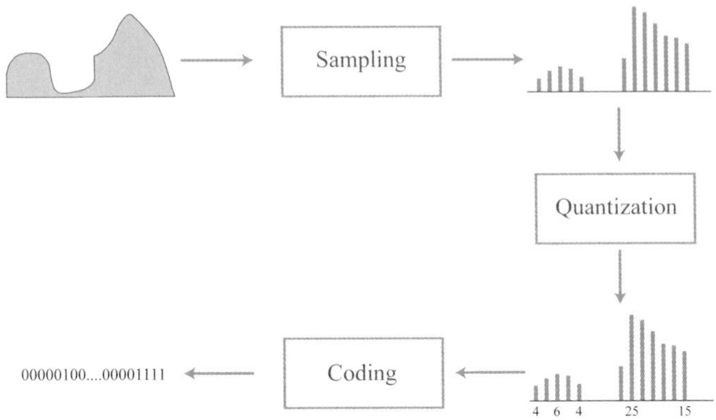


그림 3-9. 아날로그 오디오 파형을 디지털 데이터로 변환하는 과정

에 배정한다는 것이다. 그리고 그 양자화된 값은 bit pattern으로 변경되는데, 예를 들면 23은 이진수로 바뀌어서 10111이 되어 저장된다.

일반적으로 샘플링은 초당 40,000 정도로 하면 사람의 귀에 거슬리지 않는 정도라고 한다. 즉 1초를 40,000개의 간격으로 쪼개어 그 각각에 디지털 값을 배정하게 되는 것이다. 만약 샘플링률을 더 늘린다면 더 좋은 품질의 소리를 얻을 수 있겠지만 어느 정도 이상이 되면 사람은 그 차이를 구별할 수 없게 된다. 양자화는 소리의 높낮이를 결정하게 되는데 만약 각 샘플당 8bits를 사용한다고 하면 256가지의 소리 높낮이 정보를 표현하게 되는 것이다. 사람의 목소리만 주로 사용되는 전화 품질에서는 8bit가 사용되며, 음악 CD에서는 16bits을 사용하여 65,536개의 전압값으로 소리를 표현한다. 하지만 아날로그 값을 양자화하는 과정에서 일부 정보가 손실되기도 한다. 예를 들어 23.4의 값인데 23에 배정을 하여 0.4만큼의 음원 정보가 손실되는 것이다. 혹은 아주 낮은 음이나 아주 높은 음 같은 경우에는 표현하지 못하게 될 수도 있다. 특수한 상황에서는 24bits 양자화를 사용하기도 한다.

만약 샘플링률이 초당 40,000이라고 하고 16bits 양자화한다고 가정하면 10분짜리 노래는 몇 바이트를 차지하게 될까. 10분은 10×60 = 600초이므로 전체 크기는 600초×40,000×2바이트 = 48MB가 된다. 따라서 소리 정보에 대해서도 압축 인코딩 방법이 필요하게 된다. 일반적으로 WAV 파일 형식이 압축되지 않은 것이고, 가장 일반적인 압축된 파일 형식은 MP3라고 할 수 있다.

MP3는 MPEG-2, audio layer 3 file의 줄임말이고, MPEG은 Moving Picture Express Group을 의미하는데 디지털 오디오와 비디오 압축에 대한 개발 표준을 협의하는 국제위원회이다. MP3는 손실 압축과 비손실 압축 모두를 사용한다. 먼저 소리의 frequency 전체 분포를 분석해서 인간 음향 심리학(귀와 뇌 청각세포 간의 관계에 대한 연구)에서 만들어진 수학 모델과 비교하여 인간의 귀에 잘 들리지 않는 정보를 제거해 버린다. 그런 후에 호프만 인코딩과 같은 방법을 사용하여 추가적인 압축을 한다.

### 수치정보의 인코딩

#### 수치정보인가, 숫자문자인가, 숫자이미지인가

다음의 숫자를 보자. 이것을 어떻게 인코딩할 것인가.

65535

이것을 우리가 어떻게 인식하는가, 그리고 어떻게 사용할 것인가에 따라서 다음의 세 가지 방법을 생각해 볼 수 있다.

❶ 문자로 생각한다면, 위의 65535는 5개의 문자로 이루어져 있고, 각

문자는 아스키코드에 따라서 인코딩하면 모두 40bits가 필요하게 된다. Unicode로 한다면 80bits가 필요할 것이다. 다만, 이 경우에는 텍스트로만 사용할 수 있지 숫자의 계산에는 사용하지 못한다.

❷ 이미지로 생각하여 표현할 수 있다. 즉 각 픽셀당 bit pattern으로 변환하여 표현할 수 있다. 이 경우에는 이미지상에 이 숫자가 표현되게 할 수 있다. 숫자나 문자로서의 정보는 가지지 못하게 된다.

❸ 숫자로 생각한다면, 이진 변환을 할 경우 16bits로 표현할 수 있다. 이 경우에는 숫자의 연산을 할 수 있다.

즉 어떤 목적으로 사용하느냐에 따라서 다르게 인코딩할 수 있다. 계산을 위해 필요한 것인지, 이미지로 보이게 하려고 하는 것인지, 텍스트로 보이게 하려고 하는 것인지에 따라서 다른 인코딩이 사용될 수 있다. 우리가 '수치 정보'라고 이야기할 때에는 '연산'을 염두에 두고 있는 것이며, 여기서는 수치 정보의 인코딩에 대하여 간단하게 살펴보도록 하자.

### 이진수의 변환

우리가 앞서 배운 것처럼 이진수의 형태는 각 칸마다 두 가지 정보(1과 0)만 표현할 수 있으며 그 칸들을 여러 개 위치시켜서 숫자를 표현하게 된다. 예를 들어서 8bits를 사용한다면 각 비트마다 1 또는 0의 두 가지 경우를 표현하므로, 그 조합을 따지면 $2^8 = 256$가지의 다른 경우를 표현할 수 있다. 그리고 그 256가지를 어떻게 8bits로 pattern을 만드는가는, 다음과 같이 간단히 처리할 수 있다.

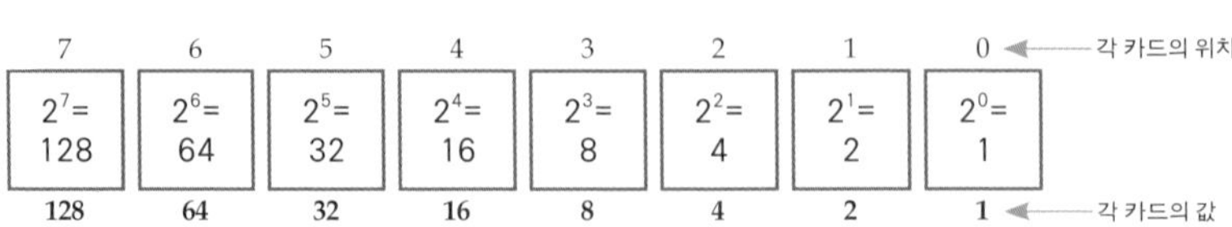

즉, 만약 10진법 201을 이진법으로 만든다고 한다면, 위의 각자 고유 숫자가 써 있는 카드를 한 번씩만 조합해서 어떻게 201을 만들 것인가를 생각해 보면 된다. 큰 것부터 +차례로 체크해 가면서 더해 가면, 128 + 64 + 0 + 0 + 8 + 0 + 0 + 1 = 201이 되고, 사용된 카드는 1을 사용되지 않은 카드는 0이라고 생각하면, 11001001이 된다. 반대의 경우도 마찬가지이다. 만약 10001101이라면 1이 씌어진 카드의(즉 사용된 카드의) 고유 숫자만 더해주면 된다. 즉 128 + 0 + 0 + 0 + 8 + 4 + 0 + 1 = 141이 된다.

이진법과 십진법의 변환 방법은 중고등학교 때 이미 배웠을 것이며 각자마다 자신 있는 변환 방법을 알고 있을 것이다.

### 정수(Integer)의 표현

정수의 바이너리 인코딩은 얼핏 생각한다면 그냥 이진 변환하기만 하면 되는 것에 불과할 수도 있지만, 실제로는 다음과 같이 생각해야 할 문제들이 있다.

❶ 표현에 사용할 수 있는 bit수에 제한이 있기 때문에(예를 들어 8bits) 표현할 수 있는 정수 숫자의 범위에 제한이 있다. 즉 표현 범위에 제한.

❷ 정수의 음수는 어떻게 표현할 것인지의 문제가 있다.

❸ 그렇게 표현했을 때 덧셈과 뺄셈과 같은 연산이 효율적으로 수행될 수 있는지에 대한 문제가 있다.

이제 소개될 여러 가지 정수 인코딩 방법은 위와 같은 고려 사항에 따라서 생각해 보도록 하자.

먼저 Unsigned 표현은 부호를 생각하지 말고 바로 이진수로 변환하는 것을 말한다. 만약 8bit를 사용한다면 0~255까지 표현이 가능하며,

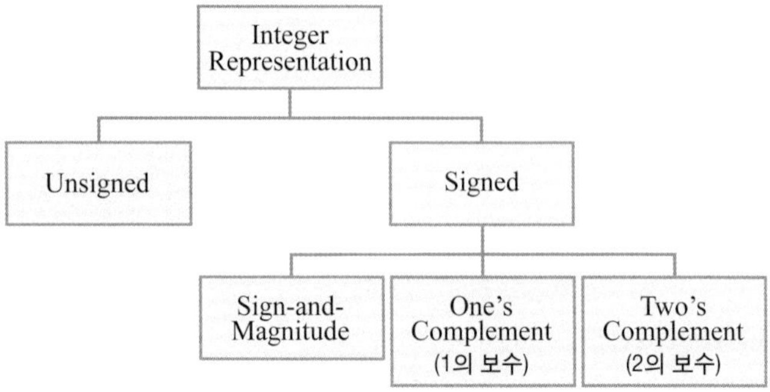


그림 3-10. 정수의 이진 코딩 방법

16bits을 사용한다면 0~65,535의 표현이 가능하다. 하지만 그 범위를 벗어나는 숫자는 표현하지 못한다. 또한 음수를 표현하지 못하므로 주로 횟수를 세는 카운터(counter)나 메모리의 주소 할당 등에 사용된다.

이번에는 양수와 음수 모두를 표현하는 signed 표현에 대하여 생각해 보자. Signed-and-Magnitude 형식은 제일 첫 비트는 부호로(0은 양수, 1은 음수로) 사용하고 나머지 bits에 크기(magnitude)를 표현한다. 따라서 8bits인 경우에 첫 bits는 부호에 사용하고 나머지 7bits만 크기에 사용하므로 크기는 127까지만 표현이 된다. 각 부호에 대하여 그렇게 되므로 -127 ~ +127까지 표현이 가능하다. 만약에 8bits로 -9를 표현한다고 하면, 부호가 -이므로 제일 첫 비트는 1이 되고, 나머지 7bits는 9를 표현하면 된다. 즉 0001001가 되므로 부호 비트까지 합치면 10001001이 된다. +9는 제일 첫 bits값만 0으로 바뀌면 된다. 즉 00001001가 된다. 다음은 몇 가지 다른 예를 보여 주고 있다. 반대의 경우도 간단하다. 제일 왼편 bits 값에 따라 부호를 적고, 나머지 bits에 있는 이진값을 십진값으로 변환해 주면 된다.

| 십진수 | 8bit 사용 | 16bit 사용 |
|---|---|---|
| +7 | 00000111 | 0000000000000111 |
| -124 | 11111100 | 1000000001111100 |
| +256 | 오버플로우 에러 | 0000000100000000 |

이 방법은 십진수와 이진수를 상호 변환하는 것이 매우 간단하다는 장점이 있는 반면에 문제점도 있는데 그중 하나는 십진수 0에 대한 표현이 두 가지가 나온다는 것이다. 즉 8bits 사용의 경우에,

+0 → 00000000
-0 → 10000000

의 두 가지 표현이 나와서 혼란을 초래한다. 또 덧셈이나 나눗셈의 연산이 부호 때문에 간단하지 않다. 따라서 연산보다는 이진과 십진의 상호 변환만 간단히 하는 경우에 주로 사용된다.

One's Complement(1의 보수) 표현방법은 조금 다른 규칙을 사용한다. 먼저 십진수가 양수인 경우에 그대로 이진수로 변환한다. 만약 그것이 음수인 경우에는 먼저 같은 크기의 양수에 대한 이진수를 먼저 구한 후, 그것의 1의 보수, 즉 0은 1로, 1은 0으로 바꿔치기 한다. 예를 들어 +9인 경우에는 00001001로 표현하지만 -9인 경우에는 +9의 1의 보수, 즉 11110110이 된다. 즉, 같은 크기의 값이 서로 1의 보수 관계로 마주 보고 있는 모습이며, 제일 첫 비트가 0이면 양수, 1이면 음수임을 알 수 있다. 예를 들어, 01111100는 양수이므로 그대로 십진변환을 하면 +124가 되고, 10000011는 제일 왼쪽 비트가 1이므로 음수임을 알 수 있고 따라서 전체를 1의 보수를 취하면 01111100가 되어 이것을 십진변환시키면 124, 따라서 -124가 되는 것이다.

이 방법은 여전히 덧셈 뺄셈 같은 연산이 간단하지 않고, 여전히 0이 두 가지가 존재하기 때문에 일반적으로 잘 사용은 되지 않으나, 통신에서 에러 검출에 사용될 수도 있고 무엇보다도 다음에 나오는 Two's Complement(2의 보수)를 설명하기 위해 미리 살펴본 것이다.

Two's Complement(2의 보수) 표현방법은 1의 보수에서처럼 0이 두 가지로 표현되는 혼동과 그 혼동으로 인하여 연산이 복잡해지게 되는 것을 막기 위해 나온 방법이다. 양수인 경우에는 기존과 똑같이 이진 변환만 해 주면 된다. 문제는 음수에 대한 표현인데 음수에 대하여 1을 더해 주어 한 칸씩 앞으로 당기는 모습을 보이는데 이렇게 하여 -0이 없어지고 그 자리에 -1이 들어가고, 1의 보수에서 -1의 자리에는 -2가 들어가는 식이다. 그러면 제일 마지막 음수는 빈칸이 되는데 여기에 -128이 새롭게 하나 더 들어간다. 이것을 그림으로 다시 보면서 이해해 보도록 하자. 만약에 8bits가 있다고 한다면, 8bit로 표현할 수 있는 range는 1의 보수인 경우에 -127~+127 이 된다. 그림으로 그려 보면 다음과 같다.

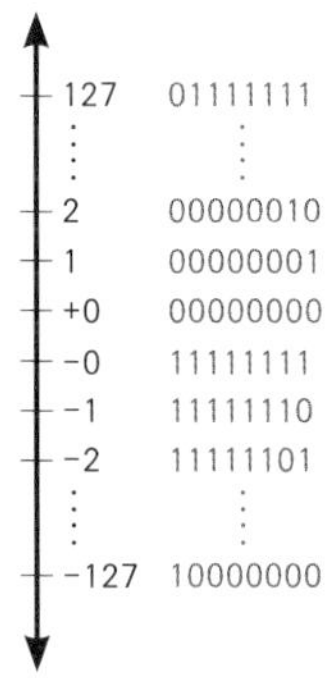


하지만 보다시피 +0과 -0, 이렇게 두 개의 0이 있게 되고 bit pattern의 연산이 불편하다는 단점이 있다. 2의 보수는 0을 하나만 쓰게 해 준다. 즉,

앞의 그림에서 -0 대신에 -1이 올라오고, 모두 한 칸씩 올라가서 제일 아래에는 -128이 하나 더 추가될 수 있다. 따라서 2의 보수에서는 range가 -128 ~ +127이 된다. 그림으로 그려 보면 다음과 같다.

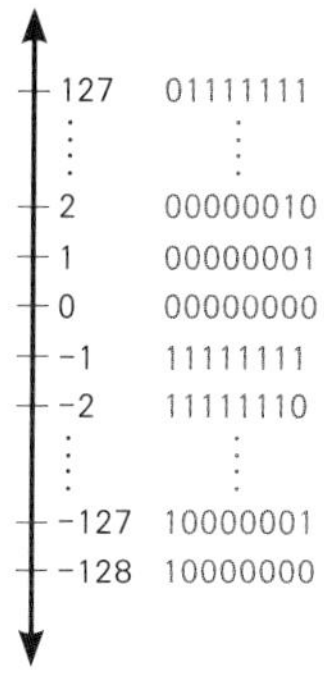


이것은 다음과 같이 여러 가지로 표현이 가능한데 모두 같은 결과를 낸다. 예를 들어 어떤 음수의 정수 값을 생각해 보자(ex. -124).

• 먼저 양의 값만 이진 변환시킨 후에 1의 보수를 취하고 1의 보수에서 1을 더해 주면 2의 보수가 된다.

• 먼저 양의 값만 이진 변환시킨 후에 1의 보수를 취하고 제일 오른쪽 비트에서 시작하여 왼쪽으로 한 칸씩 가면서 제일 처음 나오는 0까지만 보수를 취해 주고 나머지는 그대로 두는 것이다.

• 양의 값을 이진 변환한 후에 제일 오른쪽 비트에서 시작하여 왼쪽으로 가면서 첫 번째 1까지는 그대로 두고 그 다음 비트부터 제일 왼쪽 비트까지 보수를 취한다.

이것을 -124의 예를 가지고 다시 살펴보자.

• 부호는 -이고, 양의 값은 124이므로 124를 이진 변환하면 01111100

가 된다. 이것을 1의 보수를 취하면 10000011이 된다. 여기에 1을 더하면 10000100이 된다.

- 마찬가지로 1의 보수에서 제일 오른쪽 비트에서 왼쪽으로 가면서 처음 나오는 0까지만 보수를 취해 주면 10000100이 된다.
- 이번에는 아예 124의 원래 이진 변환값 01111100에 대하여 제일 오른쪽 비트에서 시작하여 첫 번째 1까지 즉, 100까지는 그냥 두고 그 다음부터 왼쪽 끝까지 보수를 취하면 10000100이 된다.

첫 번째 방법, 즉 1의 보수를 취하여 1을 더한다는 것은 매우 개념적으로 설명한 것이고, 마지막 표현은 매우 알고리즘적으로, 즉 기계적으로 처리될 수 있도록 표현된 것이다. 다시 알고리즘적으로 정리하면,

- 만약 양수이면, 그대로 2진 변환
- 만약 음수이면, 그것의 양의 값을 2진 변환한 후에,
  - 제일 오른쪽 비트부터 시작하여 차례대로 제일 왼쪽 비트까지 가면서
  - 첫 번째 1을 만나면 그 다음 비트부터 각 비트마다 보수를 취한다.

자 이제 2의 보수에서는 0이 하나로만 표현되어 혼동이 없어지고, -128이라는 숫자 하나를 더 많이 표현할 수 있게 되었다. 아울러 덧셈 뺄셈의 연산도 간단하게 처리될 수 있는 큰 장점도 생겼다. 예를 들어,

- (+3) + (+2) = 0011 + 0010 = 0101 = 5
- (−3) + (−2) = 1101 + 1110 = 1011 = −5(즉, −0101)(왼쪽에 초과된 1은 무시)
- (+7) + (−5) = 0111 + 1011 = 0010 = 2

특히 2의 보수의 장점은 뺄셈도 덧셈과 똑같이 적용하면 된다는 것이

다. 부호와 무관하게 같은 방법을 사용할 수 있으므로 덧셈만 생각하면 된다는 것이다. 결과적으로 2의 보수(complement)를 취하는 회로와 덧셈 회로만 있으면, 덧셈, 빼셈, 곱셈, 나눗셈 모두를 수행할 수 있다. (곱셈은 덧셈을 반복하여 수행, 나눗셈은 빼셈을 반복하여 수행하여 나머지가 음수가 되지 않을 때까지의 횟수) 2의 보수 표현은 정수를 컴퓨터에서 표현하는 표준방법으로 사용되고 있다. 지금까지 살펴보았던 정수의 이진 인코딩 방법에 대하여 4bits 사용인 경우 몇 가지 예를 보도록 하자.

| Contents of Memory | Unsigned | Sign-and Magnitude | One's Complement | Two's Complement |
|---|---|---|---|---|
| 0000 | 0 | +0 | +0 | +0 |
| 0001 | 1 | +1 | +1 | +1 |
| 0010 | 2 | +2 | +2 | +2 |
| 0011 | 3 | +3 | +3 | +3 |
| 0100 | 4 | +4 | +4 | +4 |
| 0101 | 5 | +5 | +5 | +5 |
| 0110 | 6 | +6 | +6 | +6 |
| 0111 | 7 | +7 | +7 | +7 |
| 1000 | 8 | -0 | -7 | -8 |
| 1001 | 9 | -1 | -6 | -7 |
| 1010 | 10 | -2 | -5 | -6 |
| 1011 | 11 | -3 | -4 | -5 |
| 1100 | 12 | -4 | -3 | -4 |
| 1101 | 13 | -5 | -2 | -3 |
| 1110 | 14 | -6 | -1 | -2 |
| 1111 | 15 | -7 | -0 | -1 |

또 하나의 정수 표현 방법이 있는데 Excess System이라고 부른다. 연산은 사용하지 않고 간단하게 십진과 이진을 변환하는 경우에 주로 사용된다. 다음에 배우게 될 부동소수점 표현에서 지수값을 인코딩할 때 사용된다. 만약 8bits를 사용하면 0~255까지 표현이 되는데 그중에 가운데 숫

자, 즉 128 혹은 127을 매직 숫자라고 정해서 그것을 기준으로 음수와 양수를 나누는 것이다. 만약 매직 숫자를 128로 정하면 Excess_128 형식이라고 부른다. 다음 그림에서 아래 칸이 실제 표현하려는 숫자이고 윗 칸이 이진 표현이 된다.

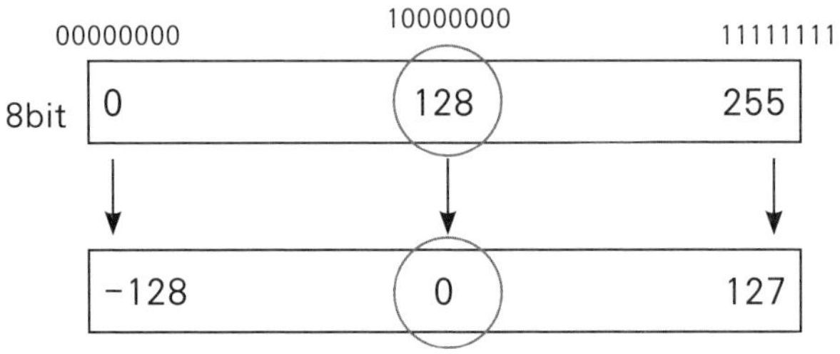


예를 들어 -25를 Excess_128로 하면 -25 + 128을 하여 +103이 되고 이것을 8bit 크기로 이진 변환하면 01100111이 된다. 반대로 만약에 Excess_128로 표현된 이진 코드가 11111110이면 먼저 이것을 십진 변환하여 254를 구한다. 그러면 254에서 매직 넘버 128을 빼면 126이 된다.

### 부동소수점(floating-point)의 표현

우리는 정수의 인코딩에 대하여 살펴보았지만 이번에는 실수의 표현에 대하여 간단히 살펴보자. 실수는 12.345와 같이 정수 부분과 소수 부분, 그리고 그들 사이에 소수점(.)이 있는 수를 이야기한다. 실수를 표현할 때 부동소수점(floating point) 표현방식은 소수점의 위치를 고정하지 않고 그 위치를 따로 표시하는 것으로, 가수(假數; mantissa)와 소수점의 위치를 표시하는 지수(指數; exponent)로 나누어 표현한다. 예를 들어 십진 실수 -0.064를 부동소수점으로 표현하면 $-64\times10^{-3}$이 된다. 여기서 -64를 가수(mantissa), -3을 지수(exponent)라고 부른다.

먼저 일반적인 실수의 모습을 생각하면서 그 표현 방법을 생각해 보도록 하자. 정수 부분을 이진 변환하고, 소수 부분을 이진 변환시키면 된다. 정수 부분의 이진수 변환 방법은 앞서 각자의 고유 카드를 가지고 예를 들어 설명하였는데, 소수점 아래의 값들도 마찬가지로 설명될 수 있다.

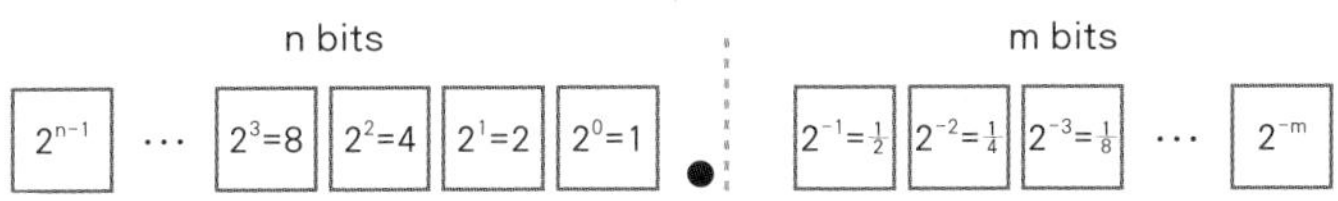


먼저 이진수를 십진수로 변환하는 것부터 (쉬운 것부터!) 보도록 하자. 1001.1101이라고 한다면 정수 부분은 1001이므로 위의 카드 그림을 보고 적어 보면 8 + 0 + 0 + 1이 되어 9가 되고, 소수 부분은 1101이므로 $\frac{1}{2} + \frac{1}{4} + 0 + \frac{1}{16}$이 되어 $\frac{13}{16} = 0.8125$가 된다. 따라서 원래 이진수는 9.8125로 변환된다.

십진수를 이진수로 변환하는 것에는 조금 더 복잡한 문제가 결부된다. 위의 그림을 자세히 살펴본다면, 정수 부분은 0, 1, 2, 4, 8, 16, …, $2^{n-1}$의 숫자(카드)들을 각 한 번씩만 사용(또는 사용 안 함)하여 조합하면 범위 내의 (위 그림에서는 0~$2^{n-1}$) "어떠한" 정수라도 만들어 낼 수 있다. 하지만, 소수점 이하의 부분은 어떠한가. $\frac{1}{2}$, $\frac{1}{4}$, $\frac{1}{8}$, $\frac{1}{16}$, …의 카드 각각을 (사용, 사용 안 함) 조합하여 "어떠한" 숫자라도 만들어 낼 수 있는가? 아니다! 예로 든 〈표 3-6〉을 보면 소수점 아래 이진수값 4자리에 대하여 모든 조합을 나열해 보았다. 각각에 해당하는 십진수 값을 보면 연속된 실수값을 얻을 수 없다는 것을 알 수 있다. 예를 들어 0.2를 표현할 수 있는가. 없다. 만약 비트 수를 늘린다면 예를 들어 '100자리까지 만들면 되지 않을까' 하고 생각할 수도 있지만 표현할 수 없다. 왜냐하면 그 정도로 비트 수를 늘려도 그 사이에 빈 값이 존재하기 때문이다. 그렇다고 무제한으로

표 3-6. 소수점 이하 네 자리 2진수로 나타낼 수 있는 값

| 2진수 값 | 10진수 값 |
|---|---|
| 0 | 0 |
| 0.0001 | 0.0625 |
| 0.001 | 0.125 |
| 0.0011 | 0.1875 |
| 0.01 | 0.25 |
| 0.0101 | 0.3125 |
| 0.011 | 0.375 |
| 0.0111 | 0.4375 |
| 0.1 | 0.5 |
| 0.1001 | 0.5625 |
| 0.101 | 0.625 |
| 0.1011 | 0.6875 |
| 0.11 | 0.75 |
| 0.1101 | 0.8125 |
| 0.111 | 0.875 |
| 0.1111 | 0.9375 |

* 2진수로는 연속이지만, 그에 대응해 연속된 10진수를 나타낼 수는 없다.

비트 자릿수를 늘릴 수도 없는 노릇이다. 그리고 아무리 자릿수를 늘리고 2의 마이너스 몇 제곱을 한다고 해도 표현하지 못하는 수가 존재한다. 그것이 바로 십진수의 실수 0.1(즉 $\frac{1}{10}$)이다. 실제로 $\frac{1}{10}$을 이진수로 변환하면 순환소수인 0.0001100110011001100 …… (1100이 계속 무한대로 반복). 따라서 2진수로는 가장 근사한 값이 사용되게 되는데 이것이 컴퓨터가 계산을 틀리게 할 수 있는 요인이 된다. 예를 들어 십진수인 0.1을 100번 반복해서 더하면 10이 아니라 9.99999999999999가 나온다.

부동소수를 표현하는데 IEEE 표준에서는 single-precision과 double precision을 사용한다. Single은 32bits, double은 64bits를 사용한다. 32bits를 사용하는 single precision의 예를 가지고 살펴보도록 하자. 32bits는 sign에 1bit, exponent(지수)에 8bits, 그리고 mantissa(가수)에 23bits를 사용한다.

- mantissa에는 1.xxxxxx 형태의 normalized representation을 사용한다.

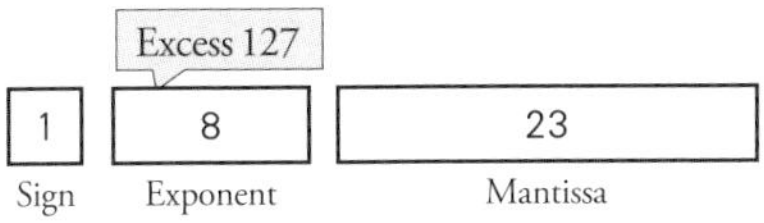


예를 들어 원래의 이진수가 1011.0011이라면 제일 왼쪽의 1이 소수점 바로 왼쪽으로 올 때까지 오른쪽으로 shift시킨다. 즉 1.0110011이 된다. (3번 sifted) 가수부가 23bits이지만 첫 번째 자리의 1이 생략되어 있기 때문에 실제로는 24bits의 값을 나타낸다.

- exponent는 Excess System 형식인 $Excess_{127}$을 사용한다.

그 이유는 sign bit를 사용하지 않고 음수를 나타내기 위해서이다. Excess representation은 가장 중간 값을 0으로 간주한다. 그래서 어떤 값이 있으면 그것을 가장 가운데 값으로 빼면, 그것의 excess representation값이 된다. 즉 8bits를 사용하면 0~255까지를 표현할 수 있는데, 그것의 가장 가운데 값, 즉 127을 0으로 간주하면 만약에 Excess_127 값이 255라면 255-127 = 128이 된다. 만약 100이라면 100-127 = -27이 된다. 이렇게 해서 exponent(지수)에서는 $2^{-127}$~$2^{+128}$까지 표현할 수 있다. exponent(지수)를 8bit 사용하는 것을 Excess_127이라고 부르고, 11bit를 사용하는 것을 Excess_1023이라고 한다. 이 지수값은 이진수 값에서는 2의 지수가 된다. 즉 만약 -5라면 $2^{-5}$가 된다.

Example 1

십진수 0.75를 single-precision floating-point representation으로 변환하여 보자.

답부터 이야기하면 0 01111110 10000000000000000000000이다.

- Sign bit : 양수이므로 0.
- Exponent : 01111110 이것을 십진수로 바꾸면 126이 된다. 127_excess 방법을 사용하므로 126-127 = -1 즉 $2^{-1}$이 된다.
- Mantissa: 소수점 이상의 첫 번째 자리를 1로 하는 normalized 표현이므로 실제로는 2진수 1.10000…0을 나타낸다. 이것은 $1\times2^0 + 1\times2^{-1}$이므로 1.5가 된다.

정리하면 $2^{-1}\times1.5 = 0.75$가 된다.

0.75를 $\frac{1}{2}$, $\frac{1}{4}$, $\frac{1}{8}$, $\frac{1}{16}$ …의 카드의 조합으로 표현하는 방법을 생각해 보자. 먼저, $\frac{1}{2}$ = 0.5를 사용하고, 두 번째 $\frac{1}{4}$ = 0.25를 합하면 된다. 즉 0.5 + 0.25 = 0.75. 즉 0.11이 된다. 하지만 normalized representation을 사용하므로 소수점 왼쪽으로 1을 보내 줘야 하기 때문에 1.1로 표현되고 그로 인해서 exponent에서 -1을 표시해 주면 된다. 즉 exponent는 -1이 되고 mantissa에서는 10000…으로 표현하면 된다.

몇 가지 사례를 가지고 배운 것을 확인해 보도록 하자.

| Number | sign | Exponent | Mantissa |
|---|---|---|---|
| $-2^2 \times 1.11000011$ | 1 | 10000001 | 11000011000000000000000 |
| $+2^{-6} \times 1.11001$ | 0 | 01111001 | 11001000000000000000000 |

Example 2

다음의 32bit floating-point number를 해석해 보시오.

1 01111100 11001100000000000000000

제일 왼편 부호 비트가 1이므로 부호는 -가 된다. 다음 exponent 8bits는 십진수로 124인데 excess_127을 가정하고 거기서 127을 빼면 -3이 된다. 마지막으로 mantissa 23bits에서 뒤의 0들을 무시하면 110011이 되는

데 decimal point 왼쪽에 1을 더해 주면 1.110011이 된다. 따라서 $-2^{-3}\times$ 1.110011이 된다.

더 알아보기

십진 실수 0.0, 0.1 그리고 1.0을 이진 부동소수점으로 표현하여 보자.

# 4. 정보의 구조와 문제 해결

## 4.1. '구조'는 '의미'를 만든다

'정보'는 우리에게 '의미'를 준다. 반면에 우리가 '데이터'라고 이야기할 때에는 '의미'적인 면을 별로 생각하지 않는다. 데이터는 재가공이나 재구성을 통하여 정보, 즉 의미가 부여된다. 그리고 의미라는 것은 주관적인 것이어서 사람마다, 그리고 시대마다 달라지기 때문에 여기서 우리는 데이터와 정보라는 용어를 칼로 자르듯 명확하게 구분하는 것이 무의미할 것이라는 생각을 하게 된다. '김현철'이라는 단어도 어떤 사람에게는 '데이터'에 불과하고, 어떤 사람에게는 '정보'의 의미를 갖기 때문이다. 따라서 데이터와 정보는 상대적으로 서술이 되기 때문에 본문에서는 데

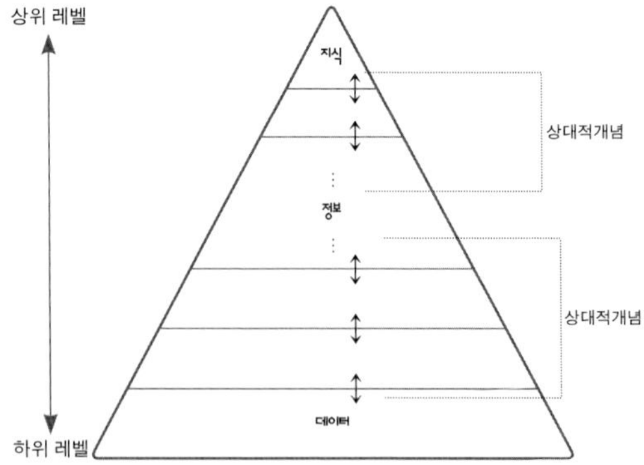

이터와 정보라는 용어가 섞여서 사용될 수도 있다. 특정한 의미 있는 '정보'도 그것을 이용하여 더 상위 레벨의 의미적 정보를 끄집어 낸다면, 그 상위 레벨의 정보의 관점에서는 하위 레벨의 정보를 데이터라고 생각할 수도 있기 때문이다. 마찬가지로, '지식(knowledge)'이란 용어도 매우 상대적이다. 일반적으로 지식은 어떤 구체적인 특정한 정보라기보다는 아주 일반화시킨 정보의 형태라고 생각할 수 있다.

'정보'의 전달은 즉 '의미'의 전달을 이야기 하는 것인데, 그러면 그 '의미'는 어떻게 표현이 되는 것일까. 다음의 사진을 보자. 두 개의 도시락 밥 위에 올려진 콩이 우리에게 주는 의미는 같은가. 똑같은 밥과 콩인데. 그 둘은 우리에게 다른 의미로 전달된다. 무엇이 그 의미를 만들었는가.

위의 도시락의 예에서 왼쪽의 콩 배열이 그냥 '데이터'라고 한다면, 오른쪽 콩 배열은 '정보', 즉 '의미'를 담으려 한다. '하트♡'는 사랑이라는 것을 의미하는 심볼(기호)이라는 것을 우리는 알고 있기 때문에, 콩의 배열을 그 기호 모양으로 시각적으로 보여 줌으로써 '사랑'이라는 의미를 전달하려 한 것으로 생각할 수 있다. 여기서 콩 하나가 정보의 기본 단위라고 말한다면, 정보의 기본 단위를 어떠한 형태로 '구조화'하여 의미를, 즉 '정보'를 표현하였다. 여기서의 그 구조는 시각적 구조이다. 만약에 그 정보단위들이 특정한 구조를 갖지 못했다면 '의미' 없는 데이터의 나열이 된다. 즉 정보의 **'구조'는 '의미'를 표현할 수 있다.** 물리학적인 관점, 혹은 자연과학적인 관점에서만 본다면 (즉 에너지, 물질의 성분 등의 관점) 위의 두 개의 도시락 그림은 전혀 차이가 없는 똑같은 것이다. 하지만 우리 인간이 받아들이는 것은 다르며 그것은 '의미'의 차이이며 그 의미를 포괄한 것이 바로 '정보'라고 할 수 있다. **정보는 그 구성단위들의 구조에 따라 달라진다.**

**순차적 구조: 단어, 문장, 문단**

유치원 아이와 이런 게임을 한 적이 있다.

"아빠, '선생님'에서 '님'을 빼고, 그 나머지를 거꾸로 해 봐!"

"음…. 생선?" "까르르르르르"

"그럼 아빠가 문제 내 볼까? 선풍기에서 기를 빼고 거꾸로 해 봐."

"음…. 풍선!" "까르르르르르"

"선생님"이라는 단어는 각 문자의 구조(배열)에 의하여 그 의미를 담게 된다. 그것을 각 정보단위로 분해하여 (즉 '선', '생', '님') 각각의 문자로 분해하여, 그것을 재조합('님'을 빼고 나머지를 거꾸로!)함으로써 다른 '의미' 정보로 표현되는 것을 7살 아이는 이미 다루고 있는 것이다. 정보단위를 '구조'화함으로써 '의미'를 만들어 낼 수 있다. 간단한 문제이긴 하지만 정보의 단위와 구조적 정보와 의미적 정보에 대한 이해를 하고 있는 것이며, 원하는 의미를 표현하기 위하여 정보단위들을 어떻게 구조변화를 하는지에 대한 알고리즘(즉 님을 빼고 나머지를 거꾸로!), 순차적 알고리즘까지 표현하고 있다. 여기서는 '의미'는 '순차적 구조'에 의하여 보여지고 있다. 이와 같이 우리 인간은 '본능적으로' 이렇게 정보를 다루는 (분해하고 구성하고 재조합하는) 능력을 가지고 태어났다.

읽어보기 애너그램(Anagram)을 만들어 보자

17세기의 갈릴레오, 뉴턴, 후크 같은 대부분 과학자들은 자신의 과학적 발견을 라이벌들로부터 감추기 위하여 anagram을 사용하여 감추는 문화를 가지고 있었다. 이러한 문화는 1665년에 첫 번째 과학저널이 등장할 때까지 계속 되었다. 그 이유는 자신의 과학적 발견이 자신의 라이벌에게 알려져 도둑맞게 될지도 모른다는 것에 대한 불안 때문이었다.
갈릴레오는 1610년에 자신의 망원경으로 토성을 관찰하다가 토성의 띠에 대한 중요한 발견을 하게 되는데, 그는 그것을 즉시 애너그램(anagram; 철자를 바꾸어 만든 글자 수수께끼)으로 만들어 다른 과학자들, 특히 케플러 같은 자신의 최대 라이벌에게 보냈다.

smaismrmilmepoetaleumibunenugttauiras

이 애너그램을 보냄으로써, 내가 중요한 발견을 했다는 사실은 알리면서 그 발견 내용은 숨기는 것이었다. 알리는 이유는 혹시 나중에 다른 과학자가 같은 발견을 하더라도, 그것은 내가 이전에 이미 한 것이라는 것을 증명하려는 것이었다. 그것은 라틴어로 "Altissimum planetam tergeminum observavi"였다.
그 애너그램을 받은 라이벌 케플러는 그것을 해석하기 위해 엄청난 노력을 했는데, 원래의 갈릴레오의 것과는 전혀 다른 새로운 번역(재조합) "Salve umbistineum geminatum Martia proles"을 만들어 냈는데, 그는 갈릴레오가 Mars 화성에서 두 개의 달을 발견한 것으로 해석을 했다고 한다. 결국 그로부터 250년이 지난 1877년에 화성에 두 개의 달이 있음이 정말로 확인되었다.

또 다른 예를 보도록 하자. 이번에는 단어를 정보의 기본단위라고 가정하고 이루어진 문장의 구조에 대한 예이다. 우리가 어릴 때 많이 하고 놀던 게임 중에 (중학교 때 하던 놀이) 이런 것이 있다.

( who 는) ( where 서) ( who 와) ( what 을 했습니다).

그리고, 그룹의 사람들을 각자 위의 형식에 맞추어 문장을 만든다. 그 문장에 따라 4개의 카드 각각에 해당되는 단어를 쓴다. 그리고 모든 카드들을 모아서 섞은 다음에, 다시 문장을 만든다. 그리고 그 문장을 읽어 내려가면서 그 '의미적' 변화를 들으면서 즐거워한다.

" 호동이 는 스케이트장 에서 미화 와 고춧가루 를 뿌렸습니다"

여기서 정보의 단위는 (who는) (where서) (who와) (what을 했습니다)로 되어 있고, 그 정보 단위들의 구성은 이미 위와 같은 순차적 구조로 정해져 있고, 그 내용만 바뀌는 것을 보여 준다. 그 정보단위들의 재구성(여기서는 내용이 바뀌면서) 새로운 의미를 보여 주는 문장이 된다. 이것은 우리 인간이 얼마나 정보의 구조와 의미를 본능적으로 다루는가를 보여 주고 있다고 할 수 있다. 아래 그림에서 보면, 글자는 자모의 순서적 조합이고, 단어는 글자의 순서적 조합, 문장은 단어의 순서적 조합, 문단은 문장의 순서적 조합이라고 할 수 있다. 결국은 '이미 존재하는 단위 요소들'을 어떤 순서로 구조화시키느냐가 우리의 의미를 표현하는 과정이라고 할 수 있다.

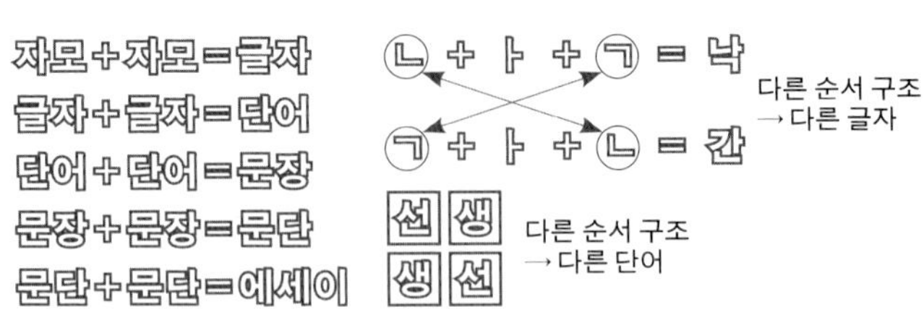

이렇게 문장의 기본 구성 단위를 단어라고 정의를 하고, 그 기본 정보 단위의 구조를 조정함으로써 우리가 할 수 있는 일은 단지 의미의 재구성뿐만 아니라 우리가 이전 시간에 배웠던 정보의 압축(compression)에도 사용할 수 있다. 텍스트 압축에서 보았던 키워드 압축 방법이나 반복 길이(run-length) 압축 방법이 그런 예에 해당된다. Huffman코딩은 단지 문자나 단어를 정보의 단위로 정의하여 그것을 대체하는 정보에서 더 나아가 그 문자나 단어가 전체 문서에서 사용되는 빈도수까지 그 문자나 단어의 정보요소에 포함시킴으로써 향상된 효율성을 보였다.

시와 같은 경우는 정돈된 단어와 표현의 사용 이외에도 매우 정교한 구조화가 강조되고 있다. 그런 구조화를 통하여 시인이 전달하고자 하는 의미를 독자들에게 더욱 강하게 전달하고 있는 것이다. 다음은 동요의 예를 보여 주고 있는데 단어들의 반복적, 순차적, 시각적 구조를 잘 보여 주고 있다. 물론 이것을 압축에 사용할 수도 있다.

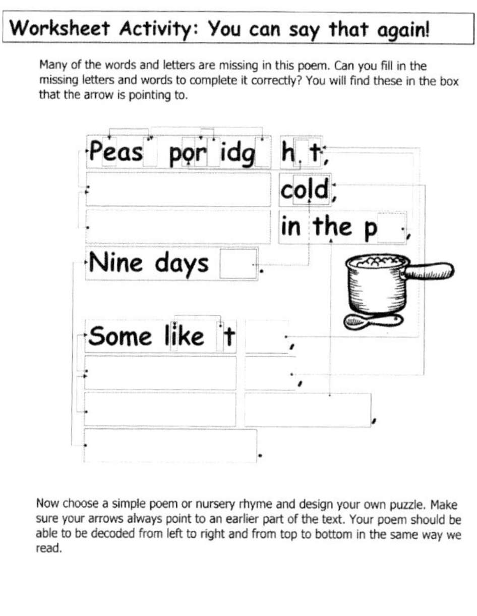


*Computer Science Unplugged*, Teacher's Edition: http://csunplugged.org/sites/default/files/activity_pdfs_full/unpluggedTeachersMar2010-USletter.pdf

**풀어보기**

다음의 예처럼 우리나라의 동요나 시를 가지고 사례를 만들어 보자.
최소한의 필요한 단어만을 사용해야 한다.

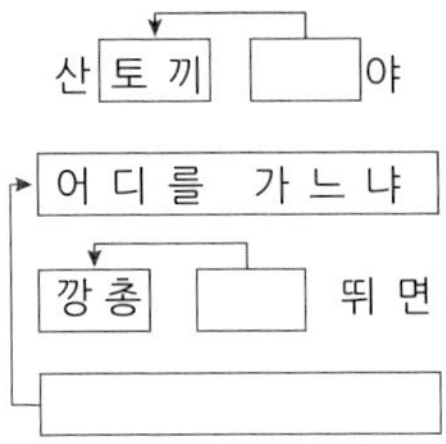


다음의 단어는 어떻게 해결할까?

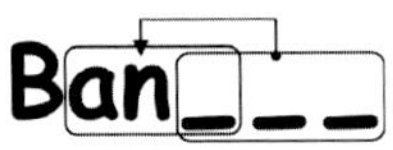


*Computer Science Unplugged*, Teacher's Edition:
http://csunplugged.org/sites/default/files/activity_pdfs_full/unpluggedTeachersMar2010-USletter.pdf

언어를 정보단위로 '분해'하여 '재구조화'하는 과정은 새로운 '의미'를 부여하는 과정이다. 무작위로 재구조화한다면 그것은 의미 없는 '소리'에 불과할 것이며, 같은 정보 단위를 가지고도 다른 구조로 조합함으로써 다른 의미를 만들어 내기도 한다. 대부분의 유머와 코미디, 혹은 말장난도 이러한 특성을 많이 활용하고 있다.

'아버지 가방에 들어가셨다.' 혹은 '아버지가 방에 들어가셨다.'

### 구조는 논리를 만든다

신문의 사설이나 논술, 보고서, 소설 등도 논리적 구조를 가지고 있다. 전달하려고 하는 내용을 얼마나 효율적으로 구조화하여 설득력 있게 만들어 전달할 것인가에 대한 책을 보면, 대부분 단위정보들의 구조화에 대하여 언급함을 볼 수 있다. 정보를 구성하는 요소는 '내용'뿐만이 아니다. 내용은 기본적으로 갖추어야 하지만 그것을 더 좋은 정보로 만드는 것은 그것의 '구조화'이다. 구조화의 능력이 개인의 능력을 좌우한다. 바바라 민토의 책 《논리의 기술》에서는 정보를 받아들이는 사람의 정보 청취와 생각의 구조를 참조하여 그것에 맞는 정보의 구조를 만들어 그에게 전달할 것을 이야기하고 있다. 기술 보고서나 제안서, 혹은 발표 자료를 만들 때 같은 내용을 가지고도 상대방에게 더 설득적이고 논리적으로 보일 수 있는 구조와 구성을 있다. 아래 그림의 다른 예는 논증이라는 것을 논리적인 시각적 구조로 보이고 있다.

인터넷에서 찾아보면 특정한 형식의 에세이를 자동으로 써 주는 서비

Rationale 논증 지도

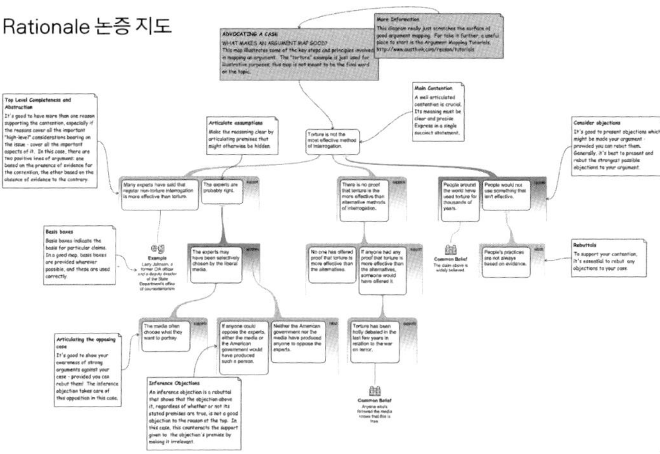

툴민논증모형

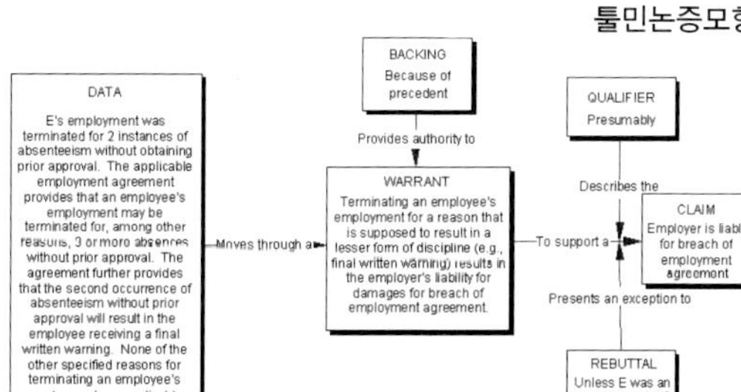

스를 제공하는 곳이 여럿 있다. 예를 들어 주제를 korea라고 입력을 하면 논문 형식으로 그 주제에 맞는 그럴싸한 에세이를 실시간으로 만들어 주는데, 그 프로그램은그 주제를 가지고 인터넷 검색을 통하여 그 내용들을 만들어 낸다. 형식은 그럴싸하지만 물론 그 내용은 정확하거나 맥락이 맞는 것들은 전혀 아니다. 이와 비슷한 또 다른 재미있는 사례로서, 논리적 '구조'만 (실제적으로는 시각적, 위치적 구조) 맞으면 사람들은 '훌륭'하다고 착각할 수 있음을 보여 주는 예가 있다. MIT인공지능연구소의 대학원생들이 장난 삼아 만들어 본 컴퓨터 과학논문 자동 생성기의 예인데, 학술대회 제출 논문에서 요구하는 항목들과 구성을 준수하여 무작위로 생성하였는데, 아래 그림은 그 생성기로 생성하여 2005년 모 학술대회에 제출하여 합격되어 발표 초청까지 된 가짜 논문이다. 구조는 그것을 받아들이는 사람에게 미치는 영향이 매우 크다. 논문, 논술, 보고서, 제안

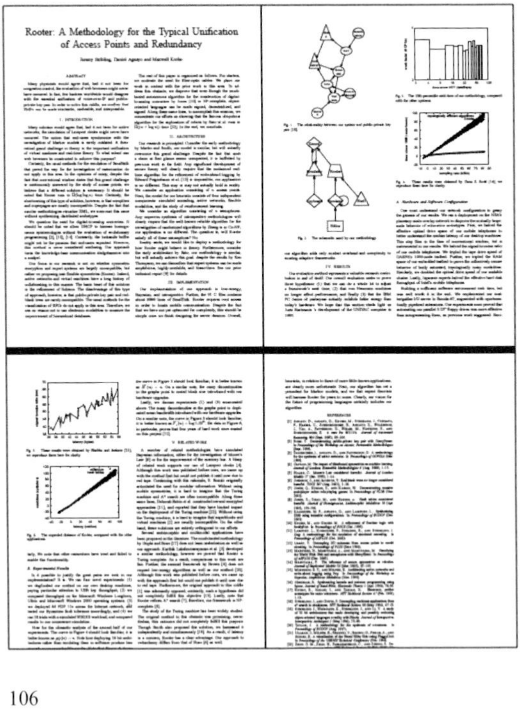
Rooter: A Methodology for the Typical Unification of Access Points and Redundancy

SCIgen : http://pdos.csail.mit.edu/scigen/

서, 시, 노래 가사, 랩 등은 모두 나름대로의 구조를 가지고 있다.

### 어떻게 구조를 만들까

이번에는 '어떻게' 구조화시킬 것인가에 대하여 알아보자. 다음의 예를 보자. 같은 정보라도 여러 가지 다른 방법으로 구조화시킬 수 있으며 또한 어떻게 구조화/조직화하느냐에 따라서 '정보'의 의도가 달라질 수 있다. 즉 정보를 가지고 어떠한 문제 해결을 하려고 할 때 그 의도에 맞게 정보의 구조를 생각해 볼 수 있다.

아래의 그림은 정보의 단위들이 구조화되어 있지 않고 무작위로 흩어져 있는 모습을 보이고 있다. 어떠한 의미도 전달받지 못하며, 문제 해결에 사용하기도 힘들다.

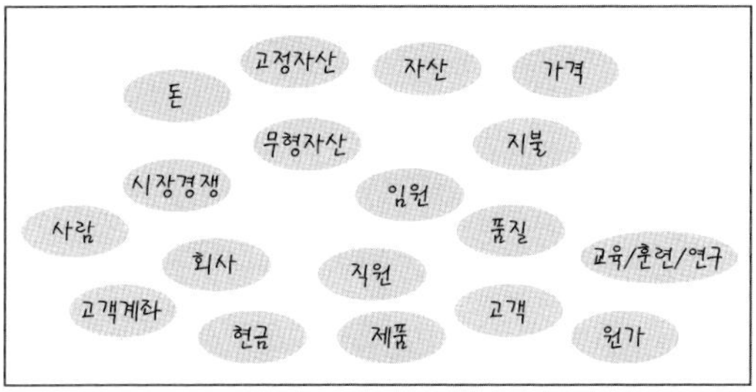


아래의 그림은 우리가 사용하는 일반적인 구어체의 설명이다. 정보 단위들이 언어라는 구조에서 서로 연결되어 구조화되어 있다. 이제야 이 구

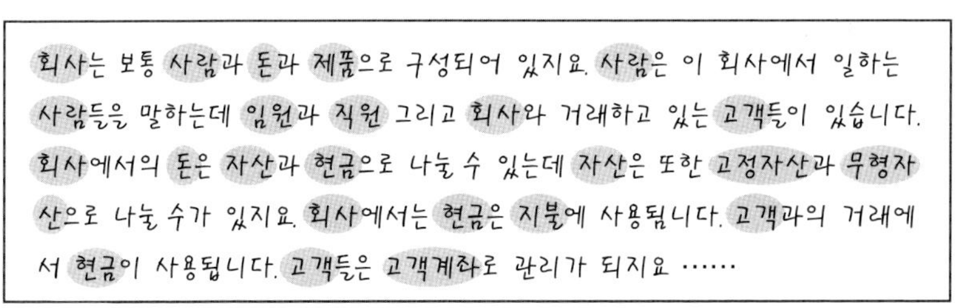

조는 우리에게 어떠한 의미를 전달하고 있다.

아래의 그림은 똑같은 단위들을 가지고 만든 다른 구조를 보여 준다. 이 계층적 구조는 일반적으로 포함관계를 보여 주는데, 이 구조를 통하여 전달되는 의미가 더 분명하게 보여진다.

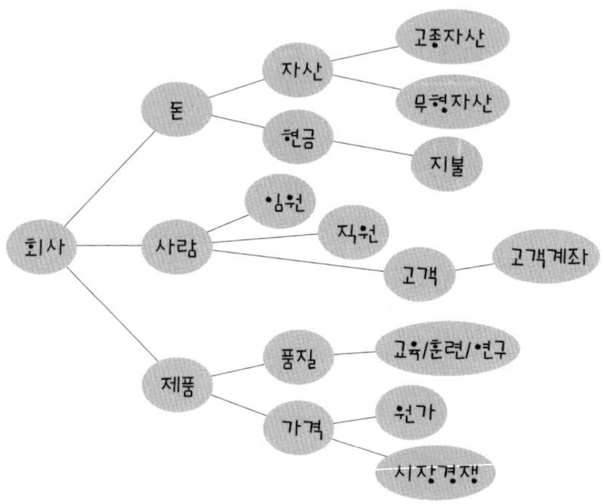


아래 그림은 또 다른 구조를 보여 주는데 같은 내용이지만 그 구조에 따라서 받아들이는 사람의 인식(perception)에는 차이가 생기게 된다.

1. 사람
   - 임원
   - 직원
2. 돈
   - 자산
   - 현금
3. 제품
   - 품질
   - 가격

| 사람 | 돈 | 제품 |
|---|---|---|
| 임원<br>직원 | 자산<br>현금 | 품질<br>가격 |

위의 다섯 가지 형태의 구조들을 비교하면서 어떤 구조가 가장 효율적으로 정보를 전달하는지 생각해 보자.

### 문제 해결 지식의 구조적 표현

앞 절에서는 '정보'를 단위정보들로 구조화하는 방법과, 그 구조가 주는 의미적 정보에 대해 이야기를 했다. 그리고 그 단위정보들은 콩, 문자, 단어와 같은 단편적인 정보(혹은 데이터)들이었으며, 그들의 구조화를 통하여 얻어진 의미적 정보도 대부분 사실적(fact) 지식에 가까운 예들이었다. 하지만 지식과 정보에는, 사실적 지식만 있는 것이 아니라 절차적 지식, 개념적 지식 등도 있다. '문제 해결 지식'이라고 말할 때에는 사실적/절차적/개념적 지식을 모두 통합한 형태를 사용하여 문제 해결에 사용한다는 것을 의미한다. 다시 말하면, 복잡한 문제 해결에 사용되는 지식은 그 하위 지식, 혹은 정보들의 구조에 의하는 것이고, 그 구조를 이루는 단위 정보 혹은 단위 지식은 **단편적 단위가 아닐 수도 있다**. 몇 가지 예를 보도록 하자.

축구에서 우리는 '4-3-3', '4-4-2', '3-5-2', '5-4-1' 전략과 같은 이야기를 많이 들어봤을 것이다. 이것은 '수비수의 수 – 미드필더의 수 – 공격수의 수'의 포메이션(formation)을 나타낸다. 포메이션은 또 '수비수의 수'에 따라 스리백, 포백, 파이브백으로 이야기하기도 한다. 또한 각각의 수비수의 수에, 미드필더와 공격수를 어떻게 배치하느냐에 따라 위와 같이 나뉜다. 이러한 포메이션은 상대 팀에 따라서, 혹은 경기 상황에 따라서, 게임의 목적에 따라서 다르게 구성할 수 있다.

여기서, 정보의 단위는 각 개별 선수들이며, 위와 같은 포메이션은 그 단위 정보의 구조를 나타낸다. 그리고 그 구조는 이 축구팀의 의도하는 전술(즉 의미, 목적, 역할)을 보여 준다. 구조에 따라서, 그 역할과 목적과 능

http://article.joinsmsn.com/news/article/article.asp?total_id=3292995&cloc=olink|article|default - 최종 경기 결과는 1대 1 무승부.

력이 달라지게 되는 것이다. 정보의 구조, 혹은 지식의 구조는 문제 해결에 직접적인 영향을 미친다. 그림의 포메이션을 보면 (즉 정보의 구조를 보면) 각 팀의 전략이 무엇인지를 알 수 있으며, 경기가 어떻게 진행될 것인지에 대한 예상을 할 수 있다. 이렇게 우리가 의도하는 어떤 것을 하기 위하여 그것에 맞는 '구조'를 만들 수도 있다.

### 절차적 지식의 구조적 표현

그럼 이번에는 문제 해결을 위한 절차적 지식에 대하여 생각해 보자. 절차라는 것은 개별 단위 task들의 순차적 구조로 생각해 볼 수 있다. 간단한 예를 들어보자. 라면을 '잘' 끓일 줄 아는가? '라면을 어떻게 끓일 것인가'는 '문제'에 해당하며, 그 문제의 해결에는 절차적 지식이 필요한 것이다. 여기에서 기본 단위는 무엇이며 그 기본 단위들을 어떠한 형태로 구조화하여야 그 문제 해결의 지식을 나타낼 수 있을까? 여기서 단위 정보(혹은 지식)은 각기 잘게 쪼개어진 task(또는 activity)로 나타낼 수 있다. 즉 '라면을 끓인다'라는 포괄적인 문제를 잘게 분해하여(decompose) 단위 task

들로 만들고, 그 단위 task들을 구조화하면, 라면 끓이는 과정을 보여 줄 수 있다. 단위 task(activity)는 다음과 같이 표현할 수 있다.

▷ 라면 봉지를 뜯는다.
▷ 라면을 꺼낸다.
▷ 냄비에 물을 넣는다 (얼마만큼??)
▷ 물이 끓으면 라면을 넣는다.
▷ 김치를 넣는다.
▷ 계란을 넣는다.
등등…

이것은 각 단위 task들을 '순차적(procedural)' 구조로 표현한 것이다. 이 순서가 맞는가? 더 나뉘어질 수 없는 작은 단위의 task로 분해되어 있는가? 김치를 넣는 순서를 바꾸면 어떻게 되는가? 다른 맛의 라면이 될 것이다! 치즈를 넣으면? 이것도 정보단위의 구조화에 따라서 다른 라면이 만들어지는 것을 보여 주고 있다. '정보의 단위'를 정하고 그 정보의 단위들을 '어떻게 구조화'하여 '내가 원하는 의미'를 만들 수 있도록 '일련의 작업, 즉 알고리즘'을 정의하는 일이 우리가 관심 있어 하는 일이다. 여기서의 구조는 절차적 구조를 말한다.

> 절차적 구조는 각 task들을 순서적으로 구조화시켜 표현한 것이며 이것은 문제에 대한 해결 solution이 될 수 있다. 이러한 것을 흔히 알고리즘이라고 말하며 보다 정확하고 자세한 설명은 뒤의 〈알고리즘 단원〉에서 계속 해 보도록 하자.

이제부터 문제 해결의 관점에서 생각해 보도록 하자. '문제(problem)'를 '해결(solution)'하는 것을 '표현'해 내는 것이라고 다시 좀 더 세분화시켜 생각해 보자. 그러면 여기서는 **'문제(problem)'를 분석하고 구조화하여 표**

현하는 것과 '해결(solution)'을 구조화하여 표현하는 것으로 나누어 생각 해 볼 수 있다. 많은 경우에는 문제(problem)를 분석하여 구조화하는 것 자체가 바로 해결(solution)이 되기도 한다.

이번 장에서는 '문제(problem)' 자체를 분석하고 구조화시켜 표현하는 것에 초점을 두고, '해결(solution)'의 표현은 다음 5장의 알고리즘에서 보도록 하겠다.

## 4.2. 문제해결(Problem solving)을 위한 구조화

'문제(problem)'란 단어는 국어 사전에서 찾아보면 '해답을 필요로 하는 물음'이라는 뜻도 있지만 '해결하기 어렵거나 난처한, 혹은 귀찮은 일이나 말썽'이라는 뜻도 있다. 다음 문장을 한번 보자. "사회적으로 **문제**가 되는 동영상을 찍은 그 **문제**학생이 지금 내가 준 수학 **문제**를 풀고 있다"라는 문장은 조심해서 이해하여야 한다. 우리가 '문제해결(problem solving)'에서 사용하는 '문제'는 해결해야 할 대상이다. 다른 식으로 이야기한다면, 문제란 지금 현재 상태(what is)와 결과 상태/해결된 상태(what should be) 사이에 갭(Gap)이 있는 상태이다. '해결(solving)'은 그 갭을 줄이는 과정이다. 시스템적인 관점에서는 input이 들어와서 process를 거쳐서 output이 되는 것인데, 그 input이 현재 상태(what is)에 대해 우리가 이용할 수 있는 데이터 및 정보이고 output이 결과/해결된/목표 상태(what should be)이며, process가 바로 해결책(solution)이라고 할 수 있다. 우리가 알고 있는 것은 input과 output만이며, input을 가지고 output으로 만드는 과정 process는 블랙박스이며 (속이 어떻게 생겼는지 모르는 상태), 그것을 알

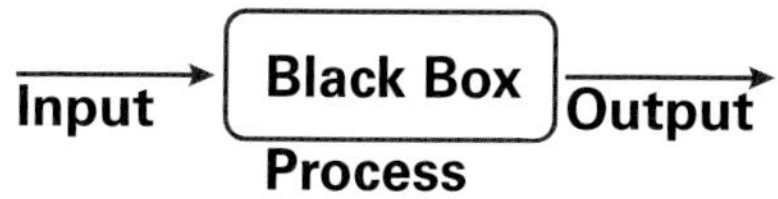


아 내는 것이 문제 해결 과정이다.

일반적으로 문제가 주어졌을때 그 문제 해결 방법을 찾을 때 사용하는 효과적인 도구가 바로 이 '입력(input)', '처리(process)', '출력(output)'으로 나누어 생각해 보는 것이고, 이를 줄여서 IPO(input-Process-Output)라고 부른다.

입력(input)은 문제를 해결하기 위하여 필요한 데이터나 정보다. 문제에서 주어지기도 하고, 혹은 일반적으로 우리가 알고 있는 상식이나 사실을 사용하기도 하고, 혹은 가설이나 가정을 사용하기도 한다. 처리(process)는 입력(input)을 가지고 출력(output)을 만들기 위한 과정을 적어 보는 것이다. Output은 문제가 해결되었을 때 나오는 결과를 의미한다. 처리(process)는 다음 절에서 더 자세히 다루도록 하고, 여기서는 입력(input)을 어떻게 끄집어 내어 만들 것인지에 대하여 알아보도록 하자.

### 입력 정보의 분석 및 구조화

'문제(problem)'를 보면 일반적으로 현재 상태, 그리고 목표 상태 혹은 결과가 제시되어 있으며, 해결(solving)에 사용될 수 있는 데이터, 정보, 힌트, 조건 등이 제시되어 있다. 이러한 input을 사용해서 output을 만들어 내는 그 과정(solving)은 전적으로 내 머릿속에서 내가 만들어 내야 하는 것이다. 내 머릿속으로 생각해 낸 그 '해결'도 어떤 형태로 표현해 내야 하며 (그 표현해 낸 것이 바로 solution) 그 해결은 input과 밀접하게 연관되어 있어야 한다. 그 input은 문제를 해결하는 데 필요한 데이터, 정보, 그들 간의 관계 등이 있으며, 그중에서 문제 해결에 필요한 정보들을 잘 추출하여 구조화시켜 놓으면 그것을 가지고 process(처리)하여 output을 낸다.

여기서는 먼저 입력(input)을 끄집어 내어 정의하고 표현하는 것을 알아보기로 하자. 문제만 보고 해결에 사용된 input을 분리해 내고 구조화시키는 것은 결코 쉽지 않은 일이며 매우 지능적인 일이다. 특히 문제가 자연어(natural language)로 주어졌을 때 사용되는 용어와 표현에 따라 어떤 경우에는 문제가 명확하게 표현되지 않아 이해가 힘들 수도 있다. 빠진 내용도 있을 수 있으며, 서로 대립되는 내용이 있을 수도 있다. 이러한 것 때문에 문제를 정확하게 이해하고 필요한 input을 찾아 내는 것이 힘들어질 수 있다.

먼저 자연어 자체가 가지고 있는 모호성을 보도록 하자. 내 머릿속에 있는 생각(즉 주관적 의미를 포함한 정보)을 명시적인(explicit) 형태로 밖으로 꺼내어 표현하는 것은 쉬운 일은 아니다. 만약 정확하게 표현하지 않으면 그것을 받아들이는 다른 사람은 그것을 다시 자신의 주관적인 관점과 기준으로 변형하여 그 정보를 받아들이기 때문이다. 여기서의 핵심은 주관적인 요소가 없이 어떻게 정확하게 정보를 표현할 것인가이다.

우리 인간은 머릿속의 생각을 표현하기 위하여 가장 일반적으로 사용하는 명시적 형식(explicit form)은 '언어'라고 할 수 있다. 자연어는 우리의 생각을 정확하게 표현하고 있는가? 다음의 예를 보자.

- **사례1** 요리법: 파를 어슷어슷하게 썰어 넣고 국물이 한소끔 끓으면 칼칼한 맛이 날 정도의 고춧가루를 풀어 넣어라.
- **사례2** 오늘 아침에 본 교통사고 상황을 말로 설명
- **사례3** '사각형을 그리고 X 모양으로 두 개의 선을 그리시오'

만약에 이 표현이 명확하고 완전하다고 한다면, 이 표현에 따라서 수행되는 결과물도 어떠한 경우라도 다 똑같이 나와야 한다. 하지만 위의 상황은 그렇지 못하다. 아래 그림은 '사례3'을 수업시간에 이야기했을 때 학생들의 답 중에서 각기 다른 것들을 모은 것이다. 내가 준 조건에 맞지 않는 것이 있는가?

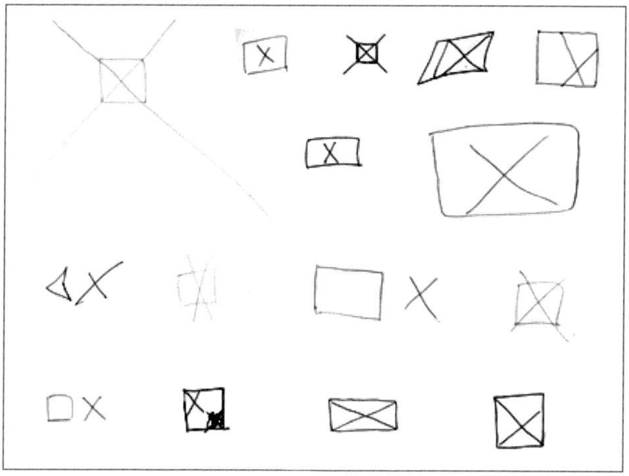

내가 문제를 주었을 때 당연히 예상한 답의 모양이 있었는데, 왜 그것과 다른 답이 나왔을까. 무엇 때문이었을까. 그 이유는 각자 사람마다 가지고 있는 '상식 공간(常識空間)'이 다르기 때문이다. 명시적으로 언급하지 않은 숨겨진 혹은 생략된 부분에서는 그것을 받아들이는 사람이 자기가 가지고 있는 상식을 사용하거나 추측하여 정의하고 전체 답안을 완성시킨다. 만약 이 상식공간이 같으면 그 부분에 대해서는 의사 소통이 되는 것이며 (코드가 같은 것이며) 같은 답을 낼 수 있지만, 만약 상식공간이 다르다면 결국 다른 생각 다른 결과가 위와 같이 나올 수 있다. 상식공간은 개인마다 다르며 각자의 상식, 상상력, 개인적 경험, 환경 혹은 순간적 감정에 따라서 다르게 된다. 똑같은 사람이라도 때에 따라서 다르게 답을 하는 경우도 있다. 우리나라 사람과 스웨덴 사람은 다른 상식공간을 사용하고 있는 것과 마찬가지이다.

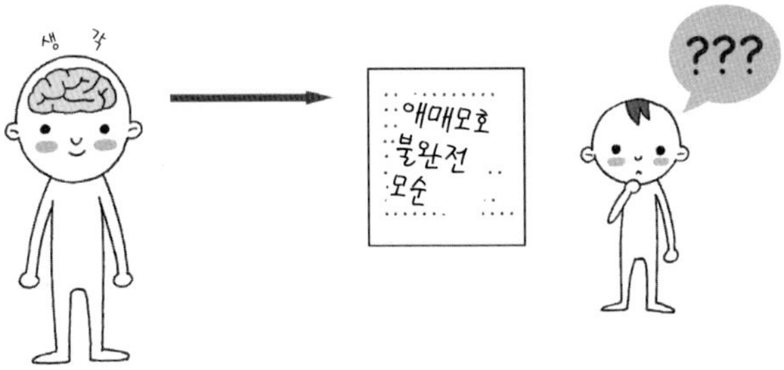


따라서 우리가 표현하고자 하는 문제는 보다 더 explicit한 어떠한 형태로 표현되기를 원한다. 그 표현은 일반적으로 다음을 만족시킨다.

- 명확성 (비모호성)
- 완전성 (빠진 것이 없어야 한다)
- 간략성 (복잡하게 표현하지 말자)
- 빠르고 쉽게 이해할 수 있는 형태

**명시적으로 표현하기**

우리는 '언어' 이외에 또 어떤 다른 표현 방법을 사용하고 있는가. 그림, 사진, 동영상, 음악, 무용, 동작 등을 사용하고 있다. 역사의 현장에서 찍힌 한 장의 강렬한 사진, 달리의 예술 작품 하나가 우리에게 주는 감동과 메시지는 언어로 표현하기 힘든 것들이다. 또한 명시적인 식으로 표현하기 힘든 부분이다. 우리는 그러한 것들을 흔히 예술이라 부른다. 수백 페이지의 글을 통해서 작가의 생각을 우리에게 전달할 수도 있고, 3분 길이

**백문불여일견(百聞不如一見)**

**보는 것이 믿는 것이다(Seeing is a believing)**

인간에게는 눈에 보이는 것이 명확한 정보를 제공해 준다. 만약 눈에 보이지 않으면 자기 나름대로의 주관에 의하여 (주로 과거의 경험, 내재된 암묵적 지식) 상상으로 그 보이지 않는 부분을 정의하려고 한다. 과거의 경험, 내재된 암묵 지식은 사람마다 다르기 때문에 결국 보이지 않는 부분 때문에 정보는 각 개인에게 다른 의미로 전달될 가능성이 있다.

소설은 읽는 사람마다 다른 의미와 감동, 무한한 상상력을 준다. 완전하지 않은 그림은, 즉 빠진 부분이 있는 부분이 있다면 그것으로 인하여 다른 의미와 오해를 줄 수가 있을 것이다.

의 노래를 통하여 우리에게 전달할 수도 있는 것이다. 전달하려고 하는 메시지의 성격과 내용에 따라 더 효율적인 형태가 있을 수 있다.

이렇게 자연어로 표현하는 것은 표현의 명확성도 떨어지고, 빠진 것도 있으며, 모순되는 경우도 발생한다.

**그래서**

이런 것을 개선하기 위하여 사람들은 문제를 자신이 이해하는 방향으로 재구성해 보기도 하는데, 이때 표, 그래프 등의 도구를 사용하여 표현하면 큰 도움을 받을 수 있다.

우리는 여기서 명확성과 완전성, 그리고 간략성과 가독성을 고려한 방법을 살펴볼 것인데 그중에 가장 대표적인 것이 테이블, 다이어그램, 그래프과 같은 것들이다. 실제로 우리는 복잡하고 불명확한 것을 명확하고 이해하기 쉽게 표현하기 위하여 이러한 형식을 일상생활에서도 많이 쓴다. 다음의 그림에서 각 자동차 회사들 간의 관계를 말로 혹은 글로 표현한다면 얼마나 복잡하고 이해하기 어려우며, 불완전할 가능성도 높을 것인가.

세계 자동차 회사 관계도

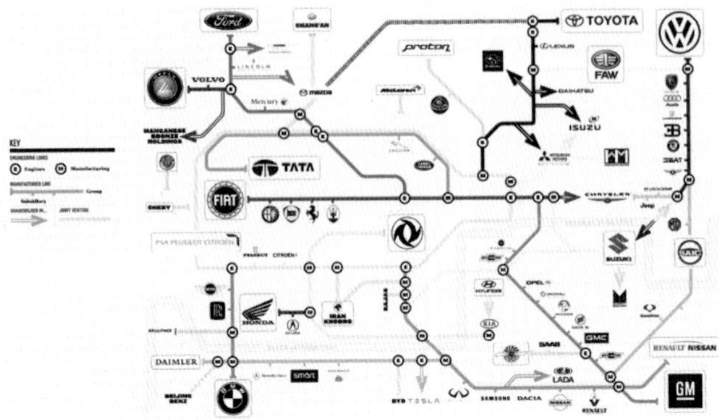


출처: http://www.carmagazine.co.uk/Community/Car-Magazines-Blogs/Ben-Oliver-Blog2/Who-owns-who-in-the-car-industry/

게임 오우거 배틀 캐릭터의 계층도

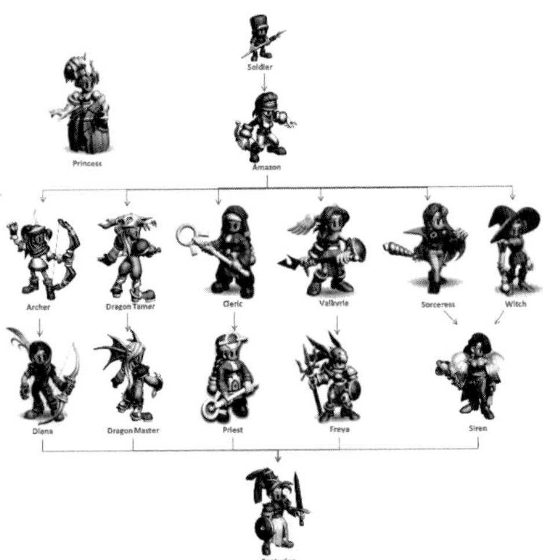


출처: http://wikicheats.gametrailers.com/Ogre_Battle_64:_Person_of_Lordly_Caliber_-_VCON/Classes

예를 들었던 관계도나 계층도 이외에도 대부분의 우리가 보게 될 표현 형태는 '추상화(abstraction)'를 필요로 한다. 복잡한 것에서 필요 없는 정보를 최대한 제거하여 필요한 핵심적인 정보만 남겨서 간략하고 쉽게 이해할 수 있게 하고 핵심적인 요소를 명확하게 표현하는 것을 말한다. 예를 들어 지하철 노선도를 생각해 보자. 수많은 역과 그 위치, 수많은 다른 노선의 연결 관계 등을 얼마나 간략하고 명확하게 표현해 내었는가.

**연습문제**

관계도나 계층도, 혹은 우리 주변에서 지하철 노선도와 같은 사례를 찾아서 분석해 보시오.

### 좀더 formal한 도구들

그 외에도 좀더 명확한 표현 방법을 살펴보도록 하자. 이러한 방법들은 생각을 정확하고 빠진 것 없이 명확하게 표현할 수 있게 도와 주는 일종의 도구(tool)처럼 생각될 수 있다. 이런 방법을 사용하면 우리의 막연하고 애매모호했던 생각을 정확하고 명확하게 표현할 수 있게 도와 준다. 남의 머릿속에 있는 생각을 끄집어 낼 때에도 사용된다. 먼저 여기서 설명할 방법의 대부분은 컴퓨터과학/공학에서 소프트웨어공학과 데이터베이스라는 분야에서 사용되는 방법들이다. 이 분야에서는 사람들이 원하는 소프트웨어 시스템을 만들기 위해 사람들의 요구사항을 들어야 하는데, 그것으로부터 그들이 원하는 시스템의 동작과 기능이 만들어지게 하기 위해선 그 요구사항들을 명확하게 다시 정리해야 할 필요가 있다. 사용자의 요구사항을 정확하게 파악하기 위하여 사용하는 도구들은 다음과 같다. 이들은 꼭 소프트웨어 공학에서만 사용되는 것이 아니라 일반적인 상황에서도 사용될 수 있다.

- Decision Table 결정 테이블
- ERD(Entity-Relation Diagram) 개체-관계 다이아그램
- State machine 상태 기계
- DFD(Data Flow Diagram) 데이터 흐름 다이아그램

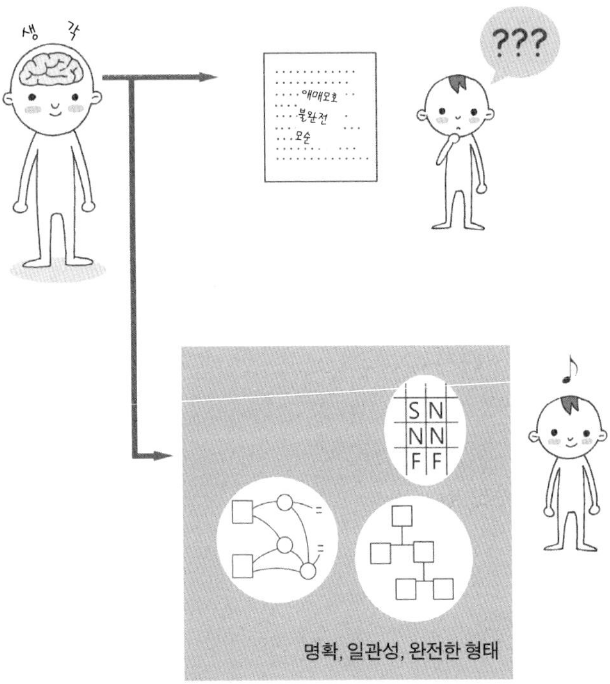


### Decision Table(결정 테이블)

다음의 예를 보자. 대학입시에 제출되는 자료를 보고 합격 불합격을 결정하는 시스템을 만든다고 하자. 수능성적, 내신성적, 봉사활동 그리고 추천서가 있다고 할 때 합격, 불합격을 결정하는 이야기를 담당자로부터 듣는다고 하자. 이 경우에 빠뜨리고 이야기하는 경우도 생길 것이고, 모

호하거나 혼란스러운 부분, 모순되는 경우가 생길 수도 있다. 다음과 같은 테이블을 만들어 놓고 대화를 다시 하면 그런 오류를 피할 수 있다.

**표 4-1. 결정표**

| | 규칙1 | 규칙2 | 규칙3 | 규칙4 | 규칙5 |
|---|---|---|---|---|---|
| 높은 수능 성적 | 있음 | 없음 | 없음 | 없음 | 없음 |
| 높은 내신 성적 | - | 있음 | 없음 | 없음 | 없음 |
| 봉사 활동 | - | - | 있음 | 없음 | 없음 |
| 좋은 추천서 | - | - | - | 있음 | 없음 |
| 불합격 통지서 발송 | | | 실행 | 실행 | 실행 |
| 입학허가 양식 발송 | 실행 | 실행 | | | |

ERD *(Entity-Relation Diagram, 개체-관계 다이어그램)*

어떤 상황을 표현하는데 있어서 이 도구는 개체(entity)와 개체의 속성(attribute) 그리고 개체들 간의 관계(relationship)라는 틀을 가지고 상황을 다이어그램으로 표현하는 것이다. 그래서 이름을 ERD(Entity-Relation Diagram)라고 부르는 것이다. 이것을 통하여 필요한 데이터와 정보를 추출해 내고, 그들 간의 관계구조를 명확하게 파악하고 빠진 부분을 점검할 수 있는 것이다.

다음의 회전식 개찰구(turnstile) 예를 생각해 보자.

이 상황을 ERD로 그린다면 먼저 개체(entity)를 찾아내야 한다. 회전식

지하철에 있는 회전식 개찰구(turnstile)를 무인으로 작동시키는 시스템을 만든다고 생각해 보자. 개찰봉은 잠겨 있다가 동전을 개찰구에 넣으면 잠겨 있던 개찰봉이 풀려서 고객이 그 개찰봉을 밀고 들어갈 수 있게 한다. 일단 잠금이 풀리면 개찰봉은 한 사람이 들어갈 만큼만 회전을 한 후에 다시 잠겨서, 동전을 지불하지 않은 사람이 들어가는 것을 방지한다.

개찰구 상황에서 개체는 고객, 동전, 동전 삽입구, 개찰봉이 될 수 있다. '동전' 개체의 속성은 동전의 액수, '동전 삽입구'의 속성은 이용금액이 될 수 있다. 이 문제 상황을 ERD로 그려 본 예시는 다음과 같다.

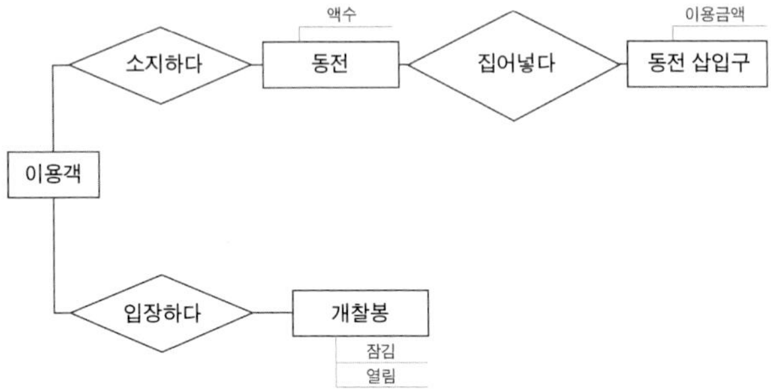


또 다른 예를 보도록 하자.

대학의 구성원은 학생과 교수로 되어 있으며, 각 학생은 고유의 학번, 이름, 주소, 전화번호, 이메일 등의 정보가 필요하다. 교수도 마찬가지로

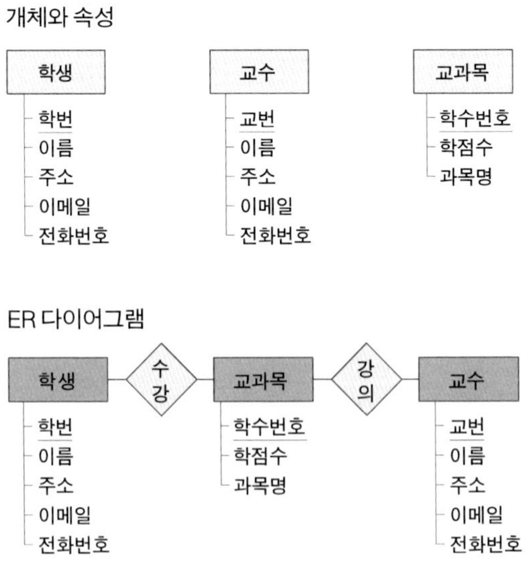

고유의 교수번호가 있으며 이름, 주소, 전화번호, 이메일 등의 정보가 있다. 교과목은 고유의 학수번호, 학점수, 과목명 등이 있을 수 있다. 학생은 교과목을 수강하고 교수는 교과목을 강의한다.

### State Machine(상태기계)

앞서 설명한 ERD는 문제에서 제시되는 정보를 Entity(개체)와 Relationship(관계)만으로 재구성하는 것이었지만, State Machine(상태기계)는 발생 가능한 각 상태(state)들과 각 상태들 간의 변화가 발생하는 조건(condition)의 관점에서 분석하여 구성하는 방법이다. 앞서 이야기한 '회전식 개찰구' 문제를 다시 사용하도록 하자. 개찰구가 어떤 상태(state)를 가지게 되며 어떠한 때에 그런 상태를 가지게 될까. 노드와 선으로 표시하며, 노드는 상태, 선은 변화조건을 표시한다. 상태변환 분석은 문제에 숨겨진 정보를 뽑아 낼 수 있는 중요한 도구로 사용된다. 위와 같은 모양뿐만 아니라 다른 모양도 사용되는데, fence diagram(담벽 다이어그램)과 transition diagram(변화 다이어그램)도 마찬가지의 목적으로 사용된다. 다른 예를 사용하여 이들 다이어그램을 보도록 하자.

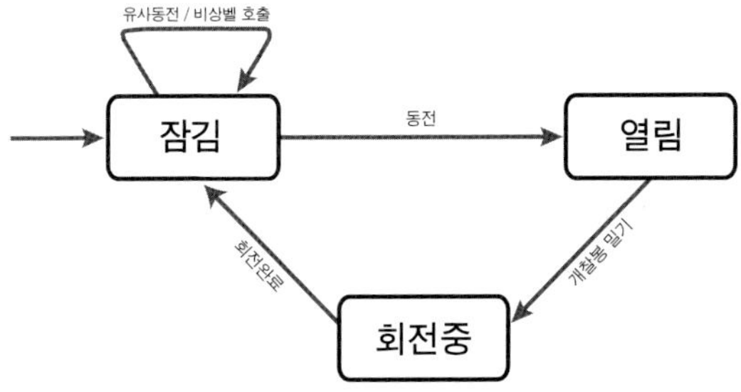

문제 우리 호텔의 예약은 이렇게 이루어집니다. 먼저 고객이 방 예약을 요청해 오시면 만약 방이 있으면 바로 confirm 해 드리고, 없으면 대기자 명단에 올려 놓습니다. 대기자 명단에 있는 분은 방이 생기면 confirm을 해 드리거나, 혹은 다른 호텔이 예약된 고객은 대기자 명단 취소를 하기도 합니다. Confirm이 된 고객께서는 방을 사용하시거나 혹은 당일이 되기 전에 취소를 할 수도 있습니다. 방을 사용하신 분들만 숙박부에 기록을 남기게 됩니다.

이 문제를 상태(state)와 상태 간의 변화(transition) 관점에서 그린 fence diagram과 transition diagram은 다음과 같다.

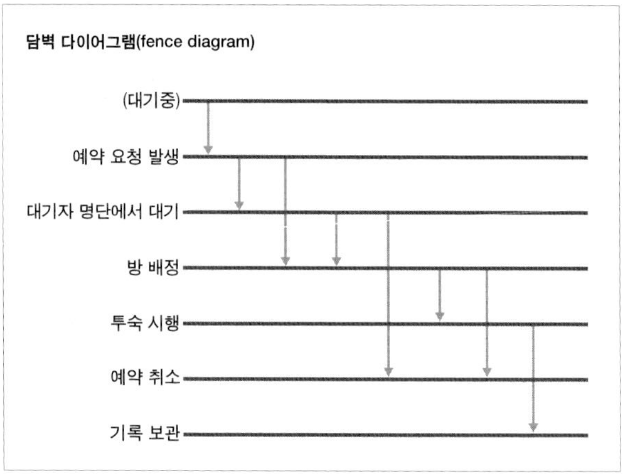


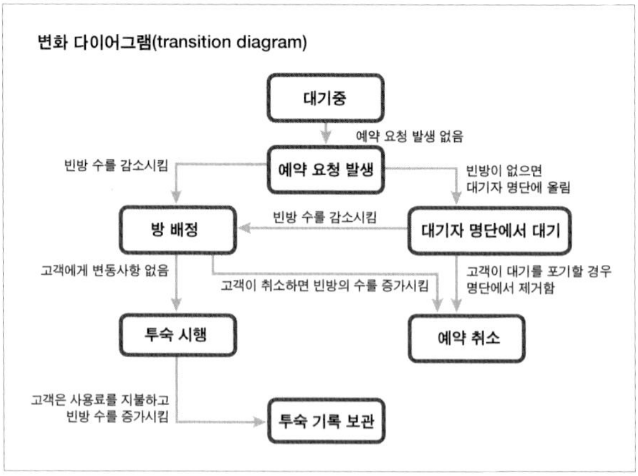

### *DFD*(Data Flow Diagram, 데이터흐름 다이어그램)

DFD도 노드와 선으로 이루어진 다이어그램이다. 이것은 문제에서의 상황을 데이터와 프로세스 관점에서 분석하여 재구성해 보는 도구이다. 즉 어떤 프로세스(즉 일)가 있는지를 파악하고, 그 프로세스들에 어떤 데이터가 들어가고 나오는가를 가지고 그들의 관계를 구성해 보는 것이다.

**구성요소**

- 프로세스 ⬭ 실제로 처리되는 일 단위이다.
- Data flow → 데이터의 흐름이다.
  어떤 데이터가 어느 방향으로 가는지를 보여 준다
- Data store ═ 데이터 저장소, 기록소, 데이터베이스 등을 의미한다.
- Actor □ 이 과정에 등장하는 사람, 혹은 어떤 개체를 의미한다.

이것도 예를 들어 문제를 설명해 보도록 하자.

아주 간단한 형태의 병원을 생각해 보자. 의사는 환자를 진료한다. 진료할 때 의사는 그 환자의 진료기록을 참조한다. 또한 진료가 끝난 후에는 모든 진료 내용이 다시 그 환자의 진료기록에 추가된다. 환자의 증세 등에 따라서 의사는 진단을 하고 약 처방을 준다. 진료에서 발생한 진료비, 검사비, 처방비 등은 병원의 회계부에서 계산되어 환자에게 청구되고, 그 회계에 대한 모든 자료는 회계 데이터베이스에 저장된다.

이 예에서 등장하는 actor는 의사와 환자이다. 프로세스는 진료, 회계 처리가 될 수 있다. 이들 사이에 데이터의 흐름이 정의된다. 또한 데이터베이스도 정의된다. 이것을 표현한 데이터 흐름 다이어그램의 한 가지 예는 다음과 같다.

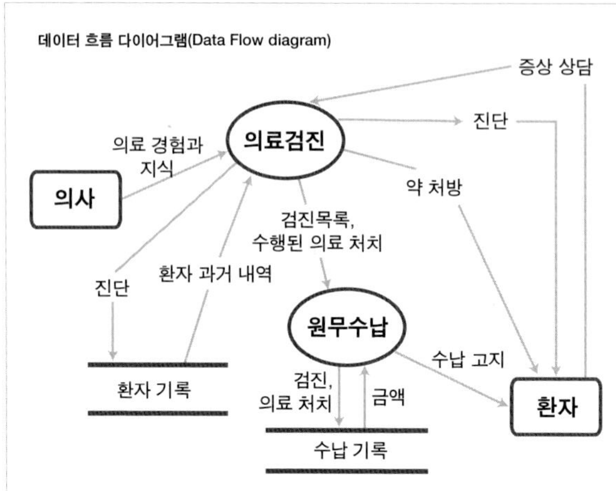


앞서 보았던 도구들, 즉 ERD, State Machine, DFD 등은 모두 비슷한 공통점을 가지고 있는데 그것은 '노드'와 '화살표'로 표현되고 있다는 것이다. 다만 그 노드와 화살표를 무엇으로 정의하는가에 따라서 다른 표현 도구가 되는 것이고, 우리는 주어진 문제상황에서 가장 효과적인 것을 선택할 수 있다.

| | 노드 | 화살표 |
|---|---|---|
| ER 다이어그램 | Entity | 관계 |
| 상태 전이도 | State | 조건 |
| 데이터 흐름도 | Process | 데이터 흐름 |

지금까지의 것은 문제 상황 자체를 분석하여 끄집어 낼 수 있는 데이터와 정보를 찾는 과정을 보여 준 것이다.

### 문제의 표현(Problem Representation)

문제를 보게 되면 그 해결방법을 생각해 낼 수 있다. 그것을 염두에 두고 그 관점으로 문제를 재구조화하여 표현하기도 한다. 이것은 문제에 따라 다르므로 일반화시켜 설명할 수 없는 부분이다. 여기서는 몇 가지의 예를 가지고 어떻게 해결의 관점에서 문제를 표현할 것인가를 보도록 하겠다.

#### Case1) 상태 공간 표현(state-space representation)

현재 상태에서 목표 상태까지 가는 step by step을 묻는 문제들이 있다. 이러한 문제 종류는 간단한 게임들, 즉 아버지와 아들이 강을 건너는 문제, 오목문제, 8-puzzle 문제 등으로 생각해 볼 수 있다. 여기서는 먼저 '아버지와 세 아들' 문제를 가지고 표현 방법을 보도록 하자.

문제 아버지와 세 명의 아들은 강을 건너려고 한다 아버지는 몸무게가 200LBS이고 아들 각각은 100LBS씩 나간다. 그들은 배를 한 척 가지고 있는데, 이 배는 한 번에 200LBS만 나를 수 있다. 아버지와 첫째아들, 둘째아들이 보트의 노를 저을 수 있다. 이들이 강을 건너기 위해서는 어떤 단계로 해결해 나가야 할까?

이 문제를 보게 되면, 현재는 강 이쪽에 아버지와 세 아들이 있는 것이고, 목표는 강 건너에 모두 있는 것이다. 어떤 작업을 순서대로 하게 되면 현재 상태에서 목표 상태가 될 수 있는 것인가에 대한 문제가 된다. 이 경우는 state(상태) 공간을 정의하고 그 상태 공간 안에서 현재 상태에서 목표 상태로 가는 경로에 있는 작업 순서가 그 문제의 해가 되는 것이다. 일반화시켜서 이러한 종류의 문제를 표현하는 방법으로는 '상태 공간 표현(state-space representation)'이 있다.

상태 공간 표현은 초기 상태에서 목표 상태까지 이르는 모든 상태(state)들을 정의하고, 각 state들 간을 이동할 수 있게 하는 연산자(operator)를 정의하여 state-space를 만든다. 그 상태 공간(state-space)에서 초기 상태에서 목표 상태를 얻을 때까지 연산자를 거듭 가하는 탐색작업(search process)에 의하여 문제를 해결한다. 다시 말하면, 상태 공간에서 초기 상태에서 목표 상태에 도달할 수 있는 일련의 연산자를 찾으면 그것이 문제의 해이다.

상태 공간 표현(S, I, G, O, R)

| | |
|---|---|
| S | 상태의 집합, 다양한 해결책에 대하여 문제를 짤막하게 묘사함 |
| I⊂S | 하나 이상의 초기 상태 |
| G⊂S | 하나 이상의 목표 혹은 최종 상태 |
| O | 연산자의 집합 |
| R | 규칙 혹은 제어 전략의 집합 |

위의 문제에서 상태 S는 어느 한 순간의 스텝샷이라고 말할 수 있다. 어느 순간에 강의 이쪽에는 아버지가, 강의 저쪽에는 아들 셋이 있다고 하면 그 순간 즉 상태를 다음과 같이 표현한다고 하자.

[F | S1, S2, S3] (F-아버지, S1, S2, S3-각 아들)

즉 중간의 강을 중심으로 왼편과 오른편을 구분하여 위치를 표시하였다. 그러면 가능한 모든 상태는 다음과 같이 되고,

상태

[F, S1, S2, S3 | ]

[F | S1, S2, S3]

[S1 | F, S2, S3]

[S2 | F, S1, S3]

[S3 | F, S1, S2]

[F, S1 | S2, S3]

[F, S2 | S1, S3]

[F, S3 | S1, S2]

[F, S1, S2 | S3]

[F, S1, S3 | S2]

[F, S2, S3 | S3]

[S1, S2, S3 | F]

[S1, S2 | F, S3]

[S1, S3 | F, S2]

[S2, S3 | F, S1]

[ | F, S1, S2, S3]

연산자는 각 상태 간을 옮겨가게 하는 조건을 이야기하는데, 만약 ←(S1, S2)이라고 하면 아들1과 아들2가 강을 건너간다는 것을 표시하도록 하자. 그러면 모든 가능한 연산자는 다음과 같고,

연산자

| | |
|---|---|
| ←(F) | →(F) |
| ←(S1) | →(S1) |
| ←(S2) | →(S2) |
| ←(S1, S2) | →(S1, S2) |
| ←(S1, S3) | →(S1, S3) |
| ←(S2, S3) | →(S2, S3) |

이렇게 되었을 때, 처음 시작 상태에서 Goal 상태로 가는 방법 한 가지는

다음과 같이 될 수 있다.

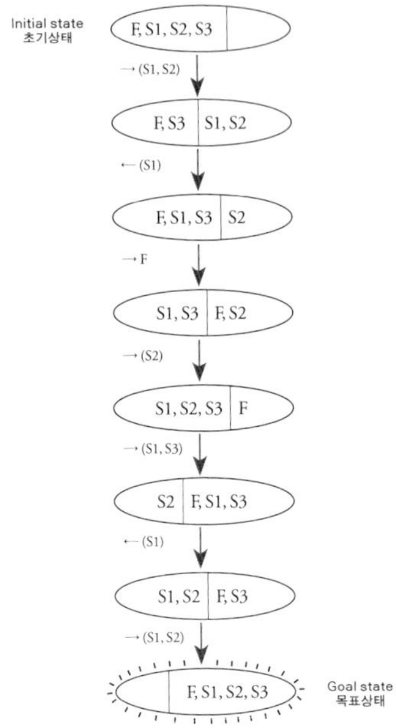


**풀어보기** 양배추 상자, 늑대, 양 문제를 풀어 보자.

양배추 상자, 늑대, 양을 하나씩만 배에 실어 강 건너로 옮겨 놓으려고 한다. 주의할 점은 양과 양배추를 함께 남겨 두면 양이 상자 안에 있는 양배추를 먹고, 늑대와 양을 함께 남겨 두면 늑대가 양을 잡아먹는다는 점이다. 뱃사공은 배를 운전할 수 있고, 뱃사공은 언제나 안전하다. 아무도 잡아먹히지 않고 모두 강 건너로 옮겨 놓으면 성공이다.

상태 공간 표현 방식을 이용해 보자:

A. 이 문제의 상태 표현식을 만들어 보자. 이들을 묘사할 수 있는 최소 2개의 상태를 나타내 보자.
B. 연산자를 묘사해 보자. 다시 그들을 묘사할 수 있는 최소한 두 개를 나타내 보자.
C. 시작 상태는 무엇인가?
D. 종료 상태는 무엇인가?
E. 상태공간 표현방식을 통해 이 문제를 풀 수 있는 두 가지 방법을 나타내 보자. 문제의 상태공간 표현식을 전부 다 그릴 필요는 없다.

이뿐 아니라 우리가 잘 아는 8-puzzle 문제나 tic-tac-toe 문제나 오목 또는 바둑 문제도 마찬가지의 표현 방법이 매우 효과적으로 사용될 수 있다. 어떻게 상태를 정의할 것인지, 그리고 상태 간의 변화를 유도할 operation 동작은 무엇인지를 생각해 보도록 하자.

8퍼즐의 경우, 다음과 같이 문제를 표현해 볼 수 있다. 8퍼즐은 가로3×세로3으로 된 격자 안에 숫자가 적힌 타일들이 배치되어 있고, 그중 하나는 비어 있어서, 그 빈 공간을 이용하여 타일을 밀어서 원하는 목표 상태로 만드는 퍼즐이다. 이 문제도 마찬가지로 (S, I, G, O, R)을 정의하면 된다. S 상태는 다음 그림과 같이 3×3배열 형태로 표현하면 된다. 그림은 I와 G를 보여 주고 있다.

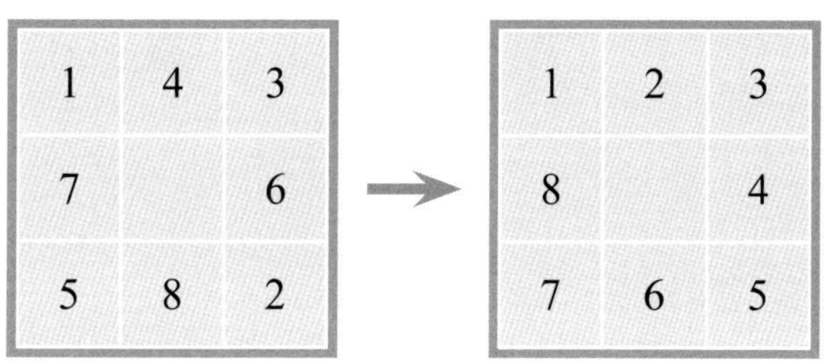

초기 상태 목표 상태

연산자는 빈 공간이 이동할 수 있는 경로에 따라 최대 4가지가 있을 수 있다.

위 ↑

아래 ↓

오른쪽 →

왼쪽 ←

이렇게 표현된 초기 상태는 빈 공간이 움직일 수 있는 여지에 따라 다음 단계의 상태로 바뀔 수 있는데, 이를 상태 공간 표현식으로 나타낸 그래프가 다음과 같다.

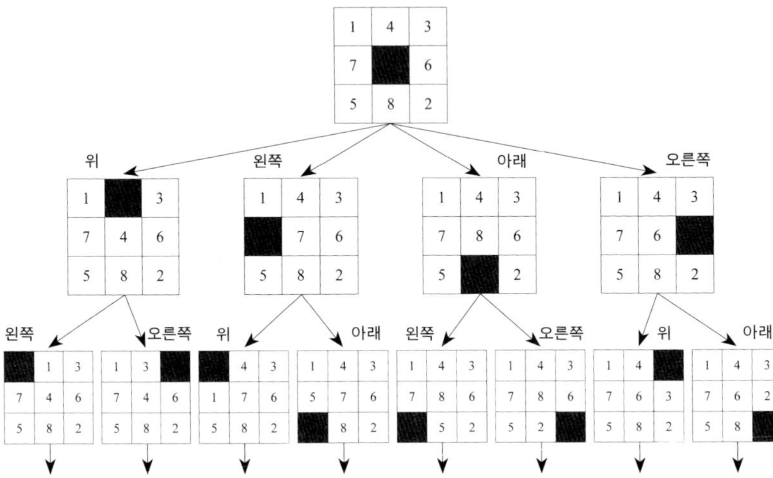


빈 공간 연산자가 만들어 내는 8퍼즐의 상태공간 그래프

**Case2) 문제 축소 표현**(Problem-reduction representation)

주어진 문제를 해결할 수 있는 작고 쉬운 부분 문제(sub-problem)로 분해하여 해결하여 문제 자체를 recursive하게 정의할 수 있는 추상적인 형태로 변환하는 것이 관건이다. 다시 설명하면, 문제를 재귀적(recursive) 형태로 변환하면 간단하게 해결할 수 있다.

예를 가지고 설명해 보도록 하자

**예: 하노이의 타워**

3개의 봉(1, 2, 3)과 네 개의 접시(A, B, C, D)가 있다. 첫 번째 봉에만 크기 순서대로 A, B, C, D 네 개의 접시가 쌓여 있는데, 가장 작은 A가 최상단에 있고, 가장 큰 D가 최하단에 위치하고 있다. 이 접시들은 최종적으로 세 번째 봉으로 모두 이동해야 한다. 그러나 다음의 두 가지 규칙을 지켜야 한다.

(1) 오직 한 번에 하나의 접시만 옮길 수 있다.

(2) 큰 접시를 그것보다 작은 접시 위에 올릴 수 없다.

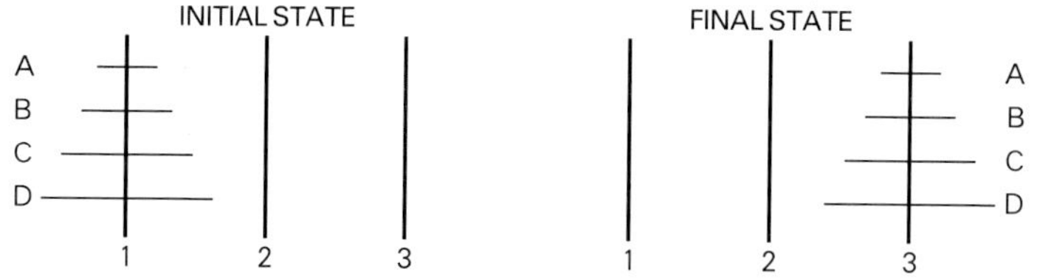


일반화된 방법으로 설명한다면,

3개의 봉을 i, j, k 라고 하고, (1개 이상) n개의 접시를 i에서 k로 옮기는 문제는 다음 세 가지 규칙을 반복함으로써 해결할 수 있다.

(1) n-1개의 접시를 i에서 j로 옮긴다

(2) 접시 1개를 i에서 k로 옮긴다

(3) n-1개의 접시를 j에서 k로 옮긴다

n = 4일 때의 예를 보도록 하자.

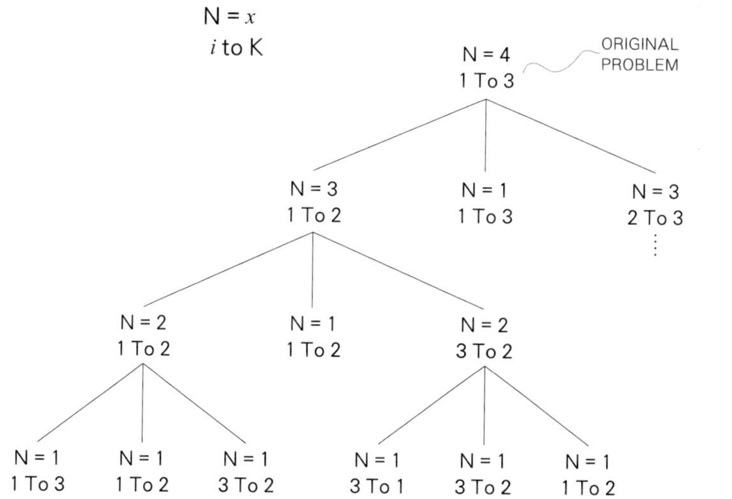

### 읽어보기

3개의 봉이 있고 접시가 n개일 때 몇 번의 접시 옮김이 필요한가?

| 접시개수 | 횟수 | 소요 시간 |
|---|---|---|
| 1 | 1 | (1초) |
| 2 | 3 | (3초) |
| 3 | 7 | (7초) |
| 4 | 15 | (15초) |
| 5 | 31 | (31초) |
| 6 | 63 | (1분 3초) |
| 7 | 127 | (2분 7초) |
| 8 | 255 | (3분 15초) |
| 9 | 511 | (6분 31초) |
| 10 | 1,023 | (17분 3초) |
| 11 | 2,047 | (34분 7초) |
| 12 | 4,095 | (1시간 8분 15초) |
| 13 | 8,191 | (2시간 16분 31초) |
| 14 | 16,383 | (4시간 33분 3초) |
| 15 | 32,767 | (9시간 6분 7초) |
| 16 | 65,535 | (18시간 12분 15초) |
| 17 | 131,071 | (1일 12시간 24분 31초) |
| 18 | 262,143 | (3일 49분 3초) |
| 19 | 524,287 | (6일 1시간 38분 7초) |
| 20 | 1,048,575 | (12일 3시간 16분 15초) |
| 21 | 2,097,151 | (24일 6시간 32분 31초) |
| 22 | 4,194,303 | (48일 13시간 4분 3초) |
| 23 | 8,388,607 | (97일 2시간 10분 7초) |
| 24 | 16,777,215 | (194일 4시간 20분 15초) |
| 25 | 33,554,431 | (1년 23일 8시간 40분 31초) |
| 26 | 67,108,863 | (약 2년 46일 17시간) |
| 27 | 134,217,727 | (약 4년 3개월) |
| 28 | 268,435,455 | (약 8년 6개월) |
| 29 | 536,870,911 | (약 17년) |
| 30 | 1,073,741,823 | (약 34년) |
| 31 | 2,147,483,647 | (약 68년) |
| 32 | 4,294,967,295 | (약 136년) |

### 풀어보기

Hanoi Tower 문제를 State-space representation으로 표현해 보시오.

state는? Initial/goal state는? Operator는? Rule은?

### 문제 해결 과정

문제 해결 과정의 시작은 문제를 이해하고, 문제를 분해하여 간단한 추상적 형태로 만들어, 우리가 알고 있는 (혹은 우리가 새로 만들어 내는) 해결 방법을 적용하는 것이다. 이것은 우리가 고등학교 때의 어려운 수학 응용 문제를 추상화시켜서 우리가 이미 알고 있는 방법이나 공식에 대입하여 푸는 과정과 비슷하다. 문제의 분해(Problem Decomposition)는 보통 Top-Down 방법으로 이루어진다. 문제를 쪼개어 작은 단위의 문제들로 만든다. 컴퓨터 프로그래밍에서는 그 쪼개어진 작은 단위를 일반적으로 '모듈(module)'이라고 부른다.

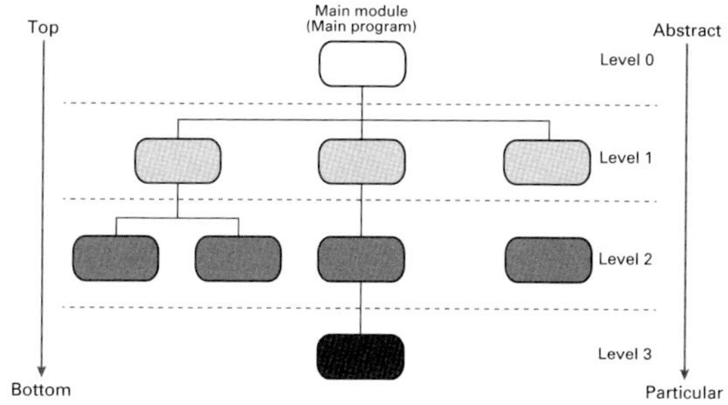


아래쪽으로 계속 쪼개 나갈 수 있고 그림과 같이 계층(hierarchy) 구조가 되며 아래로 내려갈수록 추상화 정도가 낮아진다. 예를 들어 생일 날에 친구를 집으로 식사 초대를 하는 것을 생각해 보자. 다음 그림과 같이 분해될 수 있다. 즉, 생일파티를 준비하는 것은 초대할 친구 목록을 만드는 것과 음식을 준비하는 것으로 분해될 수 있다. 음식을 준비하는 것은 다시 메뉴를 정하는 것, 음식 재료를 쇼핑하는 것, 음식을 만드는 것으로 다시 분해가 되고, 그 각각은 또다시 작은 작업들로 분해될 수 있다.

3장과 4장에서 계속 강조하는 것은 문제를 보고 단위(정보단위 혹은 작업

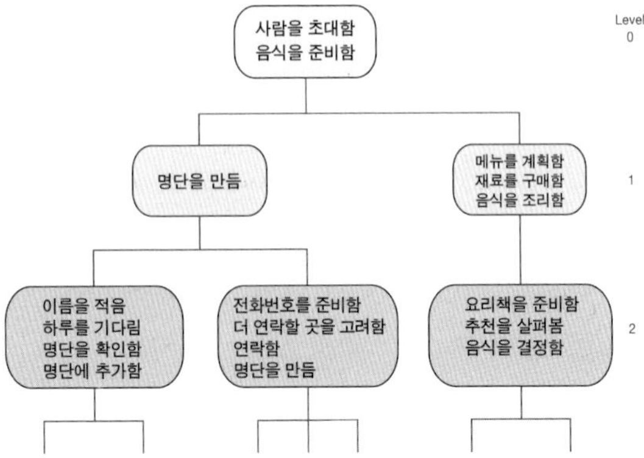


단위)로 '분해'하고 '재구조'하는 것이었다. 지난 장에서는 단지, 단위 정보를 끄집어 내는 것에 대하여 이야기했다면, 이번 장에서는 좀더 시스테믹한 방법으로 끄집어 내는 technique을 설명하고 있다. 그것은 심볼과 텍스트를 이용하고 있는데 다음과 같은 것들이었다.

① 큰 단위를 그것을 이루고 있는 작은 단위로 쪼개어 hierarchy로 보여 준다. (생일에 친구 초대하는 것 – 작업 단위로. 자동차 회사 관계 개념도 – 개념 정보 단위로)
② 데이터와 관계 (ER다이어그램)
③ State와 전이 조건 (상태 전이도) – 아버지와 아들 문제도 여기에 해당
④ 동작 기능과 데이터 흐름(DFD)
⑤ Process 혹은 시나리오 혹은 sequence(sequence chart) – 시간의 흐름
⑥ 조건과 결과(의사 결정) – decision table
⑦ 문제의 재귀적 분해
⑧ 이벤트(사용자 인터페이스), 객체

문제는 어떻게 해결하느냐에 따라 결과가 다르게 나올 수 있고, 문제를 해결하는 방법 또한 경우에 따라 한 가지 또는 여러 가지일 수 있다.

일상생활 속에서 일반적으로 문제를 해결하는 과정은 다음과 같다

**① 문제 분석 및 표현** 주어진 문제에서 해결하려고 하는 것이 무엇인

지 찾기 위해 제시된 문제를 잘 이해하고 분석하는 단계이다. 이때 관련된 정보를 바탕으로 문제를 글, 표, 그림 등으로 표현하거나 위에서 살펴본 것과 같은 것 등이 문제를 분석하는 데 도움이 된다.

② **문제 해결 방법 찾기** 주어진 문제를 해결하기 위한 가장 적당한 방법을 찾아본다.

③ **실행** 여러 가지 문제 해결 방법 중 가장 좋은 해결 방법을 선택하여 실행한다.

④ **평가** 문제 해결 방법을 실행하는 과정에서 문제 해결이 바르게 되었는지 확인함과 동시에 다른 해결 방법은 없었는지 반성해 본다.

컴퓨터에서의 문제 해결 과정은 일반적인 문제 해결 과정 외에 컴퓨터에서 직접 실행이 가능하도록 알고리즘을 설계하여 프로그램을 작성하는 과정이 필요하다.

컴퓨터에서의 문제 해결 과정은 다음과 같다.

① **문제 분석 및 표현** 주어진 문제를 해결하기 위해 알아야 하는 정보들과 요구사항을 분석하는 단계로, 일반적인 문제 해결 과정과 동일하다.

② **문제 해결 방법 찾기** 일반적인 문제 해결 과정과 동일하게 문제를 해결하기 위한 방법들을 찾는다.

③ **알고리즘 설계** 알고리즘은 문제 해결 과정에서 규칙성을 찾아 논리적인 순서로 설명하거나 표현하는 문제 해결 절차나 방법을 말한다. 따라서 알고리즘 설계는 이러한 문제 해결 절차나 방법을 알기 쉽게 기술하는 것이다.

④ **프로그램 작성** 설계된 알고리즘을 바탕으로 컴퓨터에서 실행될 수 있도록 프로그래밍 언어를 이용하여 프로그램을 작성한다.

**⑤ 실행 및 수정**  작성한 프로그램을 컴퓨터에서 실행하여 잘못된 부분이 있는지 확인하고 만약 프로그램 실행 결과가 잘못되었거나 오류가 발생하면 프로그램을 수정한다.

# 5. 알고리즘과 절차적 사고

## 5.1. 알고리즘(Algorithm)이란 무엇인가?

위키피디아에 나온 알고리즘에 대한 정의를 나름대로 의역하여 번역하면 다음과 같다.

> "수학, 컴퓨팅, 언어학과 같은 분야에서 계산이나 데이터 처리에 주로 사용되는, 유한(有限) 개수의 명령어들의 순차적인 나열이다. 어떠한 일을 수행하기 위하여, 잘 정의된 명령어들을 적절한 순서대로 나열하고, 그 나열된 순서대로 명령어들을 차례대로 수행하면 결국 최종적으로 그 일이 완성되게 하는 효과적인 방법이다."

알고리즘을 잘 설명하는 예는 흔히 컴퓨팅의 아버지라고 불리는 알란 튜링(Alan Turing: 1912-1954)에 대한 일화에서 볼 수 있다. 튜링의 집에는 교육을 받지 못한 가정부가 있었다고 한다. 튜링은 그 당시 어떻게 하면 어려운 수학 문제를 자동으로 해결할 수 있는 가상의 기계를 만들 수 있을까를 고민하고 있었는데, 어느 날 가정부에게 그 수학 문제를 풀게끔 할 방법을 생각해 보았다고 한다. 교육을 전혀 받지 못한, 그래서 기본적인 단순 논리 사고만 할 수 있는 그 가정부가 어려운 수학 문제를 풀 수 있도록 하게 한다면, 기계에게도 그 수학 문제를 풀 수 있도록 만들 수 있을 것이라고 생각한 것이다.

튜링이 사용한 방법은 어려운 수학 문제 풀이 과정을 아주 아주 잘게 쪼개어, 아주 단순한 기계적인 사고만으로도 해결할 수 있는 단위까지 잘게 쪼개어, 그것을 순서대로 나열해 놓고, 그 가정부에게 그 순서대로 따라 하도록 하는 것이었다. 그 가정부는 그 순서대로만 일을 수행하였고 결국 어렵지 않게 수학 문제 풀이를 완성하더라는 것이다. 따라서 튜링은 인간이 해결하는 어떠한 문제라도 그 해결 과정을 기계가 처리할 수 있는 단위까지 아주 잘게 분해하여 순서대로 나열해 놓고, 그 기계에게 차례대로 처리하도록 할 수만 있다면 인간의 문제를 자동으로 처리하는 기계를 설계할 수 있다고 생각한 것이다.

이 가정은 다시 생각해 보면, 정보를 아주 작은 최소의 단위로 분해하면 0과 1로 분해할 수 있고, 이 0과 1의 순차적인 나열을 읽고 처리할 수 있는 기계를 만들 수 있는데, 튜링은 이러한 모델을 만들었으며 이것을 '튜링머신(Turing Machine)'이라고 부른다. 이 튜링머신이라는 가상의 모델은 오늘날 우리가 사용하고 있는 모든 컴퓨터의 이론적 모델로 사용되었다.

기계가 이해할 수 있을 정도로 문제 해결 방법을 잘 쪼개어 순서대로 나열하기만 하면 컴퓨터라는 기계는 그것을 자동으로 처리할 수 있다. 예를 들어 직원이 10만 명이 있는 회사에서 모든 직원의 연봉을 계산해 내는 방법을 알고리즘으로 만들어 컴퓨터로 자동으로 처리하고자 한다고 가정해 보자. 알고리즘은 매우 일반적으로 만들어야 하는데, 그래야만 어떤 직원의 조건과 정보가 '입력'으로 들어오더라도 그 알고리즘에 의하여 계산된 연봉이 '출력'될 수 있기 때문이다. 그 알고리즘을 프로그램으로 변환하여 컴퓨터에 집어넣으면, 컴퓨터는 같은 처리 순서대로 연봉

계산을 10만 명이 아니라 100만 명에 대해서도 빠르게 자동으로 처리할 수 있게 되는 것이다. 한 번만이 아니라 매달, 매년 계속 자동으로 처리할 수 있게 되는 것이다.

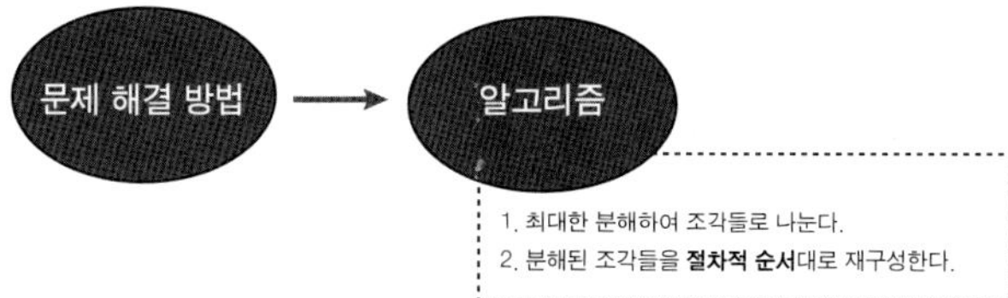


여기서 한 가지 의문점이 있다.

문제 해결 방법을 알고리즘으로 만들어 기계에 넣어 주면 그 다음은 기계가 그 모든 복잡하고 지루한 반복적인 작업을 빠르게 실수 없이 처리할 수 있게 된다. 그러면 문제 해결 방법은 누가 생각해 낼 것인가? 그 생각해 낸 문제 해결 방법은 누가 알고리즘 형태로 바꾸어 줄 것인가? 그것도 컴퓨터라는 기계가 자동으로 처리해 줄 수 있는 것인가?

대답은 '아니다'이다. 그냥도 아니고 '전혀 아니다'이다. 문제가 있을 때 그 문제를 해결하는 효율적인 방법은 100% 사람이 생각해 내야 하는 것이고, 그것의 반복적인 지루한 작업만 컴퓨터에서 자동으로 처리할 수 있게 할 수 있는 것이다.

〈그림 5-1〉을 보자. 어떠한 문제가 있으면, 그 문제의 해결 방법은 '사람'이 생각해 내고, 그것을 알고리즘으로 '사람'이 변환해 내고, 그 알고리즘을 '사람(프로그래머)'이 컴퓨터 프로그램으로 코딩하고, 그 컴퓨터 프로그램이 컴퓨터에 들어가야만 비로서 그 컴퓨터는 '사람'이 지시한 문제 해결 방법대로 자동으로 쉬지 않고 계산 처리하는 것이다. 앞서 예

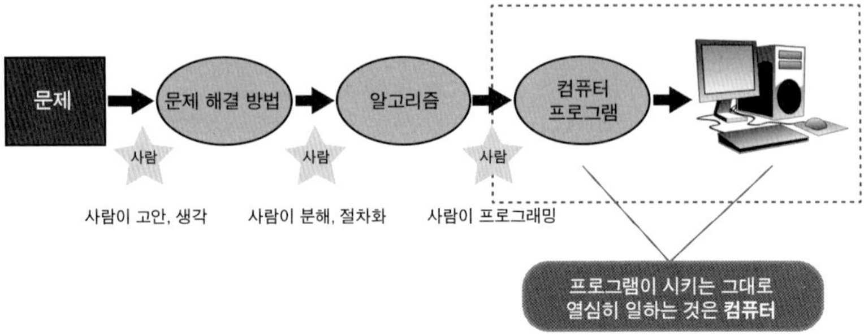


**그림 5-1. 문제 해결의 자동화 과정**

를 들었던 10만 명의 종업원을 둔 회사의 경우를 생각해 보자. 직원들의 연봉과 월급 계산이라는 '문제'에 대한 '문제 해결 방법(solution)'은 그 회사의 사장이나 임원, 인사 전문가가 제시하여야 하는 것이고, 그 제시된 것을 알고리즘으로 변환하는 것은 인사 전문가나 정보 담당 전문가, 혹은 프로그래머가 할 수도 있다. 만들어진 알고리즘을 프로그램으로 코딩하는 것은 컴퓨터 프로그래머가 하는 일이고, 그것을 컴퓨터를 돌려서 운영하는 것은 또 다른 사람이 하는 일이다. 만약 프로그램된 컴퓨터가 없다면 경영진에서 만든 그 '방법'에 의해 계산 담당 직원(사람)이 직접 10만 명의 월급 계산을 일일이 했어야 할 것이다. 예를 들어 1명의 월급 계산하는데 1분의 시간이 걸린다고 하면, 10만 분이 걸리게 되는데 10만 분은 69일이 걸리는 시간이다. 10만 명에 대하여 같은 계산 '방법'이 적용되므로, 당연히 계산 담당자는 자동화할 수 있는 방법을 찾게 될 것이며, 그 자동 처리를 담당하는 것이 바로 '컴퓨터'이다. 컴퓨터는 단 몇 분 만에 10만 명의 연봉을 계산해 낼 수 있을 것이다.

따라서 그 회사에서 연봉과 월급 처리하는 과정에서 무슨 에러가 발생하고 문제가 발생했다면, 그 잘못은 '컴퓨터' 때문이 아니라, 그 컴퓨터에게 계산 처리 명령을 준 '사람' 때문이라는 것을 알 수 있을 것이다. 그 '사람'은 경영/인사 전문가일 수도 있고, 프로그래머일 수도 있다. 하지만 시킨 대로 정확하게 일만 열심히 한 컴퓨터는 잘못이 없다. 따라서 〈그림 5-1〉에서 가장 중요하게 강조되어야 하는 부분은 바로 문제 해결 방법을 생각해 내는 단계와 그것을 알고리즘으로 표현해 내는 단계라고 할 수 있다. 일단 알고리즘만 만들어지면 그 다음 단계는 그리 어려운 일이 아니기 때문이다.

문제 해결 방법을 알고리즘으로, 즉 작은 단위로 분해하여 순차적 나열로 표현한 것은, 꼭 컴퓨터에 넣어서 자동화 기계로 만들지 않아도, 우리의 일상에서 아주 많은 도움을 줄 수 있다. 어떠한 업무 조직의 복잡한 일 처리 과정이 이러한 알고리즘을 통하여 명확하게 표현되고, 다시 효율적으로 조정될 수 있게 된다. 또한 컴퓨터 프로그램을 전혀 모르더라도, 주변에서 업무 능력이 뛰어나고 분석 능력이 뛰어난 사람들을 보면 대부분 이러한 '알고리즘적 사고' 혹은 '절차적 사고' 능력이 뛰어난 사람들이라고 할 수 있다. 알고리즘적 사고는 정확하고 효율적인 문제 해결 방법을 이끌어 낸다.

이후의 내용은, 알고리즘의 표현 방법에 대하여 먼저 살펴보고, 그 다음으로 어떻게 인간이 효율적인 문제 해결 방법을 생각해 낼 수 있을까에 대하여 살펴보도록 하자.

## 5.2. 알고리즘의 절차적 표현 방법

알고리즘은 문제 해결 방법을 작은 작업 단위로 분해하여 step-by-step으로 순차적으로 나열한 것이다라고 하였다. 좀더 엄격하게 정의하자면, 이 알고리즘은 무한대로 계속 진행되는 것이 아니라 유한한 시간 안에 끝나야 하는 것이며, 그 분해된 작업 단위도 분야에 따라서 엄격하게 미리 정해 놓기도 한다.

앞서 설명한 10만 명 직원 회사의 예를 다시 생각해 보자. 직원의 연봉과 월급을 계산하는 알고리즘을 만들었다고 한다면, 어떠한 직원의 정보(예를 들어 나이, 업무, 근무 연수, 자격증 소지 여부 등)가 '입력(input)'으로 들어가면, 그 알고리즘은 입력된 데이터를 가지고 정의된 절차에 따라서 계산을 하여, 그 결과값을 '출력(output)'하게 된다. 즉 알고리즘은 단독으로 존재한다기보다는 '입력되는 데이터'와 '출력되는 결과값'에 의하여 정의가 된다. 즉 Input이 들어왔을 때, 그것을 가지고 원하는 output을 내보낼 수 있도록 하는 과정을 step-by-step으로 순차적으로 표현한 것이라고 말할 수 있다. Input data를 output으로 변환시키기 위한 '절차'를 정확하게 기술한 것이라고도 할 수 있다.

그래서 문제 해결을 위한 알고리즘(문제 해결 방법)을 생각해 내기 위하여 흔히 사용되는 방법 중의 하나는, 먼저 input이 무엇인가를 정의하고, 그 다음에 이 input이 들어갔을 때 어떤 output이 나와야 하는가를 정의하고, 그 다음에 이 input이 들어갔을 때 이 output이 나오게 하려면 어떤 절차대로 하여야 하는지를 고민해 보는 것이다. 이 방법은 후반에 다시 자세하게 살펴보도록 하고, 먼저 알고리즘을 표현하는 일반적인 방법에 대

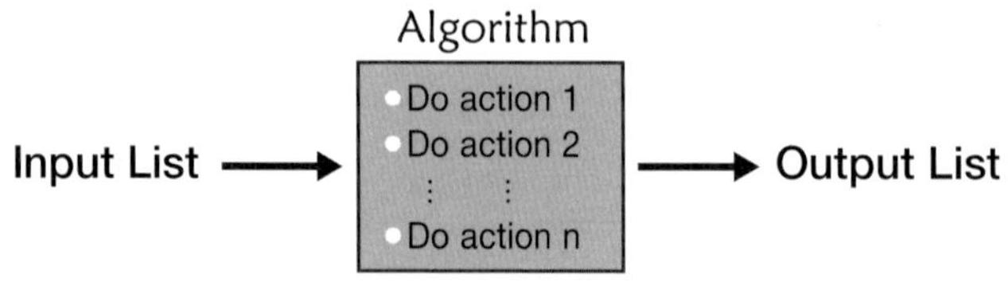

하여 살펴보자.

알고리즘을 표현하는 가장 기본적인 방법은 다음 두 가지가 많이 사용된다.

❶ **순서도**(Flowchart)는 알고리즘을 도형을 이용해 시각적으로 표현한 것이다.

❷ **의사코드**(수도코드; Pseudo-code)는 알고리즘을 쉬운 언어로 표현한 것이다. 의사코드는 각 언어로 표현된 절차 단계들을 명시적으로 구조화시킨 형태이다. 컴퓨터 프로그램과 유사한 형태로 표현한 것이라고도 할 수 있다.

우리는 책에서는 pseudo-code를 사용하여 알고리즘을 표현하는 방법을 사용하도록 하겠다.

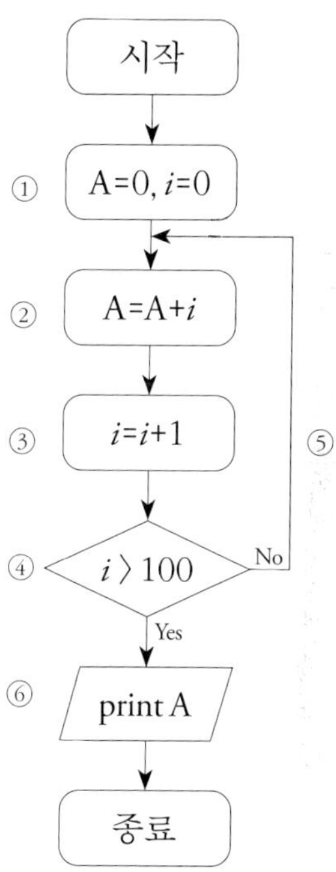


① A와 $i$를 초기화시킨다.

② A와 $i$를 더한 값을 다시 A에 넣는다.

③ $i$를 하나 증가시킨다.

④ $i$가 100보다 큰지 확인한다.

⑤ 100보다 작으면, ②단계로 돌아간다.

⑥ 100보다 크면, A를 출력한다.

그림 5-2. 순서도(Flowchart)와 의사코드(Pseudo-code)의 예

먼저 아주 간단한 예를 들어, '컴퓨터의 전원을 켜는 방법'을 생각해 보자.

① 컴퓨터의 전원을 켠다.

② 컴퓨터 모니터를 켠다.

③ login 화면이 나타나면 id와 password를 type한다.

이렇게 순서대로 나열해 주면 된다. 간단하지 않은가?

하지만 자세히 살펴보면, 우리는 금방 이러한 표현이 모든 상황을 다 정확하게 표현할 수 있지 않음을 알게 된다. 즉 ②에서 만약에 모니터가 이미 켜져 있으면 어떻게 할 것인가. ③에서 password가 잘 생각이 나질 않아서 몇 번이고 계속 맞을 때까지 시도해 봐야 한다는 것은 어떻게 표현할 것인가. 정확하게 모든 경우와 가능성을 생각하고 작성해야 한다.

### 순서의 흐름 제어(Sequence Flow Control)

분해된 각 단위를 instruction(명령어)라고 부르기로 하자. 그리고 알고리즘은 이러한 instruction들을 어떠한 순서대로 나열해서 표현하는 것이라고 하자. 그런데 instructions를 모두 한 줄로 차례대로 나열하는 것은 어쩌면 너무나 길어질 수 있고 step-by-step을 효과적으로 나열하기 힘든 경우가 생길 수 있다. 따라서 이러한 step-by-step을 표현하는데, 그 순서를 제어(control; 효율적으로 조정)하는 것이 필요할 것이다. 다음 그림은 세 가지 흐름제어(flow control) 구조를 보여 주고 있다. 첫 번째는 시작에서부터 끝까지 차례대로 모두 다른 instruction이 흘러가는 것이고, 두 번째는 어떤 조건에 따라서 이쪽 instruction이 수행될 수도 있고 또는 다른 instruction이 수행될 수도 있는 경우를 보여 준다. 어떤 input이 들어와 어떤 조건이 될지 모르므로 알고리즘에서는 모두 다 표시를 해 두어야 하며, 이 경우에는 세 번째와 같은 구조를 사용할 수 있다. 세 번째 그림은 그 중간에 어느 instruction들은 몇 차례 계속 반복해서 수행되어야 하는 경우를 표시한 것이다. 물론 이 경우도 첫 번째 구조처럼 한 줄로 늘릴 수 있지만 그렇게 하는 것은 보기도 힘들고 비효율적이므로 반복되는 부분만 표시하면 될 것이다.

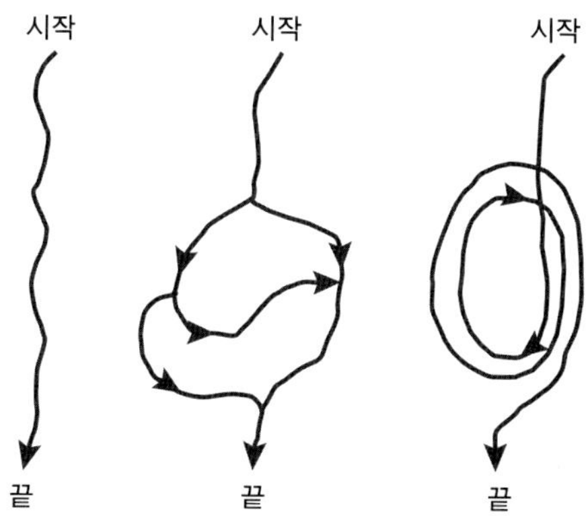


```
do action 1
do action 2
...
...
do action n
```

a. Sequence(순차)

```
if a condition is true,
then
   do a series of actions
else
   do a another series of actions
```

b. Decision 혹은 Branching
(분기: 길이 갈라지는 것)

```
while a condition is true,
   do action 1
   do action 2
   ...
   ...
   do action n
```

c. Repetition(반복)

**그림 5-3.** Three Constructs(세 가지 형식)의 예

이 세 가지 흐름 구조는 instruction들의 순차적인 나열을 좀더 효율적으로 표현하기 위한 것이며, 이것을 pseudo-code 형태로 다시 표현하면 〈그림 5-3〉과 같다.

이 세 가지 형식을 이용하는 것에 대하여 충분히 이해하고 익숙해져 있어야 한다.

sequence, decision, repetition을 사용하는 방법에 대한 쉬운 예를 더 들어 보도록 하자.

#### 이를 닦자

'이를 닦는 것'이라는 단어를 들으면 우리의 머릿속에는 이를 닦는 과정이 순차적으로 떠오를 것이다. 누구나 다 실수 없이 할 수 있는 것. 그것을 바보(컴퓨터)에게 그대로 하게 하려면 아주 세밀하게, 정확하게 그 과정을 순차적으로 나열할 수 있어야 한다.

먼저,

①칫솔을 든다.
②치약을 든다.
③치약 뚜껑을 연다.
④치약을 짠다.

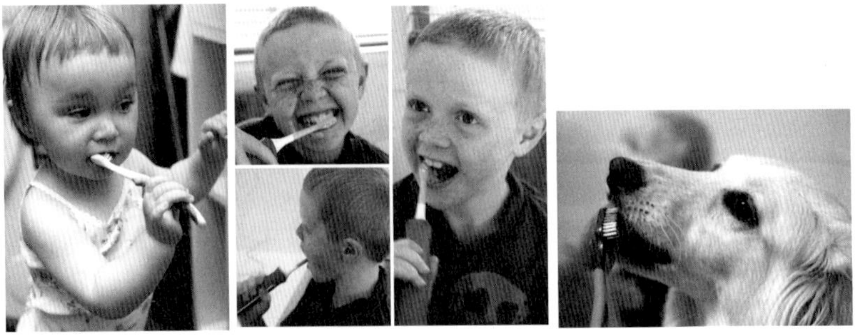

아, 잠깐. ③에서 치약 뚜껑을 여는데, 만약 치약 뚜껑이 이미 열려 있다면 ③은 수행할 수 없게 되고, 그러면 바보(컴퓨터)는 어찌할 바를 모르고 멈춰 버릴 수 있다. 이 부분을 좀더 정확히 해 두어야겠다. ③은 치약 뚜껑이 닫혀 있을 때만 수행하도록 해야 한다. 만약 열려 있다면 ③을 건너 뛰고 그 다음 ④를 수행하게 하면 된다. 어떻게 해야 할까? Decision을 사용하면 된다. 즉,

① 칫솔을 든다.
② 치약을 든다.
③ If (**치약 뚜껑이 닫혀 있다면**)
④ Then **치약 뚜껑을 연다.**
⑤ 치약을 짠다.

로 하면 된다. 여기 ③에서 만약 치약 뚜껑이 열려 있다면, 그대로 ⑤로 진행하면 된다.

계속 나가 보자.

⑥ 치약이 묻은 칫솔을 입 속에 넣는다.
⑦ 칫솔을 이에 대고 위아래로 한 번 brush한다.

문제가 있지 않은가?

⑦에서 칫솔질을 한 번만 brush하고 끝낼 것인가? 계속 반복해야 하지 않을까. 언제까지 반복하는가. 당신 머릿속에 있는 이미 들어 있는 알고리즘을 한번 생각해 보자. 당신은 언제 칫솔질을 멈추는가? 스스로 만족스러워졌을 때 칫솔질을 멈춘다고 가정해 보자. 그러면 ⑦을 어떻게 바꿔야 하는가.

⑥ 치약이 묻은 칫솔을 입 속에 넣는다.
⑦ 칫솔을 이에 대고 위아래로 한 번 brush한다.
⑧ If(불만족)
⑨ Then 위아래로 한 번 brush한다.
⑩ Else exit (exit는 이 알고리즘을 멈추고 빠져나간다는 의미임.)
⑪ If(불만족)
⑫ Then 위아래로 한 번 brush한다.
⑬ Else exit
⑭ If(불만족)
⑮ …계속 반복…

if(불만족) 부분을 계속 반복한다면 너무나 비효율적으로 표현하는 것일 수 있다. 이렇게 같은 부분이 계속 반복될 때에는 repetition을 사용하자. 즉,

⑥ 치약이 묻은 칫솔을 입 속에 넣는다
⑦ while (not 만족) {
⑧ 칫솔을 이에 대고 위아래로 한 번 brush한다.
⑨ }
⑩ exit

여기서 "while (not 만족) { "은 만족하지 않는 동안에는 계속 반복해서 { 와 } 사이에 있는 instruction들을 수행하라는 의미이다.

내가 쓰는 칫솔은 전동칫솔인데, 2분이 지나면 "삐익" 소리가 나서 시간이 그 정도 지났음을 알려준다. 이런 경우에는,

⑥ while(not beeping) {
⑦ brush teeth
⑧ }

⑨ exit

로 하면 된다.

자, 이제 if(즉 decision 혹은 branching)와 while(즉 repetition)을 어떻게 사용하는지, 어떤 의미를 가지는지 조금 익숙해졌는가?

이번에는 조금 다른 주제인 요리 방법을 가지고 한번 생각해 보자.

이 경우는 조금 전의 이 닦는 예와는 약간 다르다. 이 요리 방법 예에서는 알고리즘에서 사용되는 input과 output이 명확하게 제시되어 있다. input은 요리 재료들이고, output은 완성되어 나오는 요리이다. 그러면 알고리즘은 (여기서는 요리 방법) 그 재료들을 어떤 순서로 어떤 방법으로 처리하여 그 완성된 요리가 나오게 할 것인가를 표현한 것이다.

Hollandaise sauce(홀랜다이즈 소스, 발음: 할런-데이스-써스) **만들기**

홀랜다이즈 소스는 네델란드풍의 소스로 주로 삶거나 찐 채소 요리와 생선 요리에 많이 사용된다.

다음 그림은 전형적인 요리책의 모습을 보여 주고 있는데,

- 제일 위에는 요리법의 제목, 요리 이름(Output)
- 그 다음 칸에는 요리를 만드는데 사용되는 재료들(Input)

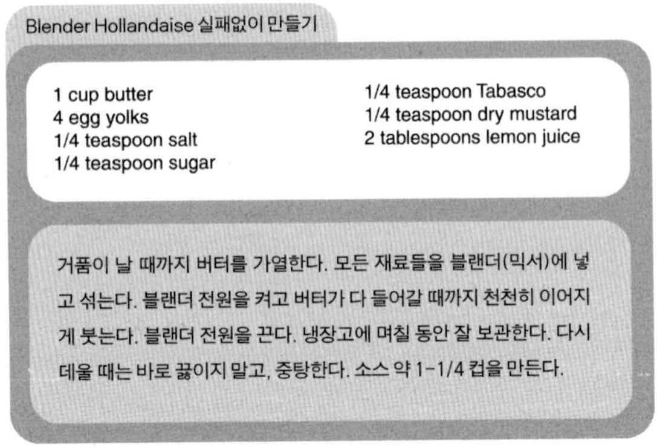

Blender Hollandaise 실패없이 만들기

1 cup butter
4 egg yolks
1/4 teaspoon salt
1/4 teaspoon sugar
1/4 teaspoon Tabasco
1/4 teaspoon dry mustard
2 tablespoons lemon juice

거품이 날 때까지 버터를 가열한다. 모든 재료들을 블랜더(믹서)에 넣고 섞는다. 블랜더 전원을 켜고 버터가 다 들어갈 때까지 천천히 이어지게 붓는다. 블랜더 전원을 끈다. 냉장고에 며칠 동안 잘 보관한다. 다시 데울 때는 바로 끓이지 말고, 중탕한다. 소스 약 1-1/4 컵을 만든다.

- 마지막 칸에는 그 input들을 가지고 output을 만들기 위한 만드는 방법, 요리법이 기술되어 있다.

요리 재료는 알고리즘의 input이고, output은 홀랜다이즈 소스이다. 알고리즘은 요리법이다. 알고리즘은 이 input을 이용하여 어떻게 output으로 변화시키는가에 대한 방법을 표현하는 것이다.

알고리즘은 위에서 자연어로 표현하고 있지만, 자연어는 애매모호한 특징을 가지고 있다. 보다 그 요리 절차를 명확하게 pseudo-code로 순차적으로 표현하면 다음과 같다.

```
냄비에 버터를 넣는다
가스렌지를 켠다
가스렌지에 냄비를 올린다
```

```
while 거품이 나지 않으면:
    냄비를 가스렌지 위에 계속 둔다
다른 재료들을 블랜더에 넣는다
블랜더 전원을 켠다
while 버터가 남아있다면:
    블랜더에 버터를 천천히 이어지게 붓는다
블랜더 전원을 끈다
```

이대로만 따라 하면 맛있는 홀랜다이즈 소스가 만들어질 것인가?

**전기밥솥: 밥할 줄 알아요?**

냄비에다가 밥을 지을 줄 아는가? 밥을 만드는 과정, 쌀의 종류와 밥의 종류에 따라서 밥을 짓는 방법이 다르다. 온도와 시간, 뜸들이는 시간 등등. 이러한 모든 경우를 감안하여 밥 짓는 과정을 알고리즘으로 정확하게 만들어 컴퓨터(밥이 뭔지도 모르는 바보)에 집어넣어서 만든 기계가 바로 "전기밥솥"이다.

자 이제, 우리는 pseudo-code를 이용하여 문제 해결을 위한 step-by-step instructions를 표현하는 방법을 간략히 배웠다. Sequence, decision, repetition을 이용하여 instruction들을 순차적으로 표현할 수 있는가?

지금까지는 일상적인 예를 통하여 순차적인 작업 처리 방법을 표현하는 것에 대해서 알아보았다. 이제 조금 어려운 예를 보도록 하자.

쉬어가기

우리의 인생도 시작과 끝이 있는 하나의 sequence, 즉 사건들의 순차적 나열이 아닐까요. 그 순차를 이루는 각 단위 작업들을 어떤 것으로, 그리고 어떤 순서로 채우냐에 따라서 우리의 "인생 알고리즘"이 정의될 것입니다.

[시감상]

```
My_life {
  While (not dead) {
    Love( );
    }
```

이진수로 바꾸는 방법

우리가 앞 장에서 보았던 문제 중에서 10진수를 2진수로 바꾸는 방법을 '일반화'된 알고리즘으로 만들어 보도록 하자.

먼저 input과 output을 정의해 놓고, 그 input과 output 사이에 알고리즘을 놓아 보도록 하자.

- Input: d (십진수 숫자를 d라고 해 보자)
- Output: b (알고리즘에 의해 변환된 이진수 값을 b라고 해 보자)
- 알고리즘: d2b (d를 b로 변환시키는 방법을 순차적으로 적은 것이고, 이 알고리즘의 이름을 d2b라고 하자)

먼저, 그냥 한번 가볍게 써 본다면,

1. d를 2로 나누어서 나머지가 0이면 0을, 1이면 1을 바닥에 쓴다.
2. 바로 위에서 나눈 몫을 다시 2로 나누어서 나머지를 바닥에 써 있는 숫자의 바로 왼쪽에 쓴다.
3. 2를 반복. (언제까지? 더 이상 나누지 못할 때까지)
4. 2의 반복이 멈추면, 바닥에 써 있는 숫자를 b라고 하고 output시킨다.

맞는가? 헷갈리지 않는가? 어떻게 하면 보다 명확하게 쓸 수 있을까?

위에서 2번이 반복하는 것을 보다 명확하게 표현하기 위하여 while을 사용하면,

```
1. while (몫이 0이 아니면) {
2.       d를 2로 나눈다.
3.       나머지 값을 바닥에 써있는 숫자의 바로 왼쪽에 쓴다.
4.       d를 몫 값으로 바꾼다. }
```

아, 그런데 여기서 바닥에 써 있는 숫자가 처음에 지정을 해 주지 않아서 혼란을 초래하고 있다! 그러면 어떻게 할까.

조금 더 명확한 표현 방법을 사용하여 보자.

✔ 변수(variable)를 써라.
✔ Assignment를 써라.

'A=3'이라는 표현은 A라는 변수에 3을 대입시키라는 것이다. 이 instruction을 하게 되면, 변수 A는 3값을 의미하는 것이다. A=5를 하게 되

면, 이제 변수 A는 5를 의미하게 된다. (그래서 이러한 것은 변수라고 부른다!) 임시로 값을 저장하기 위하여 사용하면 된다. 다시 한 번 알고리즘을 써 보자.

변수를 먼저 정해 놓고 시작하자. 나머지를 변수 r이라고 해 보자.

그러면

```
1. d2b(d) {              <<decimal to binary>>
2.     b를 빈 값으로 초기화
3.     while (d != 0) {
4.        r = d/2 의 나머지
5.        r을 b에 들어 있는 숫자 바로 왼쪽에 붙인다
6.        d = d/2 의 몫 }
7.     return b; }
```

- 이 알고리즘의 이름을 d2b라고 했고, 이 알고리즘의 input인 d는 d2b(d)의 괄호 안에 d를 넣어 표시했다. 즉 이 d2b에 d가 input으로 들어간다는 말이다.
- Output인 b는 알고리즘 마지막에 return b;에서 표시하였다. 즉 b를 return하라는 말이다.
- 기호 "{"과 "}"는 구역을 표시하기 위하여 사용했다. 즉 d2b(d)이라는 알고리즘은 그 바로 다음의 {부터 시작해서 8번째 줄의 }까지라는 말이며, 2번째 줄의 while에서 반복되는 구역은 2번째 줄의 {부터 시작해서 6번째 줄의 }까지라는 말이다.
- 2번째 줄의 "!=" 표시는 "not equal", 즉 "not ="을 표시한 것이다.

좀 더 명확해졌는가? (아직도 멀었다)

알고리즘에서의 절차 표현은 아주 정확하게 기술이 되어야 한다. 정확하지 않으면 그 과정에 의하여 input이 output으로 변환된다는 것을 보장하지 못한다. 이진수 변환의 예를 다시 들면, 우리는 10진수 d를 2진수 b로 바꾸는 방법을 이미 알고 있다. 그 공식을 안다. 그러면 d에서 b로 변환하는 과정을 step-by-step으로 정확하게 기술하여 보라. 그리고 확인(test)하여 보라.

그대로 따라 하기만 하면 d가 b로 되는가. 당신이 만든 그 step-by-step instructions를 이진법 변환이 무엇인지도 전혀 모르는, 10진이 무엇인지 2진이 무엇인지도 모르는 사람에게 d를 주었을 때, 그 사람이 정확한 b를 당신에게 줄 것인가? 만약 성공했다면 그 알고리즘은 '명확한' 표현을 사용하여 '정확하게' 기술된 것이다. 절차를 '명확하게' 표현하는 언어와 그 언어를 사용하여 나의 생각을 정확하게 표현하는 것은 매우 중요한 기술이다. 컴퓨터 프로그래밍을 생각해 보자. 컴퓨터는 아무것도 모르는, 아무 생각도 없고 지능도 없는 바보와 같은 기계이다. 나는 input 데이터와 알고리즘을 그 바보에게 주어서 내가 원하는 output이 나오도록 하고자 한다. 바보가 이해할 수 있는 용어를 사용해야 하며 (프로그래밍 언어), 나는 step-by-step instruction을 정확하게 서술해야 한다. 그 용어/언어는 애매모호함을 완벽하게 배제한 명확한 것이어야 한다.

## 5.3. 알고리즘(Algorithm)의 명확한 표현, 프로그램

문제 해결 방법을 step-by-step instructions로 표현하는 것이 알고리즘이라고 했다. 알고리즘을 만들어 봄으로써 자신의 아이디어를 정확하고 효율적으로 표현할 수 있고, 그것을 통하여 자신의 아이디어를 좀더 정제할 수 있을 것이다. 결국은 나의 아이디어를 나의 생각을 바보(컴퓨터)에게 자세하게 가르치는 과정이기 때문이다. (초등학생에게 과외 가르쳐 본 적 있는가?)

우리가 일상에서 사용하는 언어는 매우 문화 맥락적 표현 방법이다. 따라서 같은 언어를 사용하여 상대방에게 이야기하면 그 상대방은 나의 표현에 담긴 문화 맥락적 지식을 은연 중에 사용하여 그 말을 이해하게 된다. 이것은 말을 하는 사람과 말을 듣는 사람이 같은 문화 맥락적 지식을 공유하고 있을 때에만 가능하다. 우리가 어른에게 이야기하는 식으로 어떤 방법을 설명하면 초등학생은 전혀 다르게 이해할 수도 있다. 공유하는 문화 맥락적 지식이 많지 않기 때문일 것이다.

이전에 알고리즘을 설명하면서 예를 들었던 요리 방법을 다시 생각해 보자. 요리 잘 하는 우리 어머니가 자취하고 있는 나에게 전화하여 된장찌개 끓여 먹는 방법을 이야기해 주고 있다고 해 보자.

"파를 어슷어슷하게 썰어서, 찌개가 한소끔 끓으면 한 움큼 넣어야 한다."

요리를 자주 하는 사람들이야 이 말을 정확하게 이해하겠지만, 요리를 처음 해 보는 내가 이 말을 정확하게 이해 할 수 있을까? "어슷어슷하게"는 도대체 어떻게 하라는 말인지, "한소끔 끓으면"은 무슨 말인지, "한 움큼"은 얼마만큼인지… 인간도 이해하기 힘든데 하물며 아무런 의식과 사고능력이 없는 컴퓨터라는 기계는 오죽할까. 문화 맥락적인 범주를 벗어나서 누구든지 이해할 수 있게 정확하게 표현하려면 "어슷어슷하게"라는 표현은 아마도 "정확하게 31° 각도로 0.3cm의 간격으로"라고 표현해야 할 것이다. 아마도 대형 식품공장에서 사용하는 파 써는 기계는 그렇게 프로그램되어 있을 것이다.

다음 그림은 조금 더 재미있는 예를 보여 주고 있다. 자기의 아이디어, 머릿속의 생각을 다른 사람에게 알고리즘으로 표현하여 주었는데, '명확성의 부족' 때문에 제대로 된 output이 나오지 않았다. 그래서 다시 알고리즘을 나름대로 더 명확하게 표현해 주었는데 여전히 명확하게 전달되

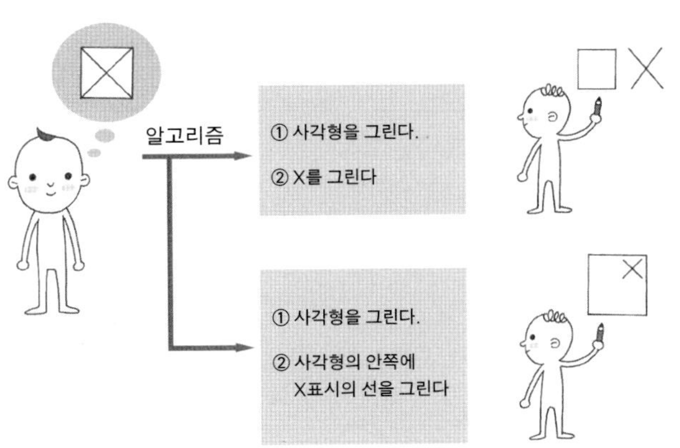


지 않았다. 어떻게 하면 명확한, 그리고 정확한 알고리즘을 기술할 수 있겠는가?

우리가 만든 알고리즘이라는 문제 해결 방법을 컴퓨터가 자동으로 처리하게 하려면, 그 알고리즘을 컴퓨터가 이해할 수 있는 (즉 문화 맥락적 요소가 완전 배제된) 언어로 표현해야 한다. 그것을 컴퓨터 프로그램이라고 한다.

### 알고리즘과 프로그램과의 관계

앞서 언급하였듯이, 알고리즘은 문제 해결에 대한 인간의 기본적인 생각이고 방법이며 그것이 절차적인 형태로 표현된 것이다. 이것을 실제 기계(컴퓨터)에서 자동 처리되게 하기 위하여서는 그 기계가 그 알고리즘을 인식하여 그 기계 내부에서 처리할 수 있는 방법이 필요하다.

컴퓨터 프로그래밍 언어라는 것은 그러한 목적으로 필요한 것이다. 기계(컴퓨터)는 특정 컴퓨터 프로그래밍 언어로 쓰여진 프로그램을 이해하여 처리할 수 있게 되어 있고, 그럼 인간이 만든 알고리즘을 그 특정 프로그래밍 언어로 바꾸어 주기만 하면 되는데, 그 과정을 '컴퓨터 프로그래밍'이라고 하며 그 일을 하는 사람을 '컴퓨터 프로그래머'라고 부른다.

컴퓨터 프로그래밍 언어는 지금까지 수백 가지가 넘게 소개되었지만, 현재 사용되고 있는 것은 그리 많지는 않다. 컴퓨터에 문외한인 여러분이라도 자바(Java)나 C, C++과 같은 이름은 들어 봤으리라고 생각된다.

이러한 프로그래밍 언어는 인간이 쉽게 사용할 수 있도록 만든 것이라서, 사실은 기계가 직접 이해하지는 못한다. 그 내부로 들어가면 기계는 기계 회로에 박혀 있는 몇 가지 전기신호 처리만 할 수 있는데 이것은 '기계어(machine language)'로 표현된다. 따라서, 인간이 작성한 컴퓨터 프로그래밍 언어는 그 내부에서 컴파일러에 의해서 다시 기계어로 변환되는 과정을 거치게 된다. 아, 그렇다고 걱정할 필요는 없다. 우리가 기계어까지 알 필요는 없다. 그리고 컴퓨터 프로그래밍도 이 책에서 다루는 부분은 아니다. 다만 프로그래밍이라는 말을 이해하고, 엄격하게 약속된, 미리 정해진 명령어들만 가지고 알고리즘을 서술할 수 있어야 한다는 예를 설

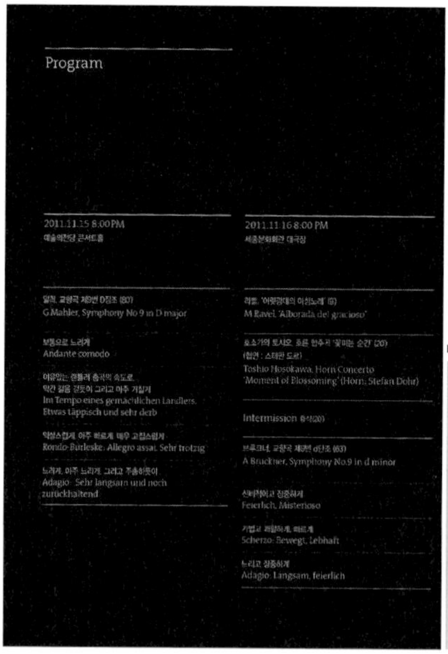

■ 축제개요

| 구분 | 장소 | 시간 | 내용 |
|---|---|---|---|
| 체험이벤트존 | 여의나루역 앞 계절광장 | 13:00~19:00 | 한화 솔리파크 |
| 공식행사 | 63빌딩 앞 선상카페 파라다이스 | 19:00~19:30 | 행사의 시작을 알리는 공식행사 |
| Fireworks Show | 원효대교 ~ 한강철교 | 19:30~19:45 | 캐나다팀 불꽃쇼 |
| | | 19:45~19:50 | 휴식 (5분) |
| | | 19:50~20:05 | 일본팀 불꽃쇼 |
| | | 20:05~20:10 | 휴식 (5분) |
| | | 20:10~20:25 | 프랑스팀 불꽃쇼 |
| | | 20:25~20:30 | 휴식 (5분) |
| | | 20:30~21:00 | 한국팀 불꽃쇼 |
| 클린(Clean) 캠페인 | 행사장전역 | 21:00~22:00 | 한화그룹 임직원 (600명)으로 구성된 한화 봉사단의 클린캠페인 |

명하기 위하여 컴퓨터 프로그래밍을 여기서 이야기하고 있는 것이다.

'컴퓨터 프로그램밍'이라는 말을 사용했는데, 이것은 프로그래밍이라는 단어는 일반적인 단어라는 말을 내포하고 있다. 즉, 프로그래밍을 컴퓨터에서 한다, 컴퓨터에 집어넣는다라는 말이므로, 프로그래밍이라는 말은 컴퓨터가 존재하기 이전에도 인간이 일상에서 사용하던 단어이다.

컴퓨터는 미리 정해진 명령어들만 수행하도록 되어 있다. 따라서, 우리 인간은 알고리즘을 그 컴퓨터가 이해할 수 있는 프로그램 언어로 변환하여 주기만 하면 된다. 정확하게 기술하여 주지 않으면 '에러'가 나게 된다. 다음의 간단한 예를 보도록 하자.

다음 그림은 저자가 2007년에 한국교육학술정보원의 지원을 받아 연구개발한 초등학생용 ICT소양 능력 평가 문제중의 한 문제이다. 초등학교 5-6학년 문제인데 전국 초등학교학생의 31%가 답을 맞추었다. 다시, 본론으로 돌아가서, '문제'가 주어졌고, 단지 '3가지의 명령어'만 주어졌다. 문제 해결은 이들 명령어들을 어떠한 순서대로 '순차적으로 나열'하

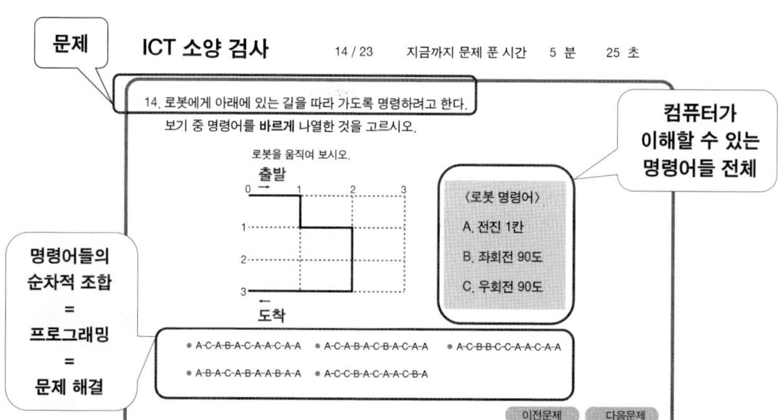

는 것이 된다. 이것이 컴퓨터 프로그래밍의 기본적인 구조이다. 어떠한 프로그래밍 언어를 사용하든지 간에 그 프로그래밍 언어는 한정된 수의 명령어들을 가지고 있고 (아마도 수백 개? 수천 개?), 프로그래머는 그것들을 어떠한 순서로 나열하여 주어진 문제를 해결하는 프로그램을 만드는 것이다.

**활동지** **펜과 종이만으로 프로그래밍 언어 만들어 보기!**

컴퓨터 프로그래밍 언어는, 한정된 개수의 명령어들의 집합과 그들을 어떻게 순차적으로 나열하게 할 것인가에 대한 규칙이라고 할 수 있다. 컴퓨터는 그 명령어들을 차례대로 수행시키는 기계이다. 따라서 그 명령어들은 단순 명확해야 한다. 프로그래밍 언어를 만들 때에는 먼저 명령어들의 집합을 만들어야 하고, 그리고 그들의 구조 규칙을 만들어야 한다.

**활동** 1. 이번 활동에서는 어떻게 명령어들을 정의할 수 있을까에 대한 경험을 해 보도록 하자.(csunpluged.org의 matching orders 활동 참조)

① 수업 중 한 명의 학생이 앞에 나와 카드에 그려진 그림(참조)을 혼자 본다. 그 그림을 나머지 학생들에게 설명한다. 나머지 학생들은 그 설명대로 그림을 그려본다. 학생들은 질문을 할 수도 있고 대화를 할 수도 있다.
② 이번에는 다른 그림을 가지고 같은 활동을 하는데, 질문과 대화는 금지하도록 한다.
③ 이번에는 다른 그림으로 같은 활동을 하는데, 앞의 설명 학생은 다른 학생들 앞에서 몸을 숨겨 얼굴 표정이나 몸 동작을 보지 못하도록 한다. 질문과 대화는 금지하도록 한다.

이것은 컴퓨터 프로그래머가 프로그래밍을 할 때에 비슷한 경험을 하도록 하는 활동이다. 컴퓨터 기계와 오직 명령어만으로 의사소통을 해야 하며, 내가 전달한 명령어들에 의하여 기계가 어떻게 반응할 것인지를 미리 예측하지 못하는 상황이다.

④ 학생들이 그린 그림을 서로 공유하여 보도록 하고, 그 그림을 그리는 데에 필요한 명령어를 가장 적은 개수로 만들어 보자. 그리고 그 명령어를 사용하여 그 그림을 그릴 수 있도록 프로그래밍을 해 보자.

**활동 2.** 이번 활동에서는 특정한 작업을 하도록 하는 프로그래밍 언어를 직접 설계해 보도록 하자. 즉 명령어들을 만들어 보고, 그 명령어들을 나열하는 규칙을 만들어 보자.

① 4-5명으로 팀을 구성하자.
② 팀별로 다양한 작업 주제를 정하도록 하자. 예를 들어 김밥 만들기, 샌드위치 만들기, 교실의 어느 특정한 위치로 가도록 하기, 수학 계산 문제를 풀기 등이 될 수 있다.
③ 정해진 작업에 대하여 필요한 명령어들을 정하도록 하자. 명령어 하나당 카드 한 장에 적어 명령어에 대한 설명도 제공하도록 한다.
④ 작업을 위한 가장 효율적이고 간단한 형태의 명령어들을 최종 결정한다. 변수를 사용하여 일반화된 형태의 명령어를 만들 수도 있다. 예를 들어 "x 미터 직진하시오", "x도 y방향으로 회전하시오." 명령어는 애매모호함이 최소화되도록 정의해야 한다.
⑤ 명령어들의 나열 구조는 기본적으로 선형순차구조이지만, 다른 구조 규칙을 별도로 정의할 수 있다.
⑥ 그 명령어들로 그 작업을 할 수 있다는 것을 시뮬레이션하도록 하자.

이 활동에서는 어떤 특정 작업에 효율적인 프로그래밍 언어를 설계하는 과정을 경험해 보게 한다.

## 5.4. 문제 해결을 위한 창의적 아이디어

이전 단원에서는 내가 문제 해결 방법을 가지고 있을 때, 그 방법을 알고리즘으로 표현하는 방법에 대하여 살펴보았다. 즉 알고리즘은 문제 해결에 대한 나의 아이디어이며 생각이다. 그것이 프로그램으로 바뀌어 컴퓨터에서 돌아가게 되는 것이므로, 프로그램 된 컴퓨터는 결국 어떤 사람의 생각과 아이디어가 기계로 구현된 것이라고 할 수 있다. 컴퓨터 소프트웨어는 누군가의 아이디어이며 생각의 산출물이다. 내가 어떠한 컴퓨터 소프트웨어를 사용한다는 것은 어느 누군가의 생각과 아이디어를 사용하고 있다는 것을 말한다. 그럼 이제 남은 것은 문제 해결에 대한 창의적인 아이디어와 생각은 도대체 어떻게 이끌어 낼 수 있을까이다. 그것은 전적으로 사람의 몫이다. 하지만 알고리즘을 만들어 내는 과정은 그 아이디어와 생각을 이끌어 낼 수 있게 도와준다. 명확하고 정확하고 효율적인 해결 방법을 만들 수 있도록 도와준다.

**문제 해결 아이디어를 정리하는 방법**(알고리즘으로 만들기 전에)

우리가 어떤 문제를 바라보고 그 문제를 해결할 수 있다는 생각이 들면 (혹은 과거에 그 문제를 별 어려움 없이 해결한 경험이 있다면), 우리의 머릿속에는 그 문제 해결 알고리즘이 이미 존재한다는 것이다. 이렇게 우리가 이미 알고 있는 문제 해결 방법이 있거나 문제 해결에 필요한 input이 무엇인지 분명할 때에는 (우리가 지금까지 본 예와 같이) 큰 어려움이 없었으나, 그렇지 않은 경우들이 우리가 해결해야 하는 것들의 대부분이다.

하나의 예를 보자.

**대형 할인 매장에서 계산대 줄 고르는 문제**

대형 할인 매장에서 어느 라인에 서야지 가장 빨리 계산하고 나갈 수 있을까. 어느 줄에 서는 것이 시간이 가장 짧게 기다릴 수 있을까? 당신은 이미 당신의 방법을 가지고 있다. 아무 생각 없이 무작위(random)로 아무 계산대에 설까? 혹은 어떠한 자신만의 규칙에 의하여? 그 규칙은 효율적인가? 우리의 머릿속에 존재하는 그 알고리즘에 대하여 생각해 보자. 자신의 경험을 기억해 보면, 자신은 분명히 어떠한 규칙, 혹은 알고리즘에 의하여 행동했음을 알 수 있다. 자신의 행동을 결정지은 그 알고리즘을 pseudo-code로 작성해 보자.

먼저, 어떤 것을 input으로 사용할 것인가를 생각해 봐야 한다. 그 input을 사용하여 나의 알고리즘이 기술될 것이기 때문이다. Output은 어느 특정한 계산대가 될 것이다. 대략 생각할 수 있는 input으로는 줄의 길이, 카트에 담긴 물건의 양, 줄에 있는 사람의 나이, 성별, 계산대의 계산원의 일하는 모습, 표정 등이 내가 지금까지 경험적으로 나의 의사결정에서 사용했던 요소들이다. 문제 해결을 위한 알고리즘에서 input도 내가 정해 줄 수가 있구나! 문제 해결의 창의성은 input을 정확하게 선택하는 것에서부터 시작된다. input에 줄의 길이만 사용한 것과, 그 보다 더 많은 것을 사용한 것과는 알고리즘의 모양이나 질에 많은 차이가 생긴다.

**사람의 얼굴을 인식할 수 있는 문제**

우리는 사람의 얼굴을 구별할 수 있다. 그 사람이 안경을 쓰거나 모자를 써도 우리는 구별할 수 있다. 우리의 뇌는 사람의 얼굴을 어떻게 구별을 해 낼 수 있을까? 얼굴의 정보에서 어떠한 요소의 정보를 이용하여 그가 옥주현이 아니라 이효리 임을 인식해 낼 수 있을까?

당신의 뇌 속에는 이미 얼굴을 구별하는 알고리즘이 들어 있다. 그것을 사용하면 된다. 그런데 문제는 아쉽게도 내가 나의 뇌를 모른다는 것이다.

이런 난감한 경우에는 몇 가지 실험을 해서 나의 뇌를 테스트해 볼 수가 있다. 먼저, 얼굴 정보에서 어떠한 요소의 정보가 우리의 뇌에서는 인식에 사용되는지가 궁금하다. 먼저, 안경을 쓴 경우에 우리는 그가 누구인지 구별하는가? 그렇다. 만약에 커다란 검은 선글라스를 쓴 경우에는? 경우에 따라 인식을 할 수도 있고 좀 가물가물할 수도 있다. 이것으로 우리는 눈의 정보가 중요 요소임을 알 수 있다. 조금의 noise도 상관 없다. 복면을 하면? 어떠한 정보도 받을 수 없으므로 인식하지 못한다. 감기 마스크를 쓴 경우에는? 이런 식의 실험을 반복해서 하면 우리는 중요 정보 요소를 정할 수 있다. 그러면 그 정보 요소를 가지고 어떠한 알고리즘을 만들어 인식에 사용할 것인가?

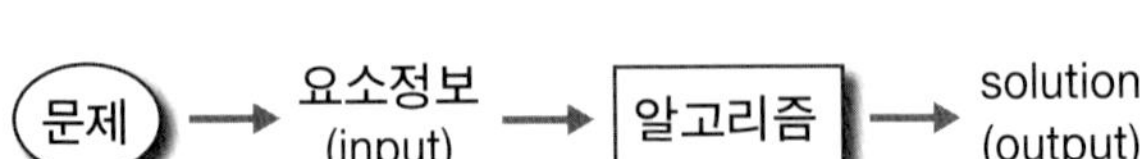

얼굴 인식 시스템의 한 예를 보도록 하자.

이 문제 해결에서는, 얼굴의 각 중요 부분을 서로 연결한 그래프 형태로 얼굴 정보를 표현하고, 이 그래프에서의 각 부분들 간의 비율로써 같은 사람인지 내가 알고 있는 어떤 사람인지를 인식한다.

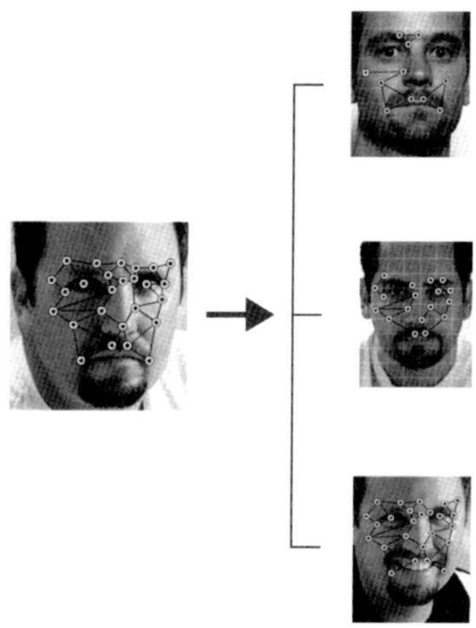

다른 예를 보도록 하자. 필기체 숫자 인식을 하는 프로그램의 예*인데, 숫자를 펜이나 손가락으로 쓰면, 그것을 가지고 그 숫자가 무엇인지를 알아내는 프로그램을 만드는 것이다. 우리는 누구나 손으로 쓴 숫자를 인식한다. '어떻게' 우리의 뇌가 그것을 인식하는지 한번 생각해 보자. 〔만약 당신이 그것을 명확하게 명시적으로 정의할 수 있고 그것을 그대로 프로그램으로 만든다면, 당신은 필기체 숫자 인식 프로그램을 만든 것이다. 그리고 그 프로그램은 당신의 생각을 구현한 것이고, 다른 사람은 또 그 사람의 생각을 구현할 수 가 있을 것이다. 세상 사람들은 더 좋은 '생각'을 구매하게 될 것이다.〕

* 2002년에 우리 학과의 4학년 학생이 졸업 프로젝트로 구현하여 제출한 프로그램의 예임.

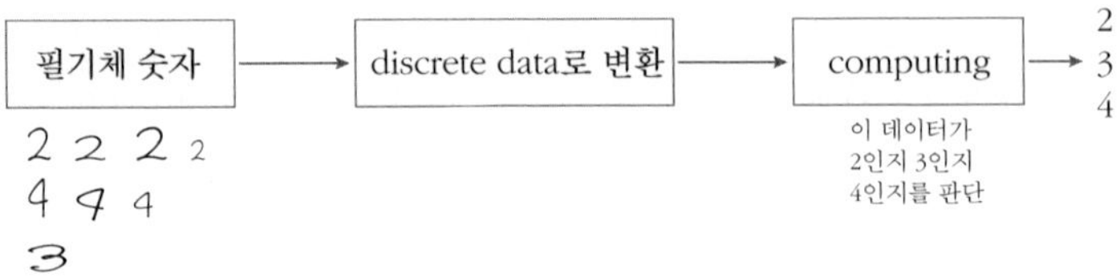


이 그림을 보자. 즉 사람이 숫자로 쓰면, 그것을 어떠한 형태의 data로 변환해야 하는데, 그 변환된 데이터는 내가 원하는 목적의 computing을 잘 할 수 있는 형태여야 한다.

만약 필기체 숫자를 bitmap으로 표현하면

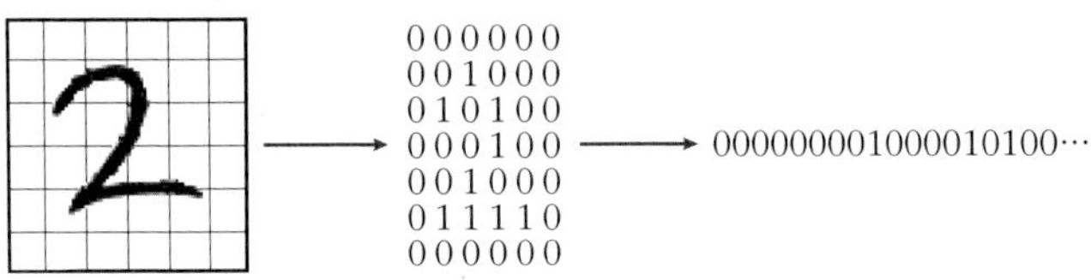


와 같이 변환되어 우리는 000000001000010100000100001000011110000000이라는 숫자에서 어떤 computing을 적용하여 이것이 2인지, 3인지를 판별하겠는가?

또 다른 방법은, 아마도 조금 전의 비트맵 데이터를 사용하는 것보다는 사람이 글자를 인식하는 방법에 조금 더 비슷할지도 모른다.

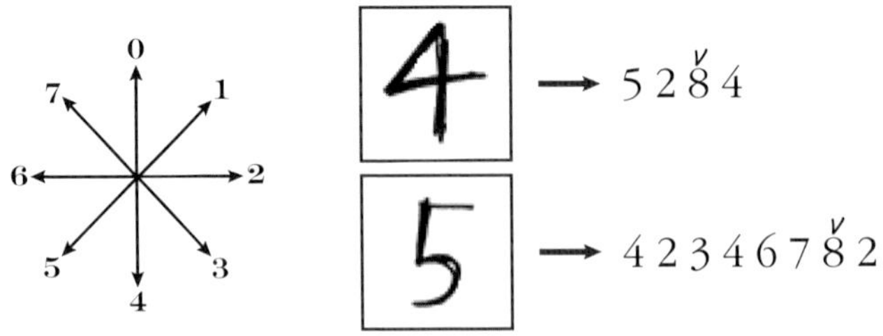

숫자를 쓰는 방향을 (즉 붓을 놀리는 방향을) data로 변환한다. 끊어짐도 함께 표현한다. 그렇게 하여 각 숫자는 일련의 벡터 값으로 변환되고, 그것은 각 숫자가 가지고 있는 기준 벡터 값과 비교하여 가장 유사한 숫자가 당첨된다.

우리가 가지고 있는 문제 해결 전략, 컴퓨팅 모델에 따라서 문제 상황은 다른 분해가 필요할 것이다. 필기체 숫자의 예를 보면, Bitmap은 각 pixel의 색깔만을 데이터 표현의 요소로 잡았고, vector는 글자 모양의 방향을 데이터 표현의 요소로 잡았다. 먼저 요소를 결정하고, 원 데이터를 요소에 의하여 재표현해야 한다. 재표현된 요소 정보를 가지고 적절한 computing을 한다.

*창의적인 문제 해결 아이디어*

다행스럽게도, 우리는 우리가 실생활에서 해결하고 있는 많은 문제들에 대한 우리 자신만의 방법을 가지고 있다. 십진수를 이진수로 바꾸는 것, 아침에 이를 닦는 것, 고스톱을 잘 쳐서 돈을 따는 것, 한 달 용돈을 효율적으로 사용하는 것 등, 이러한 문제들을 우리는 '잘' 해결하고 있다. 어떻게? 잠재적으로 우리의 머릿속에 저장되어 있는 어떠한 '절차적인 지식'에 의하여. 더 똑똑한 사람은 더 효율적으로, 그리고 더 창의적으로 문제를 해결하는 방법을 알고 있을 것이다. 하지만 무의식적으로 잠재적으로 사용하고 있는 당신의 그 '절차적 지식'을 종이 위에 구체적으로 적을 수 있는가? 그리고 종이에 적은 그 절차를 다른 사람, 혹은 바보(컴퓨터)에게 주고 그대로 따라 하라고 했을 때, 내가 그 문제를 해결하는 것과 똑같이 그가 문제를 해결하게 할 수 있을 것인가? 나의 방법이 아무리 창의적이라 할지라도 그것을 '정확하게' 표현하지 못하면 사용할 수 없을지도 모른다.

우리가 일상생활에서 쉽게 접하지 못하는 문제를 만났을 때, 우리는 사람마다 다른 해결 방법을 생각하게 될 것이다. 어느 것은 다른 것보다 더 효율적이고 창의적일 것이다. 그것을 구체적으로 절차로서 표현하여 봄으로써 우리는 더욱 창의적이고 효율적인 방법을 발견해 낼 수 있다.

**Warming Up!: 가벼운 당구공 고르는 문제**

다음의 문제를 당신에게 주었을 때, 당신은 어떠한 해결 방법을 생각해 낼 수 있는가?

"똑같이 생긴 당구공 7개가 있다. 6개는 무게가 같은데, 하나는 무게가 적게 나간다. 당구공을 얼마든지 올릴 수 있는 커다란 접시를 양쪽에 달고 있는 양팔저울이 있다. 이 저울을 이용하여 무게가 적게 나가는 당구공을 찾아내야 한다. 단 저울을 가장 적게 사용해야 한다. 저울을 몇 번 이용해야 하는가?"

1분 안에 답을 내 보시오.

Input은 무엇인가?

Output은 무엇인가?

Algorithm은?

답은 '두 번'이다.

이 문제를 일반화시켜 보자. 즉 n개의 당구공이 있고 그중의 하나만 다른 공에 비하여 가벼운 것이라고 하자. 그러면 저울을 몇 번 사용하면 될 것인가? log_2(n)

log_2는 2로 나눌 수 있는 횟수를 말하는 것이다. 즉 log_2(4)=2는 4를 2로 두 번 나눌 수 있다는 말이다. $\log_2 7$=2.***이므로 2번이다. $\log_2 8=3$이므로 3번이다.

하지만 여기서 우리는 전체 당구공을 계속 이등분해 나가면서 나머지

반을 없애 나가는 전략을 사용하고 있기 때문에 log_2를 사용하고 있음을 기억하자. 그런데 당구공이 8개일 때를 가만히 생각해 보면, 양팔 저울 각각에 4개씩 놓아서 이등분하는 것보다, 3개는 왼쪽 팔에, 3개는 오른쪽 팔에 놓고 2개는 바닥에 놓으면, 세 그룹으로 분리하는 것이고, 그중에 하나의 그룹을 골라서 마찬가지로 한 번만 무게를 재면 가장 적은 무게의 당구공을 찾을 수 있음을 알 수 있다. 그러면 당구공이 9개일 때에도 마찬가지로 두 번 만에 '그' 공을 찾을 수 있을 것이다. 하지만 10개일 때에는 삼등분을 하면 3-3-4가 되므로 4는 최소 2번의 비교를 해야 하므로 3번 만에 '그' 공을 찾을 수 있다. 이렇게 3등분을 하여 그중에 한 그룹만 골라가는 과정을 반복하여 '그' 공을 찾을 수 있으므로 우리는 log_3을 사용하면 된다. 즉 ceiling(log_3(n))이 '그 횟수'가 된다.

#### Warming Up!: Traveling salesman 문제

> "4개의 도시 A, B, C, D 간에는 비행기 직항로가 연결되어 있다고 하자. A-B는 1시간, A-C는 3시간, A-D는 2시간, B-C는 4시간, B-D는 5시간, C-D는 8시간 걸린다고 하자. 도시 A에서 출발하여 각 도시를 한 번씩만 들려서 다시 A로 돌아오는데 가장 빠른 시간 안에 돌아올 수 있는 경로는 무엇인가?"

모두 6가지 경우가 나온다. 각 경우의 거리를 계산하여 그 6가지 중에서 가장 짧은 것을 선택하면 된다. 이 문제를 일반화시켜 보자.

즉 n개의 도시가 있다고 해 보자. 모든 경우는 (n-1)!이 된다. 만약

n=100이라면 99!≒$10^{156}$이 된다. 만약 하나의 경우의 거리를 계산하는데 (조금 느린) 컴퓨터로 1초가 걸린다고 가정한다면, 99!/(365일×24시간×60분×60초) = 2.9×$10^{148}$년이 걸린다는 것이다. N=10만 되어도 0.115년이 걸린다. 즉 42일이 걸린다는 것이다.

이러한 문제는 일반화된 n에 대하여 효율적인 알고리즘이라고 할 수 없다 (정확하기는 하지만! 즉, 틀린 알고리즘은 아니지만!) 왜냐하면, 지구가 멸망해서 사라질 때까지도 우리는 답을 알게 될 확률이 없기 때문이다. 우리는 정확하며, 그리고 '효율적인' 알고리즘을 원한다.

이러한 종류의 문제를 possible, but practically impossible(가능은 하지만 현실적으로는 불가능)한 문제라고 한다.

자, 여기까지 살펴본 문제들을 다시 정리해 보자.

어떠한 문제(세상의 문제)가 주어졌을 때, 그 문제를 추상화하여 그 문제를 효율적으로 해결할 수 있는 창의적인 아이디어를 만들어 낸다.

- 그 창의적인 아이디어는 수학적 논리에 의거한 규칙일 수도 있고(당구공 문제),
- 단순한 작업을 반복하게 함으로써 문제를 해결할 수도 있다 (Traveling Salesman Problem).

어떤 문제 해결 방법을 수학적 논리를 가진 규칙으로 표현하는 것은 매우 창의적인 것이다. 이미 있는 수학적 규칙을 적용하는 것 이외에도 문제 해결을 위하여 내가 나름대로 수학적 규칙을 만들어 낼 수 있다. 세상의 문제를 관찰하여 내 나름대로 그 세상이 흘러가는 현상을 하나의 규칙으로 만들어 보고, 그 규칙에 의하여 세상이 흘러가는 것을 확인하는 것은 무척이나 흥분되고 또한 재미있는 일이다.

**읽어보기**

**교육용 프로그래밍 언어 3가지(스크래치, 프로세싱, 파이썬)**

교육용 프로그래밍이란 범용 프로그래밍 언어의 교육적 활용의 단점을 보완하고자 만든 언어로 주로 학습도구로 사용하기 위한 목적으로 설계된 프로그래밍 언어이다(안상진 외, 2012).

**스크래치(Scratch)**는 아이들에게 그래픽 환경을 통해 컴퓨터 프로그래밍에 관한 경험을 쌓게 하기 위한 목적으로 설계된 프로그래밍 언어 및 환경이다. MIT 미디어 랩에서 유치원 아이들을 위한 프로젝트로 개발되었으며 무료로 제공되고 있다. 스크래치를 이용하면 상호작용적인 이야기, 게임, 애니메이션을 직접 프로그래밍하고 온라인 커뮤니티에서 다른 사람들과 공유할 수 있다.

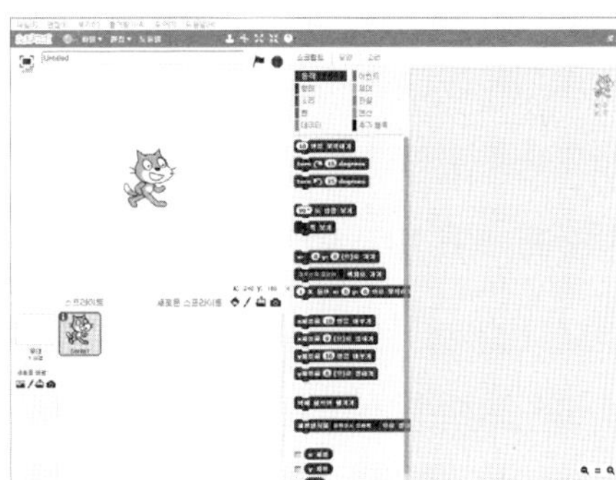

작성 방법은 스크립트 목록에 있는 명령어 조각들을 작업대에 끌어다 놓고 블럭 맞추기를 하듯 각 모듈의 요철을 맞추어 가며 알고리즘을 구성해 나간다. 복잡하고 까다로운 문법을 신경쓰지 않고 알고리즘 자체에만 집중할 수 있어서 편안한 프로그래밍 환경을 제공한다.

**프로세싱(Processing)**은 오픈 소스 프로그래밍 언어이자 통합개발환경(IDE)으로, MIT 미디어 연구소에서 만들었다. 프로세싱은 테크놀로지를 이용한 visual arts와 visual literacy를 쉽게 표현할 수 있도록 하며, 다양한 그래픽, Animation에 관련된 풍부한 라이브러리를 제공하고 있다. 초기에는 소프트웨어 스케치북으로 사용되거나 컴퓨터 프로그래밍 교육을 위해 만들어졌는데 점차 전문적인 개발 툴로 발전하였다. PC용은 물론 안드로이드 앱 개발도 가능해서 학생, 예술가, 디자이너, 연구자 그리고 취미생활자에 이르기까지 다양한 사람들이 프로세스를 사용하고 있다.

작성 방법은 편집기에서 텍스트 명령어를 이용하여 코드를 작성하면 바로 실행시켜 볼 수 있으며 보여 주기 화면을 통해 visual한 실행 결과를 확인해 볼 수 있다.

**파이썬(Python)**은 1991년 프로그래머인 귀도 반 로섬(Guido van Rossum)이 발표한 고급 프로그래밍 언어로, 플랫폼 독립적이며 인터프리터식, 객체 지향적, 동

적 타이핑(dynamically typed) 대화형 언어이다. 파이썬은 비영리의 파이썬 소프트웨어 재단이 관리하는 개방형, 공동체 기반 개발 모델을 가지고 있으며 무료로 제공되고 있다.

파이썬 언어의 가장 큰 특징으로는 들여쓰기를 사용해서 블록을 구분하는 독특한 문법을 채용한다는 점이다. 또한 코드 작성 후 즉시 실행되는 특징을 갖고 있다.

현재 가장 최신 버전으로는 파이썬 3.x이 나와 있으며, 파이썬 2.x와는 호환이 되지 않는다.

# 6. 알고리즘과 데이터 구조

우리는 앞 장에서 input을 output으로 변환시키는 과정으로서 알고리즘을 설명하였다. 만약에 데이터가 매우 산만하게 흩어져 있다면 (어질러져 있다면) 그 데이터의 처리를 알고리즘에서 효율적으로 기술하기 힘들 수 있다. 반면에 데이터를 의도하는 어떠한 형태로 구조화(structured)시켜 놓으면 알고리즘을 효율적으로 만들어 낼 수 있다. 데이터를 구조화시켜 놓음으로써 데이터의 효율적인 접근 방법과 저장 방법을 가질 수 있고 효율적인 알고리즘을 기술할 수 있게 된다.

## 6.1. 구조화시켜 놓으면 관리와 통제가 쉬워진다

예를 들어 어느 한 학교를 생각해 보자. 학교에는 수천 명의 학생들이 있다(데이터들). 학교는 교실이나 실습실과 같은 한정된 학교 시설 내에서 효과적인 수업 계획, 시간표 관리, 성적 처리, 학생 관리, 입학 관리, 졸업지도 등 많은 업무를 수행하여야 한다(알고리즘들). 그를 위하여 '개념적'으로 수천 명의 학생들을 효과적으로 '구조화'하여 그러한 업무들을 효율적이고 빠르게 수행할 수 있다. 그러한 구조들의 예로서, 학생들에게 학생번호와 반, 학년을 부여하고, 혹은 과목별 성적에 따라 등급을 나누어 관리하기도 하고, 교실에서는 키 순서대로 혹은 이름 순서대로 자기 자리를 정하여 앉게 한다던가 등의 기본적인 구조 체계를 들 수 있다. 어떠한 구조를 사용하느냐에 따라서 앞에서 언급한 학교 업무를 얼마나 효율적으로 수행할 수 있는가에 영향을 줄 수 있다.

우리는 많은 데이터를 computing하고 처리하고자 한다. 이들 데이터를 어떤 구조로 관리하느냐에 따라서 그 데이터를 사용하는 알고리즘이나 프로그램이 얼마나 효율적으로 일을 수행할 수 있느냐가 결정될 수 있다고 할 수 있다. 많은 데이터 구조들이 그동안 연구되어 제공되고 있어서 어떠한 알고리즘 개발이나 프로그래밍을 할 때 적절한 데이터 구조들을 선택하여 사용할 수 있도록 하고, 혹은 적합한 새로운 데이터 구조를 만들어 내어 사용할 수 있도록 한다.

### Array(배열)

여기서는 가장 간단한 형태의 자료 구조(데이터 구조, data structure)인 array(배열)에 대하여 살펴보도록 하자.

일반적으로 여러 개의 데이터를 기억시키기 위해서는 각각의 데이터에 대한 변수 이름을 필요로 할뿐만 아니라, 이를 위한 많은 기억 장소를 필요로 한다. 따라서 같은 형태의 데이터 집단을 처리하기 위한 경우에는 배열(Array)을 사용하여 처리 방법을 간소화할 수 있을 뿐만 아니라 기억 장소의 낭비도 막을 수 있다.

같은 종류의 데이터들이 많이 있고, 그들을 반복해서 사용해야 하는 경우에는 배열을 사용하면 편리하다. 그들을 모두 배열에 집어넣고, 배열

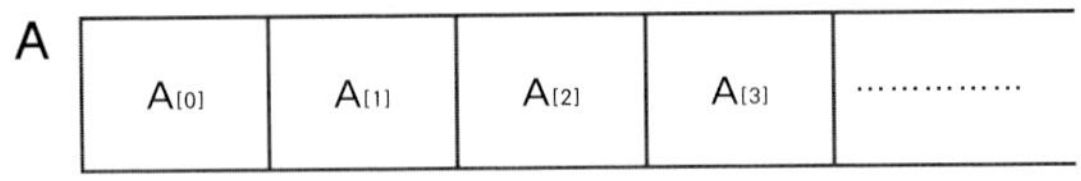


일차원적 배열

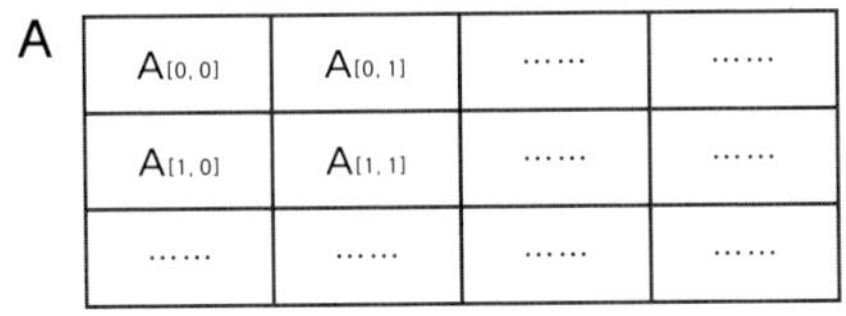


이차원적 배열

의 이름과 index만 사용하여 그 데이터에 접근할 수 있다.

우리가 일상에서 사용하고 있는 많은 경우가 바로 이 array(배열)을 사용하고 있는 경우이다. 예를 들어, 한 반의 학생들에게 번호를 매기게 되면, 그 반의 학생들은 1번부터 40번까지 차례대로 번호가 매겨지게 된다. 모든 학생은(데이터는) 고유한 번호를 가지게 된다. 선생님은 그 번호를 가지고 여러 가지 업무(알고리즘)를 볼 수 있게 된다. 이때 이와 같이 번호를 가지고 반 학생들을 "구조화"시키면 이것은 일차원 배열을 사용한 것이며, 각 학생들에게 부여된 번호는 그 배열의 index가 된다. 반 이름이 "진달래반"이라고 한다면, 그 반 학생들은 일차원 배열을 사용하여 "진달래[1], 진달래[2], 진달래[3] … 진달래[40]"과 같이 구조화할 수 있다.

자 그럼 이번에는, 삼학년에는 7개의 반이 있다고 가정해 보자. 한 반에 40명이면 280명의 학생이 있을 것이다. 삼학년이라는 이름의 일차원 배열을 사용하면 "삼학년[1], 삼학년[2] … 삼학년[280]"과 같이 구조화할 수 있을 것이다. 좀더 효율적으로 구조화하려면 각 반의 번호와 그 반에서의 학생 번호로 indexing하면 될 것이다. 그러면 삼학년[반번호, 반에서의 학생번호]의 형태로 표현할 수 있다. 두 가지 index가 사용되므로, 이것을 이차원 배열이라고 부른다. "삼학년[1,1], 삼학년[1,2], … 삼학년

[1,40], 삼학년[2,1] … 삼학년[7,40]"과 같이 모든 학생들을 indexing할 수 있으며, 이것은 효율적인 업무처리(즉, 알고리즘)에 더 적합한 구조일 수 있다. 더 나아가 그 학교 모든 학생을 포함하는 데이터 구조를 만들려면, index를 하나 더 사용하여, 즉 "학년"이라는 index를 더 사용하여 삼차원 배열로 구조화할 수도 있다. 그렇게 되면, "옥천고등학교[학년, 그 학년에서의 반 번호, 그 반에서의 학생번호]"에 의해 그 학교의 모든 학생(즉, 데이터)들을 indexing할 수 있게 된다. 그러면 알고리즘은 그 데이터 구조의 인덱스만 사용하여 기술하면 되므로 알고리즘이 훨씬 간단하고 일반화될 수 있다.

> Array(배열)은 데이터를 집어넣는
> 하나의 "틀"이라고 (구조의 틀이라고) 생각하자.

질문 있어요

**왜 배열의 index번호를 1부터 시작하지 않고 0부터 시작하나요?**

0부터 시작해도 되고 1부터 시작해도 됩니다. 다만, 한 가지로 정해서 일관성 있게 사용하면 됩니다. 0부터 시작하는 이유는, 대부분의 컴퓨터 프로그래밍 언어에서는 배열의 index을 0부터 시작하고 있기 때문에, 혹시 프로그래밍을 나중에 할 때 혼란스러워할까봐 이 책에서도 0부터 시작하는 것으로 하고 있습니다.

**문장을 reverse시키는 문제**

"어떠한 문장이 있을 때, 그 문장의 철자를 거꾸로 보여 주는 알고리즘을 만드시오."

예를 들어 문장 'I LOVE YOU'가 input으로 들어갔을 때 'UOY EVOL I'로 출력시키는 알고리즘을 생각해 보자.

배열을 사용하지 않았을 경우, 한번 알고리즘을 만들어 보시오. 이 알고리즘은 '어떠한 문장이 들어오더라도 상관없이' 모두 그 문장을 거꾸로 보여 줘야 한다. 이러한 일반화된 알고리즘을 데이터 구조 없이 만드는 것은 거의 불가능하다.

배열을 사용했다고 한다면,

Input 문장이 배열(array)에 저장되어 있다고 가정하자. 즉 배열이라는 '구조' A에 input data가 있다고 가정하자.

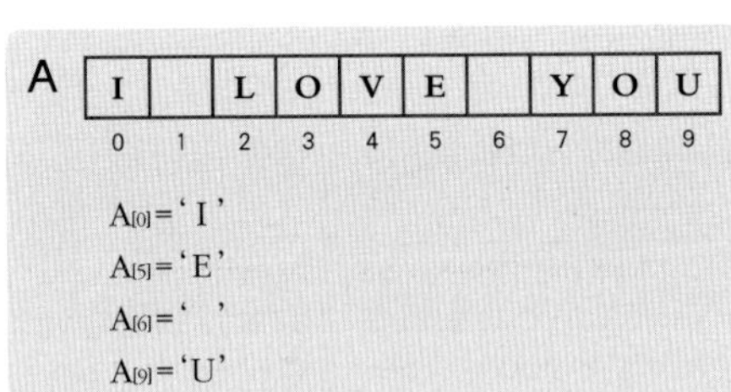


이렇게 되면 알고리즘을 기술하기가 좀더 편리해진다. 먼저 생각나는 대로 알고리즘을 가볍게 기술해 보자.

① 배열 A의 크기와 같은 크기의 배열 B를 만들고 모두 빈칸으로 채운다. 배열 A의 크기를 A Size라고 하기로 하자.

② 배열 A의 첫 칸(즉, A[0])에서 시작하여 제일 끝 칸까지 반복하여 다음을 수행한다.

②-1 A[칸 번호] 데이터를 B[A size - A의_칸 번호]에 넣는다.

③ 배열 B를 출력한다.

이 알고리즘을 좀더 컴퓨터 명확하게 자세하게 표현하면 다음과 같이 기술할 수 있다.

Input: array A에 문장의 각 문자가 indexing되어 들어 있다.

Output: array B 에 A에 있는 문자들이 reversed된 순서로 들어 있다.

Algorithm:

```
def reverse(A):                # 알고리즘(함수) 이름
    B = [None]*len(A)          # 배열 A와 같은 사이즈의 빈 배열 B를 만들자
    i = 0                      # index번호를 i라고 하고 i는 0부터 시작하자
    while i < (len(A)) :       # index번호 i가 배열 A 크기보다 작으면 아래
                                 명령어들을 반복적으로 수행하자
        B[len(A)-1-i] = A[i]   # A에 있는 i번째 데이터를 B의 [A크기-1-i]번째에
                                 채워넣자
        i = i + 1              # index 값을 1 증가시키자
    return B                   # 배열 B를 출력하자
```

여기서 A와 B는 배열의 이름이고, A Size와 i는 변수(variable)이다.

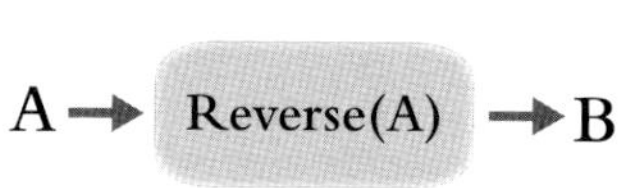


혹은 다음과 같이 기술할 수도 있다.

```
i = 0
while i < (len(A)/2) :
    A[i], A[len(A)-1-i] = A[len(A)-1-i], A[i]  #swap
    i = i + 1
return A
```

### 자료구조(data structure)의 선언, 그리고 초기화

앞의 예에서 우리는 array A에 이미 데이터들이 저장되어 있는 것을 가정했다. 실제로는, 데이터 구조 자체도 알고리즘에서 선언을 해 줘야 한다. 즉, "이 알고리즘에서는 array A라는 것을 사용하도록 하겠다"라고 선언을 해 줘야 한다는 것이다. 그리고 array인 경우에는 그 size도 미리 지정해 두어야 한다. (모든 프로그램이 다 그런 것은 아니지만 대부분 그렇게 하고 있다.)

앞서 언급되었듯이 배열(array)은 그 배열 안의 모든 데이터들은 모두 같은 타입(유형)이어야 한다. 즉, 모두 같이 자연수(integer)이거나, 모두 같이 실수(floating-point)이거나, 혹은 모두 같이 문자(character)이거나 하여야 한다. 그래야만 그 자료 구조를 사용하는 알고리즘이 복잡해지지 않기 때문이다. 앞서 예를 든 학교에서의 비유에서도 진달래[i]하는 배열에는 그 반의 학생들만 들어가야지, 진달래[5]에는 학생이, 진달래[8]에는 빗자루가, 진달래[15]에는 담임선생님이 들어가 있다면, 원래 그 자료 구조를 사용하려는 목적, 즉 효율적인 학급학생 관리 업무(즉, 알고리즘)이 힘들어질 수 있기 때문이다.

자, 이제 배열을 선언해 보자.

```
A = [ ]             # 빈 배열 A 선언
A = [None] * 5      # 배열 A는 데이터가 비어 있는 5칸짜리 배열로 선언
```

그러면 배열의 초기값은 어떻게 지정할 것인가?

배열을 처음에 선언할 때, 함께 초기 값을 지정할 수 있다. 만약 지정하지 않으면 빈칸으로 초기화 된다. 지정 값으로 초기화하는 예를 보자.

```
A = [3, 5, 7, 10, 22]        #A[0]에는 정수 3이, A[4]에는 정수 22가 들어가 있다
weight = [71.2, 52.3, 63.8]
MyLastName = ['K', 'I', 'M']
StudentName = ['Kim', 'Park', 'Lee', 'Cho']
```

그러면 다시 'I Love You' 문제에 대한 알고리즘을 다시 한 번 살펴보자.

```
A = ['I',' ','L','O','V','E',' ','Y','O','U']
B = [None]*10
i = 0
while i < (len(A)) :
    B[len(A)-1-i] = A[i]
    i = i + 1
return B
```

이번에는 이 문제를 좀더 일반화시켜서, 어떠한 문장이 들어오더라도 그 문장을 reverse시키는 알고리즘으로 표현하여 보자. 이 알고리즘으로의 input은 문장이 들어 있는 배열 A, 그리고 배열 A의 크기 n, 이렇게 둘이고 output은 reversed된 문장이 들어 있는 배열 B라고 하자.

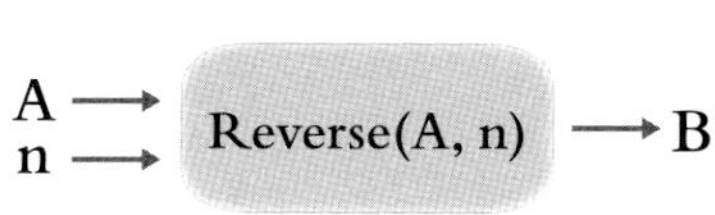

같은 내용을 일반화시켜 어떠한 문장이 들어오더라도 문장을 reverse 시키는 알고리즘을 표현해 보자.

**case1) 문장 A와 배열 크기 n을 입력받은 경우**

```
def reverse(A, n):
        B = [None]*n                    #[None]은 비어 있는 배열
        i = 0
        while i < n:
                B[n-1-i] = A[i]
                i = i + 1
        return B
```

**case2) 문장 A만 입력받은 경우**

```
def reverse(A):
        B = [None]*len(A)                    #[None]은 비어 있는 배열
        i = 0
        while i < len(A) :
                B[len(A)-1-i] = A[i]
                i = i + 1
        return B
```

데이터를 구조화하는 이유를 다시 한 번 정리해 보자. 비슷한 특징과 성격을 갖는 data를 일정한 구조로 정의함으로써 data를 효율적으로 다루고 따라서 효율적인 알고리즘을 만들 수 있다. 문제 해결에 있어서 data에 대한 충분한 이해는 필수적이며 data의 구조화는 이러한 충분한 이해를 돕는다.

또 다른 종류의 자료 구조(data structure)의 예를 보도록 하자.

**카드 게임**

카드 게임에 대한 문제가 있다고 하자. 그 문제 해결에서 사용하게 될 데이터는 카드에 대한 데이터이다. 카드는 4가지의 그림이 있고 각 그림마다 13개의 다른 번호를 가지고 있다. 따라서 4×13 = 52장의 카드가 있다. 이 52가지의 다른 데이터를 어떻게 구조화할 수 있을까?

52개의 카드를 배열(array)로 구조화시키면 될까. 어떻게 구조화할까. Card라는 배열을 크기 52로 선언하고, 각 칸에는 그 card의 모양과 숫자를 '함께' 쓰면 좋을 텐데.

> 배열의 각 칸의 원소의 데이터타입을 내가 직접 정의하여 사용해 보자!

배열의 한 칸의 데이터 모양이 다음(왼편)과 같이 되게 하면 된다. 그러면 배열의 모양은 아래의 오른편 그림과 같이 될 것이다.

| shape |
|---|
| number |

| ♥ | ♣ | ♠ | ◆ | … | ♥ | ♣ | ♠ | ◆ |
|---|---|---|---|---|---|---|---|---|
| 1 | 1 | 1 | 1 | … | 13 | 13 | 13 | 13 |

내가 데이터 타입을 내가 원하는 대로 만들어 보자.
Card라는 이름의 데이터 타입을 만들어 보자.

우리가 52장의 card를 배열로 선언하고자 한다면 다음과 같이 하면 된다.

초기값을 지정하려면 다음과 같이 한다.

```
mycard=[('heart',1),('clover',1),('spade',1),('diamond',1),('heart',2),('clover',2),('spade',2),('diamond',2)…]
```

알고리즘에서 이 배열을 사용하는 방법은 다음과 같다.

```
>>> mycard[7]
('diamond',2)
>>> mycard[7][0]
'diamond'
>>> mycard[7][1]
2
```

즉 그림으로 표시하면 다음과 같이 된다.

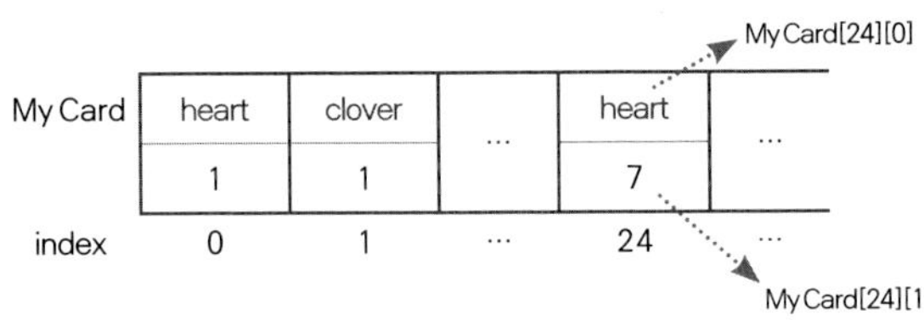


class에 대한 이해를 돕기 위한 예를 하나 보도록 하자.

### student의 class

내가 해결해야 하는 문제에는 우리 반 학생들에 대한 data를 사용하여야 한다. 우리 반 학생들은 모두 30명인데, 이들 data를 어떻게 구조화하여야 할까.

'학생'이라는 class를 만들자. 학생이라는 변수 속에는 그 학생의 이름, 학번, 성별, 성적 의 data를 포함하도록 하고 싶다. 다음과 같이 class를 정의할 수 있다.

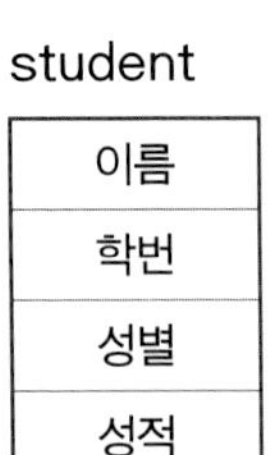


```
class Student:
  def __init__(self): # 객체 초기화
    self.name = "Default Name"
    self.idnum = "0000"
    self.gender = "M"
    self.gpa = 0.0
```

그러면 이제 학생 class를 이용하여 우리 반 학생들 개개인의 instance object를 생성할 수 있다.

```
s[1] = Student()
s[1].name = "Kim Sook"
s[1].idnum = "1234"
s[1].gender = "F"
s[1].gpa = 3.5
```

## 6.2. 데이터 구조 — 좀더 일반적인 알고리즘

데이터 구조 사용의 장점 중 하나는 데이터 구조를 사용함으로써 데이터와 알고리즘을 분리시킬 수 있고, 그럼으로써 좀더 일반적인 알고리즘을 만들 수 있다는 점이다. 또한 만들어진 알고리즘을 다른 곳에서 재활용하기가 수월해질 수도 있다. 즉 다시 말하면, 배열과 같은 데이터 구조를 사용하면 알고리즘은 단지 그 배열의 이름과 index만 가지고 알고리즘을 만들 수 있다. 따라서 어떠한 데이터가 들어오더라도 그 데이터를 그 배열 속에만 넣기만 한다면 알고리즘은 고칠 필요 없이 새로운 데이터들에 대하여 처리를 할 수 있을 것이다. 만약 데이터 구조를 사용하지 않는다면 알고리즘은 데이터 자체를 가지고 기술되어야 하며, 데이터가 바뀌면 알고리즘도 새로이 다시 기술해야 하는 비효율성을 가지게 될 수 있다.

다음의 문제는 이러한 장점을 잘 보여 준다.

### 세금 계산해 보기

다음 표는 2013년 현재 우리나라의 증여세 과세지표이다. 증여받은 재산의 금액에 따라 따라 납부해야 하는 세금이 다음과 같은 규칙에 의하여 정해진다고 할 때, 주어진 증여 재산에 대하여 납부해야 할 세금을 자동으로 계산해 주는 알고리즘을 생각해 보자.

| 과세표준 | 세율 |
|---|---|
| 1억 원 이하 | 10% |
| 5억 원 이하 | 20% |
| 10억 원 이하 | 30% |
| 30억 원 이하 | 40% |
| 30억 원 초과 | 50% |

**설명**

증여받을 재산이 1억 원 이하인 경우, 납부할 세금은 10%이다.
1억 원 초과 및 5억 원 이하에 대해서 세금은 20%이다.
5억 원 초과 및 10억 원 이하에 대해서 세금은 30%이다.
10억 원 초과 및 30억 원 이하에 대해서 세금은 40%이다.
30억 원 초과에 대해서 세금은 50%이다.

즉 다시 이야기하면, 만약에 내가 증여받을 재산이 15억 원이라고 한다면 내가 낼 세금은, (1억 원×10%)+(4억 원×20%)+(5억 원×30%)+(5억 원×40%)=4.4억 원이 된다.

그렇다면 주어진 증여 재산을 input으로 하여 자동으로 세액을 계산해 줄 수 있는 알고리즘을 만들어 보자.(이때 계산의 편의를 위해 단위는 만 원으로 한다.)

```
tax = 0
d = input("How much do you get for gift?")
d_property = int(d)

if d_property > 10000: tax = tax + (10000*0.1)
    if d_property > 50000: tax = tax + (40000*0.2)
        if d_property > 100000: tax = tax + (50000*0.3)
          if d_property > 300000:
            tax = tax + (200000*0.4)
            tax = tax + (d_property - 300000)*0.5
          else: tax = tax + (d_property - 100000)*0.4
        else: tax = tax + (d_property - 50000)*0.3
    else: tax = tax + (d_property - 10000)*0.2
else: tax = d_property*0.1
```

이 알고리즘은 위의 세금 계산 규칙에 나온 모든 구체적인 액수와 숫자들이 알고리즘 안에 직접 포함되어 기술되어 있다. 이 알고리즘은 불행하게도 매우 비효율적이다. 왜냐하면 우리가 경험하고 있듯이, 세율은 매년 국회에서 새로 정해지고, 만들어지고, 변경되기 때문이다. 그렇게 세율이 변경될 때마다 알고리즘을 매번 직접 고쳐야 한다면 얼마나 비효율적인가?

### 프로세스와 데이터를 분리해 보자

데이터를 알고리즘과 분리하여 보자. 자주 변경되는 세율은 간단한 형태의 테이블에 적어 놓고, 그 테이블은 데이터 구조로 변경하여 정의하고, 알고리즘에서는 그 데이터 구조만 사용하면 된다. 세율이 변경되어도 그 변경된 값은 데이터 구조에서만 바꿔 주면 될 뿐 알고리즘은 손 댈 필요가 없다.

위의 코드에 나오는 세율계산 방법을 다시 정리하면,

- 증여재산이 [0 - 10,000만 원]에 속하면 그 액수에 대하여 10% 계산하고
- 증여재산이 [10,000만 원 - 50,000만 원]에 속하면 기본(base)으로 1,000만 원을 내고 10,000만 원이 넘는 액수에 대해서는 20% 계산하고,
- 증여재산이 [50,000만 원 - 100,000만 원]에 속하면 기본(base)으로 9,000만 원을 내고 50,000만 원이 넘는 액수에 대해서는 30% 계산하고,
- 증여재산이 [100,000만 원 - 300,000만 원]에 속하면 기본(base)으로 24,000만 원을 내고 100,000만 원이 넘는 액수에 대해서는 40% 계산하고,
- 증여재산이 [300,000만 원 - ]에 속하면 기본(base)으로 104,000만 원을 내고 300,000만 원이 넘는 액수에 대해서는 50% 계산한다.

이 내용을 테이블로 만들면 다음과 같이 만들 수 있다. 이 테이블에 의하면, 먼저 Bracket이 나오는데 이것은 증여재산이 해당되는 칸을 찾기 위한 것이고, 해당 칸을 찾으면 Base의 액수에다가 (증여재산 - 해당 bracket 액수)×ratio를 더해 주면 된다. 예를 들어 증여재산이 64,000만 원이라면 bracket에서 50,000칸에 해당하고, 따라서 세금은 9000 + (64000-50000)×0.3 이 되는 것이다.

| 과세표준 | level | 기준값(bracket) | 세율(ratio) | 기본(base) |
|---|---|---|---|---|
| 0-10,000 | 0 | 10,000 | 0.1 | 없음 |
| 10,000-50,000 | 1 | 50,000 | 0.2 | 1,000 |
| 50,000-100,000 | 2 | 100,000 | 0.3 | 9,000 |
| 100,000-300,000 | 3 | 300,000 | 0.4 | 24,000 |
| 300,001- | 4 | - | 0.5 | 104,000 |

이 테이블은 세 개의 배열, 즉 bracket[ ], base[ ], ratio[ ]로 구조화될 수 있고, 이 데이터구조를 이용하여 알고리즘을 만들면,

```
level=0                          #level은 과세표준의 등급
while bracket[level] < d_property :
    level=level+1
    if level==4: break

if level==0:tax=d_property*ratio[0]
else:
    tax=base[level]+(d_property-bracket[level-1])*ratio[level]
```

가 될 수 있다.

구조화된 데이터를 사용하는 것이 효율적인, 그리고 일반적인 알고리즘을 만드는 데 많은 도움이 될 수 있음을 알 수 있다.

또 다른 알고리즘을 생각해 볼 수도 있다. 세법에서는 계산의 편의를 위해 누진공제액을 이용한 계산법을 제공하고 있는데, 그 내용은 다음 표와 같다.

| 과세표준(bracket) | level | 기준값(bracket) | 세율(ratio) | 누진공제액 (deduction) |
|---|---|---|---|---|
| 0-10,000 | 0 | 10,000 | 0.1 | 없음 |
| 10,000-50,000 | 1 | 50,000 | 0.2 | 1,000 |
| 50,000-100,000 | 2 | 100,000 | 0.3 | 6,000 |
| 100,000-300,000 | 3 | 300,000 | 0.4 | 16,000 |
| 300,001- | 4 | - | 0.5 | 46,000 |

이 계산법을 알고리즘으로 옮겨 보면,

```
level = 0
while bracket[level]<d_property:
    level = level + 1
    if level == 4: break
tax = (d_property)*ratio[level] - deduction[level]
```

으로, 더욱 간단히 표현될 수 있음을 알 수 있다.

그러면 데이터가 바뀌어도 프로그램을 바꿀 필요가 없으며, 같은 데이터를 사용하는 여러 프로그램을 만들 수도 있다. 이렇게 분리하면 더 효율적인데, 분리하려면 데이터를 구조화할 필요가 있다.

우리 주변에도 다양하고 많은 데이터 구조가 사용되고 있으며, 우리도 나름대로 창의적인 데이터 구조를 새로 만들어 사용할 수 있다. 서울 지하철 역 지도를 보면 그 수많은 역들의 정보가 매우 정교하게 구조화되어 있음을 볼 수 있다. 구조화된 정보 요소는 무엇인가? 각 역의 상대적 위치, 노선 간의 연결 관계 등이 구조화된 것이다. 그 구조를 사용하여 우리의 머릿속에서는 많은 알고리즘, 즉 A역에서 B역으로 가는 가장 빠른 방법에 대한 해(solution)를 쉽게 구해 낼 수 있는 것이다. (더 효율적으로 구조화된 지하철 노선도를 생각해 낼 수 있겠는가?) 또한 우리가 문제 해결 chapter(4장)에서 본 상태 트리, 상태 공간, 프레임 등도 모두 효율적인 데이터 구조의 일종이라고 생각할 수 있다.

## 6.3. 데이터 모델링

프로세스(일 처리, 문제 해결)와 데이터가 밀접하게 연관되어 있을 때, 효율적인 프로세스를 위해서는 데이터가 '구조화'되어 있으면 효율적이다. 그러한 데이터 구조를 만드는 것을 데이터 모델링이라고 한다. 우리가 앞서 배웠던 문제 표현에 나오는 테이블, ERD, DFD 같은 것도 데이터 모델링 중 하나이다. 즉 문제 상황에서 나오는 여러 가지 데이터 속성들을 정의하고 그들 간의 관계를 추상화하여, 간단 명료한 형태의 데이터 구조를 만들어 낸다.

다음의 예를 가지고 데이터 모델링을 한번 생각해 보도록 하자.

서울 일부 지역의 음식점들이나 커피점들은 발렛파킹을 해 준다. 주차 공간이 충분하지 않아 손님이 직접 주차 공간을 찾기 힘들기 때문에 일정한 돈을 받고 대신 주차를 해 주는 것이다. 주차요원들도 그 주변 일대에 조금 조금씩의 주차 가능 공간을 미리 확보하고 주차를 해 주는 것이다. 자, 여기에 문제 상황이 나온다. 수많은 손님이 차와 키를 맡기고 간다. 그러면 그 차를 주변 어느 곳에 주차해 두고 있다가 손님이 나오면 가장 빠른 시간 안에 그 차의 위치를 기억해 두었다 가지고 와야 하는 것이다. 음식점들은 손님이 한꺼번에 몰리고 한꺼번에 나가는 경우도 흔하다. 발렛파킹 업체는 어떤 정보를 가지고 있어야 할까?

1) 손님이 맡긴 차와 키를 가지고, 근처에 주차를 해 두고 오니, 그러한 키가 100개나 쌓여 있다. 어느 손님이 와서 자신의 차를 달라고 할 때, 그 100개의 키 중에서 그 손님의 키가 어느 것인지를 어떻게 알며, 그 차가 그

차 번호, 위치 코드

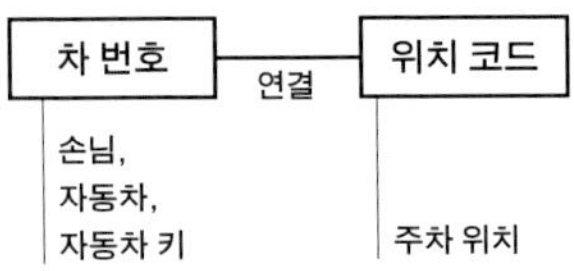

나의 자동차 키에 붙어 있는 두 개의 스티커는 발렛파킹에서 붙여진 것인데, 하나는 자동차 번호, 다른 하나는 주차 위치를 표시하고 있다.

수많은 주차 공간 중에 어느 곳에 주차되었는지 어떻게 알아 낼 수 있을까? 생각을 해 보자. 손님과 자동차, 그리고 자동차 키는 유일한 짝(pair)이 된다. 그리고 그들의 유일한 식별 코드는 자동차 번호가 될 수 있을 것이다. 따라서 '자동차 번호' 하나로 손님, 키, 자동차를 묶어 놓을 수 있다. 자동차에는 번호가 붙어 있으니까, 키에는 그 번호를 태깅하여 표시해 주고, 손님에게는 그 번호가 적힌 보관증을 주면, 그 세 가지는 하나로 연결된다.

2) 이번에는 그 자동차의 주차 위치 정보가 필요하다. 손님에게 보관증을 받으면 그 번호의 차가 어디에 주차되어 있는지를 알아야 하기 때문이다. 주차 공간이 사방에 조금씩 흩어져 있는 상황이므로, 각 위치를 A, B, C, D, E1, E2와 같이 코드화했다고 하자. 그리고 자동차 키에다가 그 위치 코드를 표시하면 된다. 즉 '차 번호, 주차 위치 코드'의 형태로 표시할 수 있고, 이것은 둘 사이의 연결이 이루어진 것이다. 이렇게 되면 손님에게 보관증을 받으면, 그 보관증에 있는 차 번호를 보고, 차 키를 찾아서, 차 키에 표시된 위치 코드를 보고, 주차 위치로 가서, 그 번호가 달린 자동차를 찾아오면 된다. 주차 위치에서 자동차를 좀더 빠르게 찾기 위해선

'차 번호'뿐만 아니라 자동차 모델과 색상까지 표시하면 더 효율적일 것이다.

3) 만약 손님이 100명이 와 있다고 하면, 손님의 보관증을 가지고 그 키를 찾기 위해선 100개의 키를 다 뒤져야 하므로 시간이 많이 걸릴 것이다. 그래서 키를 보관할 때에 차 번호에 따라서 따로 모아 놓으면 더 효율적일 것이다. 예를 들어 시작번호가 0, 1, 2, … 9인지에 따라서 따로 모으게 되면 10개의 그룹이 만들어지므로, 손님의 보관증에 적힌 차 번호에 따라 차 키를 찾는 것이 평균 10배가 빨리질 것이다. 키를 찾으면 키에 주차 위치 코드가 적혀 있으므로 해당 차를 가져오면 된다.

4) 어느 새로 생긴 음식점 발렛파킹에서 겪은 일인데, 식사가 끝나고 나왔더니 차를 못 찾고 기다리고 있는 사람들이 많이 있었고 주차 요원은 허둥대며 당황하고 있었다. 나중에 보니 이 주차요원은 먼저 주차를 한 위치 코드를 테이블 위에 적어 놓고, 그 각각의 위치에 주차시킨 자동차 키를 그 위치 모아 놓고 있었던 것이다. 즉 자동차 키는 주차 위치에 따라 구분하여 보관했던 것이다. 그런데 이렇게 하면 무슨 문제가 발생할까? 손님이 나와서 보관증을 제시하면, 보관증에 적힌 자동차 번호를 보고 자동차 키를 찾아야 하는데, 이 주차요원은 오히려 반대로 주차 위치 정보에 따라서 키를 보관하고 있었기 때문에, 차 번호를 가지고 차 키를 찾기 위해선 모든 차 키를 하나 하나 다 검색해서 찾아야 하니까 손님이 한꺼번에 몰리면 엄청난 시간이 걸리게 된다. 이 경우는 위치 정보와 차 번호 정보는 모두 가지고 있었지만, 특정 알고리즘(즉 차 번호를 이용해서 차 위치를 찾는 것)에 적용하기에는 비효율적인 구조를 가지게 된 것이

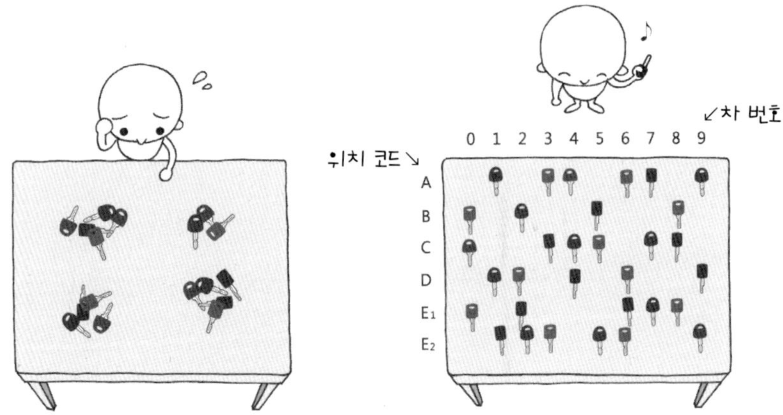


주차 위치별로 자동차 키를 보관할 경우보다 효율적인 차 번호와 위치 코드가 연결된 2차원 구조의 키 보관방법의 예

다. 차 키를 차 번호 앞 번호에 따라 그룹화시키고 각 키에 주차 위치를 적어 놓은 구조는 반면에 효율적 구조라고 할 수 있다.

5) 여기에 또 다른 문제를 생각해 볼 수 있다. 손님이 차와 키를 맡기면, 이 차를 어디에 주차할지 주차요원이 알 수 있는 방법이 없다. 즉 흩어져 있는 여러 주차 공간의 현재 상태, 즉 어느 곳에 여유가 있는지 없는지를 알아야 그 차를 주차하기 위해 어디로 가져가야 할지를 알 수 있을 것이다. 그렇지 않으면 주차요원은 여러 주차 공간을 계속 차례대로 검색해야 하니까 효율적이지 못하게 될 것이다. 이 경우에는 2차원 테이블을 만들어서, 한 차원은 차 번호의 앞자리 번호, 다른 차원은 주차공간 위치 코드를 사용하면 될 것이다.

6) 손님의 차를 더 빨리 가져오기 위해서 또 한 가지를 생각해 본다면, 차 번호와 주차 위치 외에 또 다른 정보, 즉 식당에 온 시간 혹은 순서 정

보를 사용할 수 있을 것이다. 만약 일반적으로 식당의 손님들이 1시간 후에 식사를 끝내고 돌아갈 것이라는 것을 안다면, 혹은 손님이 온 순서대로 갈 것이라는 것을 안다면, 그 정보에 따라서 손님의 차를 미리 가까운 곳에다가, 미리 그 발렛주차 앞에 가져다 놓을 수도 있을 것이다. 자 이 경우에는 데이터 구조를 어떻게 다시 모델링해야 할까?

# 7. 알고리즘: 정렬과 탐색

Sorting(정렬)이란 일련의 데이터들을 그 데이터의 크기 순서대로 재배치하는 것을 말한다. Sorting은 다양한 상황에서 다양한 알고리즘을 만들어 내기 위하여 반드시 기억해야 하는 기초 도구이다. 따라서 Sorting 알고리즘은 대부분의 경우 아마도 가장 처음 배우게 되는 알고리즘이 될 것이다. 우리는 아주 간단한 몇 가지 알고리즘 selection, bubble, insertion, quicksort 알고리즘을 배우고, 이를 통하여 기본적인 알고리즘의 구조뿐만 아니라 효율성에 대한 개념을 익히게 될 것이다. 또한 자연스럽게 재귀(recursive), 복잡도(complexity)와 같은 개념도 공부하게 될 것이다.

먼저 sorting이 필요한 상황을 가정해 보도록 하자.

**선생님이 70명의 학생에 대하여 채점한 시험지를 당신에게 주면서 점수 순서대로 다시 정리하여 가지고 오라고 하였다. 어떤 방법으로 sorting을 해야지 가장 효율적으로 (즉, 손을 가장 적게 움직여서, 침을 가장 적게 묻히고서, 가장 빠른 시간에) 정확하게 정렬을 할 수 있을까?**

사실 나는 중학교 시절에 이 역할을 많이 하였다. 월말고사가 끝나면 담임선생님은 채점이 다 끝난 시험지를 자습시간에 들고 와서 나를 앞으로 불러내어 점수대로 sorting(정렬)을 시키셨다. 지금이야 그 점수들을 엑셀과 같은 스프레드시트 프로그램에 넣고 '정렬' 버튼 하나 누르면 다 해결되지만, 그 '정렬' 버튼 속의 정렬 프로그램도 누군가가 하던 작업 순서를 그대로 옮겨 놓은 것이 아니던가. 중학교 시절의 나는 그 시험지 정렬이 무척이나 지루한 작업이었기 때문에 다양한 방법을 시도해 본 기억이 있다. 빠른 시간 안에 손에 침을 덜 묻히고 일을 끝내기 위하여!

## 7.1. 선택정렬(Selection Sort)

알고리즘을 가장 쉽게 설명하는 방법은 아마도 사례를 통해서일 것이다. 다음의 간단한 예를 한번 생각해 보도록 하자. 다섯 개의 이름들이 정렬되지 않은 상태로 놓여져 있다. 다음과 같은 순서로 진행된다.

① 리스트 전체를 처음부터 차례대로 뒤로 훑으면서 가장 순서가 빠른 것을 찾는다.
② 그것과 리스트의 제일 앞의 것과 바꿔치기 한다. 이렇게 되면 가장 앞의 항목에는 리스트 전체에서 가장 순서가 빠른 것이 위치한다는 것이 보장된다.
③ 리스트의 두 번째 항목부터 차례대로 뒤로 훑으면서 가장 순서가 빠른 것을 찾는다.
④ 그것과 리스트의 두 번째 것과 바꿔치기 한다.
⑤ ③과 ④의 스텝을 계속 반복한다. 다만, ③과 ④에서 밑줄 그어진 항목의 위치는 하나씩 계속 증가하여 세 번째 항목부터, 네 번째 항목부터, 이런 식으로 리스트

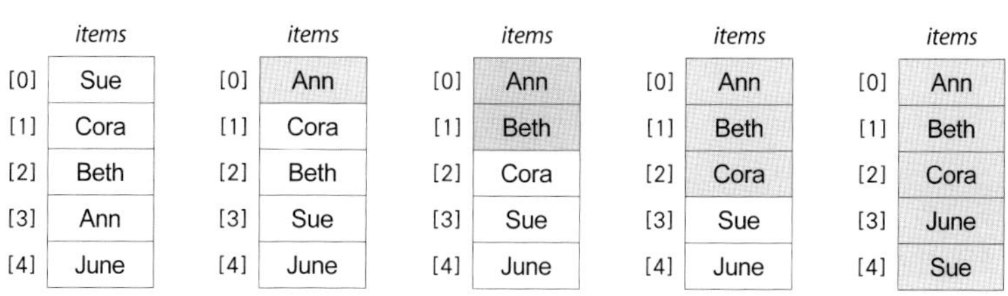

(a) (b) (c) (d) (e)

의 제일 마지막 항목의 바로 전 항목까지 반복하고 나면 정렬 과정을 멈춘다.

이 과정을 좀더 일반적으로 기술하여 보자. 즉 n개의 항목이 정렬되지 않은 상태로 있다고 해 보자. 그러면 먼저 첫 번째 리스트 스캔에서 제일 순서가 빠른 놈을 찾기 위해 처음부터 한번 훑어야 하므로 총 n개의 데이터를 스캔하고, 비교는 총 n-1번 발생하게 된다. 두 번째 스캔할 때에는 리스트의 두 번째 항목부터 비교하면 되므로 n-2번의 비교가, 그리고 세 번째 스캔에서는 n-3번의 비교가, 이렇게 반복하다가 제일 마지막 스캔인 n-1번째 스캔에서는 1번의 비교만 해 보면 된다. 자, 그러면 이 선택정렬 방법은 정렬을 다 마치기 위하여서는 최대 몇 번의 비교가 필요한 것인 것? 이것은 n-1번의 스캔에서 행하여 지는 비교의 횟수를 모두 더하면 된다. 즉, $(n-1) + (n-2) + (n-3) + \cdots + 2 + 1 = n(n-1)/2$번의 비교가 필요하게 될 것이다.

이제 알고리즘을 다시 한번 살펴보자. 이미 설명하였듯이 리스트의 크기가 n이라고 한다면 n-1번의 비교가 필요하게 된다. 매 스캔에서의 첫 항목 위치를 변수 current라고 해 보자. 다음의 그림은 current가 리스트의 중간 어느 지점에 위치하고 있는 상황이다. 이 상황에서 본다면 current의 이전 부분은 이미 정렬이 끝나서 더 이상 정렬 작업을 할 필요가 없는 부분이고, current의 이후가 정렬이 안 된 부분이므로 current부터 시작하여 리스트의 마지막까지 가면서 가장 순서가 빠른 것을 찾아서 current 위치에 있는 것과 바꿔치기 하고, 그 다음에 current는 그 다음 위치로 이동하여 같은 작업을 계속 반복하게 된다. Current는 n-1의 위치까지만 이동하여, 그 이후 항목이 1개만 남은 상태까지 스캔하여 전체 정렬 작업을 끝마치게 된다.

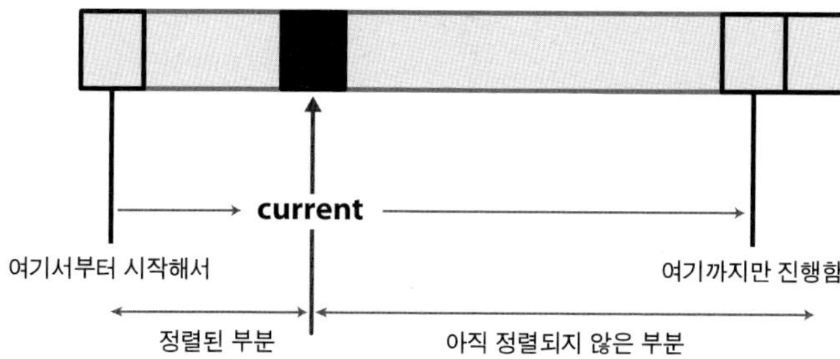


자 그럼 n과 current를 가지고 알고리즘을 다시 한 번 기술해 보자. 다만, n은 리스트의 크기이다. 리스트의 index는 0부터 시작한다고 가정하고 그러면 리스트의 제일 마지막 항목의 index는 n-1이 된다.

먼저 떠오르는 생각을 기술해 보자.

```
Selection sort
리스트의 제일 처음 항목의 index 값을 변수 current에 넣는다.
While (current < 리스트의 크기) {
  current위치 이후의 항목들 중에서 가장 순서가 빠른 것의 index를 변수
   indexOfSmallest에 넣는다.
  Index인 current와 indexOfSmallest의 위치의 항목 값을 바꿔치기 한다.
  변수 current의 값을 1 증가시킨다.
  }
```

자 그럼 조금 더 자세하게 기술하여 보자.

리스트, 즉 항목들이 들어 있는 array의 이름을 A라고 하자.

```
A = [5, 3, 4, 1, 2]

current = 0
while current < len(A):
```

```
        index_min = current      #index_min은 탐색과정에서 가장 작은 값을 저장
        i = current + 1

        #find smallest
        while i < len(A):
                if A[index_min] > A[i]: index_min = i
                i = i + 1

        #swap
        A[index_min], A[current] = A[current], A[index_min]
        current = current + 1
print(A)
```

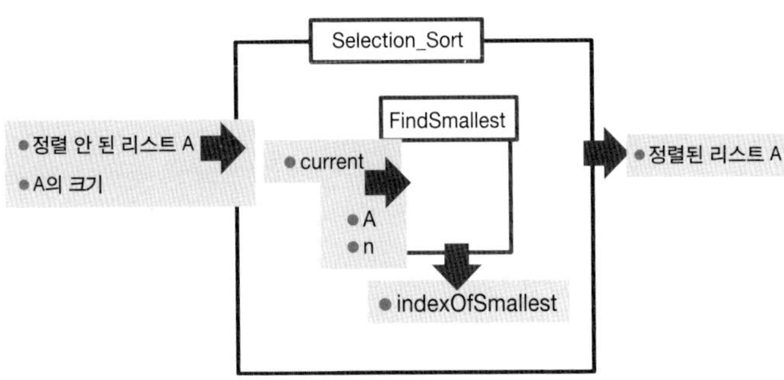


여기서 우리는 두 개의 알고리즘을 설명하였다. 즉 Selection_Sort와 FindSmallest의 두 가지를 보았는데, 위의 그림에서 보듯이 FindSmallest는 마치 Selection_Sort 안에서 정의된 함수와 같이 사용된다. 모든 알고리즘은 함수로 정의될 수 있고, 모든 함수는 input값, 즉 정의역이 들어가서 정의된 함수에 의하여 변환되어서 output, 즉 치역의 값이 나오게 된다. 또한 위의 그림에서 보면 FindSmallest는 마치 명령어처럼 사용되고 있는 것

처럼 보일 수도 있다.

연습문제

정수를 저장하고 있는 배열 array가 주어졌다. 이 array에 저장되어 있는 element들이 작은 순서대로 정렬되어 있으면 1을 return하고, 그렇지 않으면 0을 return하는 함수를 작성하라.

풀이

전략: array에 있는 element들을 처음에서부터 마지막까지 차례대로 훑어 나가면서 현재의 element와 바로 그 다음의 element의 크기를 비교하여 뒤의 것이 앞의 것보다 크면 ok이고 만약 그렇지 않은 것이 발견되면 그것은 이 array가 sorted되지 않았다는 것을 의미하므로 0을 return하고 중단한다. 만약 끝까지 가서도 그런 경우가 발생하지 않는다면 모든 element가 sorted되었다는 것이므로 1을 return한다.

```
def IsSorted(A):
    a = 0
    for i in range(len(A)):
        if a==0: a = A[i]
        elif a > A[i]: return 0
        else: a = A[i]
    return 1
```

다음의 예를 가지고 이 code를 검증해 보자.

| | A[0] | A[1] | A[2] | A[3] |
|---|---|---|---|---|
| A | 1 | 3 | 5 | 7 |

length는 4, 모두 sorted되었음

| Code | Step1 | Step2 | Step3 | Step4 | Step5 |
|---|---|---|---|---|---|
| IsSorted(A) | A | | | | |
| a = 0 | initial | | | | |
| for i in range(len(A)): | i=0 | i=1 | i=2 | i=3 | End |
| if a == 0: a =A[i] | First time?<br>a = 1 | not first time | not first time | not first time | |
| elif a 〉 A[i]: return 0 | | a=1, A[i]=3<br>1〉3 → false | a=3, A[i]=5<br>3〉5 → false | a=5, A[i]=7<br>5〉7 → false | |
| else: a = A[i] | | a=3 | a=5 | a=7 | |
| return 1 | | | | | **Return 1<br>(끝)** |

또 다른 예!

| | A[0] | A[1] | A[2] | A[3] |
|---|---|---|---|---|
| A | 1 | 5 | 3 | 7 |

length는 4, sorted 안 되었음

| Code | | | |
|---|---|---|---|
| IsSorted(A) | A | | |
| a = 0 | initial | | |
| for i in range(len(A)): | i=0 | i=1 | i=2 |
| if a == 0: a = A[i] | First time?<br>a = 1 | not first time | not first time |
| elif a 〉 A[i]: return 0 | | a=1, A[i]=5<br>1〉5 → false | a=5, A[i]=3<br>5〉3 → true<br>Return 0 |
| else: a = A[i] | | a=5 | |
| return 1 | | | **(삭제)** |

※ 자신의 알고리즘이 맞는지를 검증할 경우에는 위와 같은 방법으로 검증하는 것이 많은 도움이 된다.

또 다른 학생의 답안을 소개하면

```
def IsSorted(A):
    i = 0
    while i < (len(A)-1):
        if A[i] > A[i+1]: return 0
        else: i = i + 1
    return 1
```

## 7.2. 버블소트(Bubble Sort)

버블소트는 정렬되지 않은 리스트에서 항목들의 비교가 마치 버블(물방울)이 물 위로 올라가듯이 이루어진다고 해서 붙여진 이름이다. 하지만 내가 생각하기에는 우리가 어릴 때 자주 하던 '쿵 쪽지 파' 왕 되기 게임과 비슷하다. 즉 아이들이 한 줄로 나란히 서고, 제일 아래 끝 아이가 자기의 바로 옆 높은 아이와 가위바위보를 한다. 만약 이기면 둘은 자리를 바꾸고 그 아이는 다시 바로 위 아이와 가위바위를 하고, 이것이 반복되어 제일 높은 자리, 즉 왕의 자리까지 가게 된다. 만약 왕이 지면 제일 아래 자리부터 다시 시작하는 게임이다.

이 생각을 하면서 다음의 그림을 보도록 하자.

Jim과 Al이 제일 아래이니까 둘이 비교된다. Al의 순서가 빠르니까 둘은 자리를 바꾼다. 그러면 Al은 다시 bubble처럼 바로 위의 항목과 비교하게 된다. 이런 식으로 계속 끝까지 올라가게 된다. 그러면 하나의 스캔이 끝난 것이며, 이 첫 번째 스캔이 끝나면 제일 위의 항목은 당연히 전체 리스트에서 가장 순서가 빠른 것이 위치하게 되는 것이 보장된다. 그 다음에는 두 번째 스캔이 다시 제일 아래부터 버블되어 올라오는데, 단 제일 위에서 두 번째 항목 칸까지만 올라온다. 왜냐하면 제일 윗 항목은 이미 정렬되어 있기 때문이다. 이런 식으로 하면 첫 번 스캔은 n-1번의 비교, 두 번째 스캔은 n-2번의 비교, … 이렇게 해서 몇 번의 스캔을 하게 될 것인가? 답은 n-1번의 스캔을 한다는 것이고 n-1번째 스캔에서는 1번의 비교만 필요하다. 이것은 바로 전에 우리가 보았던 선택정렬과 같은 비교 횟수를 가지게 된다. 물론 정렬하는 방식은 다르며, 방식과 순서가 다르기 때문에 항목들의 위치도 달라지고, 따라서 같은 리스트에 대해서도 비교 횟수가 달라질 수 있다. 하지만 우리가 어떤 알고리즘, 즉 어떤 문제 해결 전략을 일반적으로 기술할 때에는 최악의 상황(worst case)에서의 경우를 가지고 분석을 해야 한다.

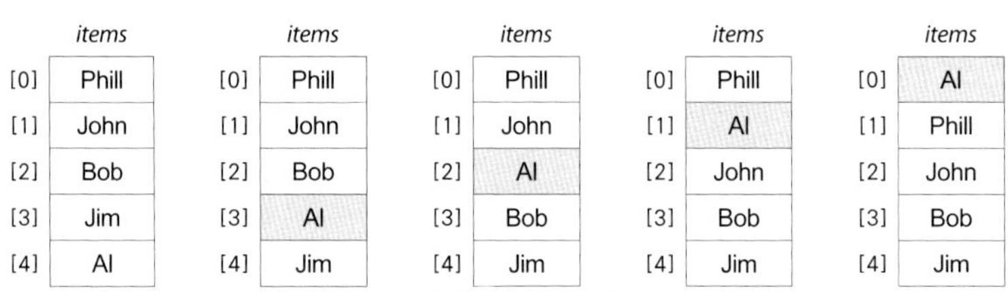


a) 첫번째 반복(정렬된 항목들은 음영 처리함)

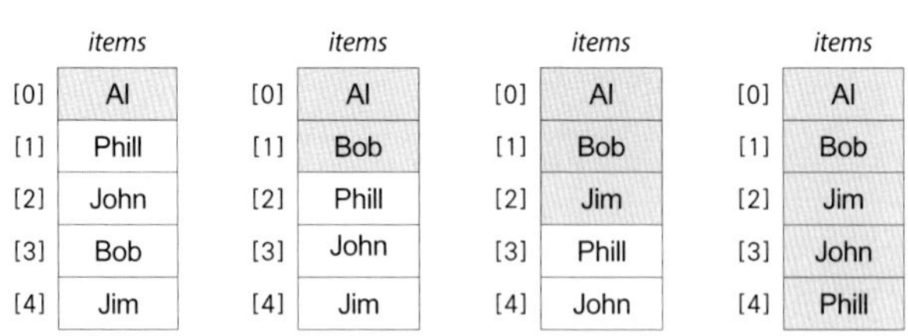


b) 나머지 반복(정렬된 항목들은 음영 처리함)

이전의 선택정렬과 알고리즘이 매우 비슷하므로 바로 구체적인 자세한 알고리즘을 살펴보도록 하자. Bubble sort의 알고리즘을 정리하면 다음과 같다.

```
def BubbleSort(A):
    for i in range(0, len(A)-1):
        for j in range(0, len(A)-1-i):
            if A[j+1] < A[j]: A[j+1], A[j] = A[j], A[j+1]
```

이것을 잘 보게 되면

첫 번째 for문에 의하여 그 안의 명령어들은 n-1번 반복하게 된다. 그리고 그 각각의 i에 대하여 두 번째 for 문에 의하여 또 (n-i)번 반복하게 된다. 즉, 이 두 개의 for 문에 의하여 그 안에 있는 명령어들은 (n-1) + ⋯ + 1 번, 즉 n(n-1)/2번 반복하게 된다. 앞의 예시와 차이가 있다면 bubble이 아래에서 위로 올라가는 것이 아니고, 위에서 아래로 내려가는 식으로 정렬이 이루어진다는 것이다. 정렬이 이루어지는 방향은 반대지만 이처럼 정렬을 수행해도 제대로 정렬이 이루어지게 된다.

예를 들어 이 알고리즘을 시뮬레이션해 보자.

| A[0] | A[1] | A[2] | A[3] | A[4] | A[5] |
|---|---|---|---|---|---|
| 23 | 78 | 45 | 8 | 32 | 56 |

라는 데이터를 가지고 위의 pseudo code를 시뮬레이션해 보도록 하자.

| i | j | A[i] | A[j+1] | tmp | A |
|---|---|---|---|---|---|
| | | | | | 23,78,45,8,32,56 |
| **0** | 0 | 23 | 78 | – | 23,78,45,8,32,56 |
| | 1 | 78 | 45 | | |
| | | | | 78 | |
| | | 45 | | | |
| | | | 78 | | 23,45,78,8,32,56 |
| | 2 | 78 | 8 | | |
| | | | | 78 | |
| | | 8 | | | |
| | | | 78 | | 23,45,8,78,32,56 |
| | 3 | 78 | 32 | | |
| | | | | 78 | |
| | | 32 | | | |
| | | | 78 | | 23,45,8,32,78,56 |
| | 4 | 78 | 56 | | |
| | | | | 78 | |
| | | 56 | | | |
| | | | 78 | | 23,45,8,32,56,**78** |
| 1 | 0 | 23 | 45 | | 23,45,8,32,56,**78** |
| | 1 | 45 | 8 | | |
| | | | | 45 | |
| | | 8 | | | |
| | | | 45 | | 23,8,45,32,56,**78** |
| | 2 | 45 | 32 | | |
| | | | | 45 | |
| | | 32 | | | |
| | | | 45 | | 23,8,32,45,56,**78** |
| | 3 | 45 | 56 | | |
| | | | | | 23,8,32,45,**56**,**78** |
| **2** | 0 | 23 | 8 | | |
| | | | | 23 | |
| | | 8 | | | |
| | | | 23 | | 8,23,32,45,**56**,**78** |
| | 1 | 23 | 32 | | 8,23,32,45,**56**,**78** |
| | 2 | 32 | 45 | | 8,23,32,**45**,**56**,**78** |
| **3** | 0 | 8 | 23 | | 8,23,32,**45**,**56**,**78** |
| | 1 | 23 | 32 | | 8,23,**32**,**45**,**56**,**78** |
| **4** | 0 | 8 | 23 | | 8,**23**,**32**,**45**,**56**,**78** |

## 7.3. 삽입정렬(Insertion Sorting)

삽입정렬 알고리즘은 아마도 가장 일반적인 정렬 기법 중 하나일 것이다. 카드 게임이나 고스톱 게임에서 많이 사용되기도 한다. 카드 게임의 예를 들면, 일곱 장의 카드를 받을 때 최초에는 내 손에 카드가 한 장도 없는 상태이다. 딜러에게 카드를 한 장 받으면 그것을 내 손에 쥐고 있게 되고, 한 장이므로 이미 정렬되어 있는 상태가 된다. 그 다음 두 번째 카드를 받으면 내 손에 이미 있는 카드와 비교하여 적절한 위치에 두 번째 카드가 자리 잡게(정렬) 되고, 이런 식으로 마지막 7번째 카드가 들어왔을 때에도 이미 정렬되어 있는 6장의 카드와 비교하여 적절한 위치에 자리 잡게 함으로써, 즉 삽입하여서 7장의 카드 모두를 정렬시키는 방법이다. 이 방법을 유지해 손에 쥔 모든 카드는 언제나 일정한 순서대로 정렬 상태에 있게 된다.

다음 그림은 삽입정렬의 예를 보여 주고 있다. 제일 먼저 23 한 항목만 손에 쥐고 있다고 가정해 보자. 내 손에 있는 항목은 모두 정렬되어 있다. 하나 밖에 없으니까! 그 다음에 두 번째 항목 78이 손에 들어오는데, 이미 있는 것과 비교하여 자신의 위치에 자리 잡는다. 여기는 기존에 하나의 항목만 있었으므로 한 번의 비교만 일어난다. 세 번째 항목이 들어와서는 두 번의 비교 후에 자신의 자리를 잡게 되고, 네 번째 항목이 들어와서는 3번의 비교…, 이런 식으로 진행하여 마지막 n번째 항목이 들어오는 n-1번의 비교가 발생한다. 즉, 전체 비교 횟수를 더해 보면 $1 + 2 + 3 + \cdots + (n-1) = n(n-1)/2$번의 비교가 발생하게 된다.

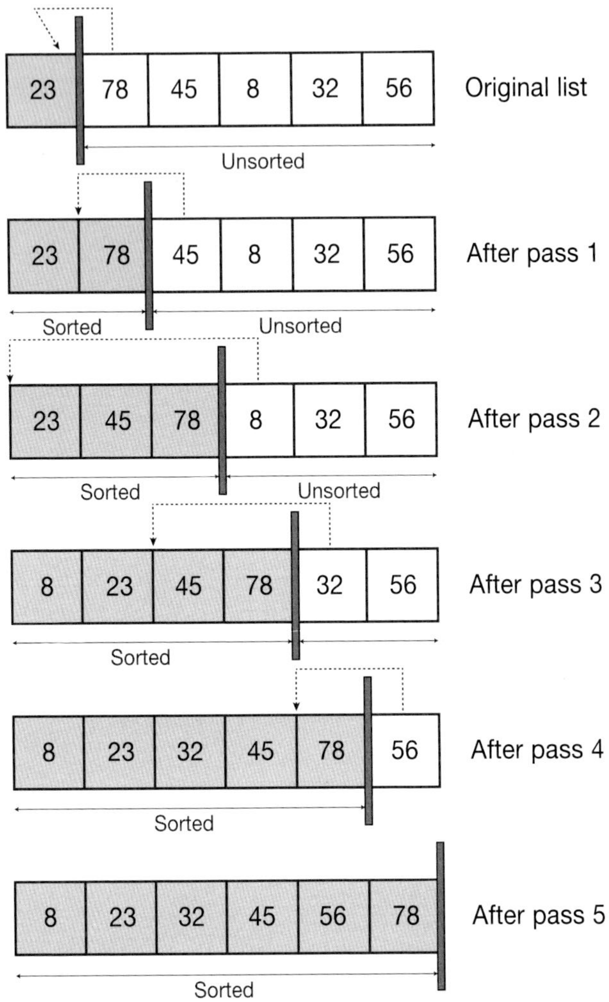
23
78
45
8
32
56
Original list
Unsorted
23
78
45
8
32
56
After pass 1
Sorted
Unsorted
23
45
78
8
32
56
After pass 2
Sorted
Unsorted
8
23
45
78
32
56
After pass 3
Sorted
8
23
32
45
78
56
After pass 4
Sorted
8
23
32
45
56
78
After pass 5
Sorted

**삽입정렬**

앞과 같은 예에 대하여 이미 배웠던 선택정렬과 버블정렬을 하여 전체적으로 비교하여 보자.

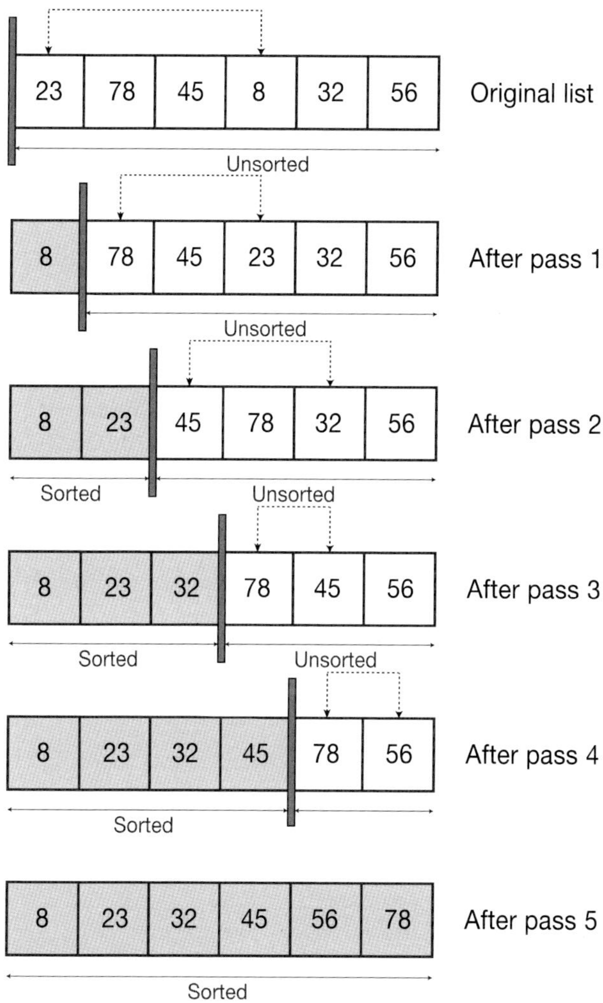


선택정렬

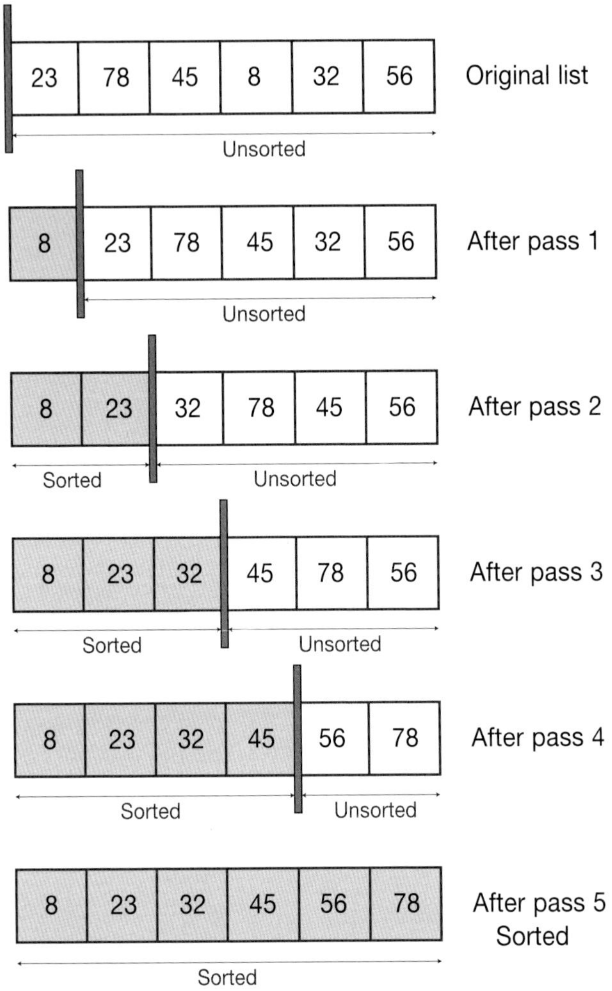


**버블 정렬**

## 7.4. 퀵 정렬(Quick sort)

Quick sorting은 현재 Oxford University의 명예교수인 Tony Hoare가 60년대에 발명한 알고리즘으로 재귀(Recursive)를 토대로 만들어진 매우 '간단'하고 '아름다운' sorting 방법이다.

쉬운 말로 설명을 하면,

① list에서 x를 "잘" 고른다.
② x보다 작은 값들은 left list에, 큰 값들은 right list에 넣는다.
③ left list에 대하여 recursive하게 quicksort를 수행한다.
④ right list에 대하여 recursive하게 quicksort를 수행한다.
⑤ 정렬이 끝난 후, left list, x, right list를 모두 하나로 이어 붙인다.

다시 다음의 pseudo code를 살펴보자.

```
def quicksort(x):
  if len(x) <= 1:
    return x

  pivot = x[len(x) // 2] # 피봇값을잘고른다.
  less = []
  more = []
  equal = []
  for a in x:
    if a < pivot:
      less.append(a)
    elif a > pivot:
      more.append(a)
    else:
      equal.append(a)

  return quicksort(less) + equal + quicksort(more)
```

앞의 예를 가지고 quick sort를 적용하여 보자.

[23, 78, 45, 8, 32, 56]

Pivot값(즉 split 값)을 '잘' 정하여 45이라고 해 보자.

그러면 위의 list는 [23, 8, 32] 45 [78, 56]이 된다.

새로 생긴 두 개의 list에 대하여 다시 재귀적으로 quick sort를 적용하면 (Pivot은 23, 78)

[8] 23 [32] 45 [56] 78이 된다. 크기가 2보다 작은 list의 값은 그대로 return하므로

8, 23, 32, 45, 56, 78이 되고, sorted!

만약에 pivot값을 '잘' 고르지 못했다면, 예를 들어 8로 정했다면

[ ] 8 [23, 78, 45, 32, 56]

여기서 다시 잘 못 골라서 78을 pivot으로 했다면

8 [23, 45, 32, 56] 78

이런 식으로 간다. 즉 '최악'의 경우에는 selection sort와 같게 되어 버린다.

## 7.5. Complexity

우리는Selection sort, Bubble sort, Insertion sort, Quick sort에 대하여 배웠다. 어느 것을 사용할 것인가? 선생님께서 부탁하신 채점된 시험지를 점수대로 정렬하는 데 어떤 방법을 사용할 것인가?

이러한 경우처럼 어느 알고리즘이 다른 알고리즘보다 더 빠른 것인지 느린 것인지를 formal하게 추정하는 것은 매우 중요한 것이다. 예를 들어 n개의 elements가 있는 array가 있을 때, 최악의 경우(worst case) 몇 번을 비교하여야 sorting을 할 수 있을까.

### Selection sorting의 경우

n개 중에서 가장 작은 것을 찾아야 하므로 n번의 비교가 필요하다. 그 다음에는 나머지 (n-1)개 중에서 가장 작은 것을 찾아야 하므로 (n-1)번의 비교가 필요하다. 그 다음은 (n-2)번, … 이런 식으로 진행하므로 모두 (n-1)+(n-2)+(n-3)+ … +1번의 비교가 필요하다. 이것은 고등학교 때 배운 식대로 한다면 n(n-1)/2가 된다.

### Insertion sorting의 경우

먼저 하나를 정하고, 그 다음 것을 정한 것과 비교하여 그 앞이나 뒤에 놓는다. 그 다음 하나를 잡아서 정한 것(현재 2개)과 비교하여 그 위치를 찾는다. 이런 식으로 진행되므로 비교 횟수는 1+2+3+…+(n-1)이 된다. 즉, n(n-1)/2가 된다.

### Bubble sort의 경우

제일 끝에서부터 한 칸씩 bubble up되어 올라가므로 비교 횟수는 (n-1)+(n-2)+…+1번의 비교를 한다. 즉 n(n-1)/2번의 비교를 한다.

이상의 세 경우에 있어서, 만약에 n이 아주 커진다면 다른 요인, 즉 /2라던가 +1은 아주 큰 n값에 대하여 별 의미를 가지지 못하므로 크게 보면 모두 n×n에 비례하는 것으로 볼 수 있다.

### Quick sort의 경우

Quick sort는 pivot값에 의하여 list가 같은 크기의 두 개의 작은 list로 나뉜다고 가정하면 n×log(n)에 비례하게 된다.

n이 아주 큰 값일 경우에는 Quick sort가 매우 효율적인 알고리즘이 된다.

## 7.6. 탐색(Searching)

n개의 elements를 가진 list가 있다고 하자. 그 list에 어떤 특정한 key값이 존재하는지 찾는 것을 searching(탐색)이라고 한다.

먼저 머릿속으로 어떻게 그 key값이 있는지를 찾아 낼 것인가를 생각해 보시오.

그 list가 sorted되지 않은 list라고 할 때, 특정 key값을 찾는 알고리즘은 다음과 같이 나타낼 수 있다. List의 처음 element부터 하나씩 차례로 key값과 비교해 나가는 것이다.

```
def BasicSearch(A, key):
    for i in range(0, len(A)):
        if key == A[i] : return key
```

이렇게 순차적으로 차례로 비교하면서 찾아 나가는 것을 순차적 탐색(sequential search)이라고 한다. 순차적 탐색은 worst-case인 경우 n번의 비교를 해야만 한다. 하지만 n이 아주 큰 수일 때에는, 이러한 순차적 탐색은 매우 느리고 비효율적이다.

만약 list가 정렬(sorted)되어 있다면 더 효율적인 알고리즘을 사용할 수 있는데, 그 한 가지 예가 binary search(이진탐색)이다. 정렬이 이미 되어 있으므로 그 list의 가장 중간에 위치한 원소의 값은 전체 원소들 중에서 제일 중간에 위치하였기 때문에 자기보다 값이 작은 것들이 절반, 자기보다 큰 것들이 절반이 될 것이다. 따라서 key값을 그 중간 값과 비교하여 만약에 작으면 (혹은 크면) 그 나머지 절반은 볼 필요가 없는 것이다. 그러면 다시 앞 절반을 가지고 다시 그 중간 값과 key값을 비교하여 그중 절반을 다시 제거해 나가는 같은 과정을 반복해 나가는데 key값과 같은 값을 만나면 중단한다. 다음의 수수께끼 같은 문제를 한번 살펴보도록 하자.

> 어느 날, 악마와 내가 64층의 건물 옥상에서 마주쳤다. 악마가 내게 말했다. "이 건물에는 삶과 죽음을 가르는 층이 있습니다. 그 층보다 높은 곳에서 떨어지면 죽고 그 층보다 아래에서 떨어지면 살게 됩니다." 악마는 내게 묘한 웃음을 지으며 계속 말을 했다. "내가 당신께 5번의 기회를 드릴 수 있습니다. 5번의 기회 안에 그 삶과 죽음을 가르는 층을 맞춘다면 당신께 온 세상을 드리겠습니다. 만약에 맞추지 못한다면 당신의 영혼을 내게 주어야 합니다." 나는 웃으면서 그에게 대답했다. "딱 5번까지만 떨어져 봐서 그 층을 맞추면 된다는 거란 말이지. 해 봅시다."

64층이니까, 그 중간인 32층에서 먼저 떨어져 본다. 죽는다면 문제의 층은 32층보다 아래에 있다는 것이므로 32층 이상의 층은 볼 필요도 없다. 그러면 이제 32층 건물에서 그 층을 찾는 것과 같은 문제가 된다(반을 제거했다). 그러면 또다시 recursive하게, 32층의 중간인 16층에서 떨어져 본다. 만약에 살았다면, 문제의 그 층은 16층에서 32층 사이가 된다. 따라서 또 반을 제거했다. 이런 식으로 진행하면 된다. 찾고자 하는 층이 어느 층이던 간에 worst-case로 몇 번 만에 그 층을 찾을 수 있을까.

이런 식으로 search를 해 나가는 방법을 binary search(이진탐색)이라고 한다.

앞서 설명이 되었던 quick sort처럼 반씩 나누어 recursive하게 진행하는 방법이며, 반씩 나눈다는 것은 search space가 반씩 줄어든다는 것이므로 log(n)에 비례한다.

```
def binary_search(A, first, last, key):
  if last < first: print("false")
  else:
      f_mid = (first+last)/2
      mid = int(f_mid)
      if key == A[mid]: print("found")
      elif key > A[mid]:
            binary_search(A, mid+1, last, key)
      else:
            binary_search(A, first, mid-1, key)
```

# 8. 함수적 세상

## 8.1. 함수(Function)

알고리즘은 일종의 함수(function)라고 이야기할 수 있다. 즉, 어떠한 input 값을 output값으로 바꾸어 주는 함수와 같다. 우리가 알고 있는 수학의 함수와 비교하여 보자.

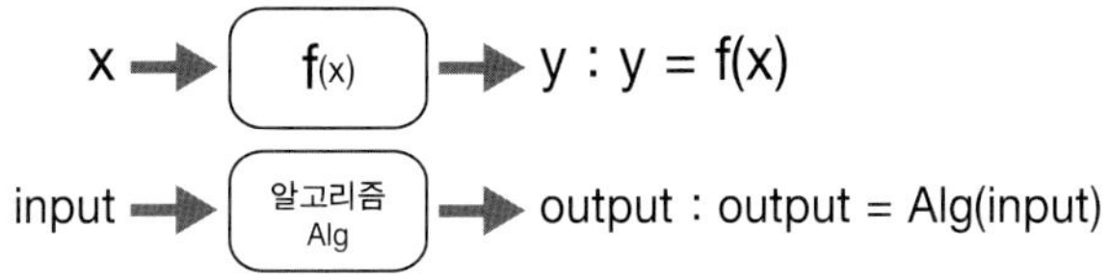


똑같지 않은가?

다만 차이점은, f(x)는 수학적 공식만 사용하고, x와 y는 모두 수치 값만 사용하지만, 알고리즘은 수학적 공식뿐만 아니라 데이터를 처리하는 논리적인 절차로 표현하고 input과 output값은 수치 값뿐만 아니라 우리가 이 세상에서 접하게 되는 모든 정보를 다 다룰 수 있다.(결국 컴퓨터 안에서는 숫자로 바뀌지만!)

알고리즘이 수학적 함수보다 훨씬 더 강력한 것이라고 할 수 있다.

이제 우리가 그동안 공부했던 모든 알고리즘은 함수(function)의 관점에서 다시 정의해야 한다. 즉, 만약에 알고리즘의 이름을 reverse라고 한다면 그리고 reverse는 문자배열 A를 input으로 받고 또 다른 문자 배열 B를 output으로 낸다고 한다면 다음과 같이 표현할 수 있다.

```
B = reverse(A)
```

이것을 알고리즘에서도 '함수 reverse' 혹은 'reverse function'이라고 부른다.(function이라는 용어 대신에 procedure 혹은 subroutine이라는 용어를 사용하기도 한다.)

함수 reverse는 다음과 같이 정의된다.(마치 수학함수에서 f(x)=x × x로 정의하는 것처럼)

함수를 표현하는 방법은 언어에 따라 조금씩 다른데, Java나 C에서는 중괄호{ }를 사용하여 함수 내용을 감싸주고, 파이썬에서는 들여쓰기로 함수의 내용이 어디까지인지 표현한다.

```
def reverse(A):
....
  return B
```

수학함수에서 숫자를 제곱하는 것도 알고리즘으로 정의하면

```
def squared(x):
  y=x*x
  return y
```

로 정의하면 된다.

또는 더 간단하게 표현한다면,

```
def squared(x): return x*x
```

로 정의해도 된다.

그러면 다른 알고리즘(즉 다른 함수)에서 그 함수를 다음과 같이 사용할 수 있다.

```
def double_squared(x):
  y=2*squared(x)
  return y
```

이것은 마치 수학함수에서 다른 함수를 이 함수의 domain값으로 사용하는 것과 같다. 즉, x에 대하여 f(x)와 g(x), q(x)가 정의되어 있을 때, y=f(g(x)+q(x))처럼 쓸 수 있는 것과 같다.

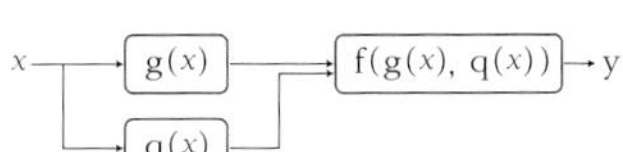


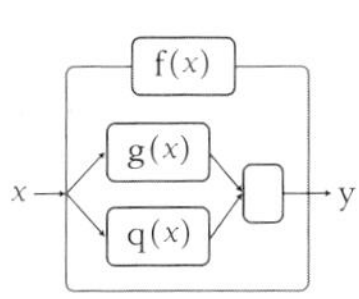


*Example*

다음과 같은 숫자가 있다고 할 때, 그 집합 안에 있는 모든 숫자의 합을 구하는 알고리즘을 작성해 보자.

{3, 5, 7, 2, 9, 1, 11, 4}

자, 더하려고 하는 숫자들의 집합을 하나의 array(행렬)로 표현해 보자.

| | A[0] | A[1] | A[2] | A[3] | A[4] | A[5] | A[6] | A[7] |
|---|---|---|---|---|---|---|---|---|
| A | 3 | 5 | 7 | 2 | 9 | 1 | 11 | 4 |

그러면 합을 구하는 알고리즘을 함수(function)의 형식으로 표현한다면

```
def summation(A):
  ...
  return total_sum
```

이 될 것이다.

반복하여 A[i]에 있는 값들을 total_sum에 더하여서 그 최종값을 return 하면 된다.

```
def summation(A):
    total_sum = 0
    for i in range(0, len(A)):
          total_sum = total_sum + A[i]
    return total_sum
```

> **i가 0부터 시작하여 하나씩 증가하여 n보다 작을 때까지 내용을 반복! 다음과 같은 의미이다.**
>
> ```
> i=0
> while i<len(A):
>   ...
>   i = i+1
> ```

마찬가지로 하여, 집합 A에 들어 있는 값들의 전체 곱을 구하는 알고리즘을 만들어 보자.

```
def product(A):
    total_prod = 1
    for i in range(0, len(A)):
        total_prod = total_prod*A[i]
    return total_prod
```

그러면 만약에 우리가 summation과 product라는 함수를 이미 알고 있다고 가정을 할 때, 새로운 함수 proddivsum(A)을 정의한다고 하자. 이 함수는 집합 A에 들어 있는 수치값들의 전체 곱을 전체 합으로 나눈 값을 return하는 것으로 해 보자.

```
def proddivsum(A):
    value=product(A)/summation(A)
    return value
```

하지만 조금 더 생각해 보면 나눗셈에서 분모가 0이 되면 안 된다는 것을 우리는 알고 있다.

그래서 위의 함수를 다시 정의하여 보면, 0으로 나누는 것을 제외시켜야 한다.

```
def proddivsum(A):
    if summation(A) ! = 0:
        value=product(A)/summation(A)
        return value
    else: return error
```

혹은

```
def proddivsum(A):
    try:
        value=product(A)/summation(A)
        return value
    except ZeroDivisionError:
        print("You can't divide by zero")
```

라고 하면 정확하다.

함수의 그림으로 다시 표현하여 본다면,

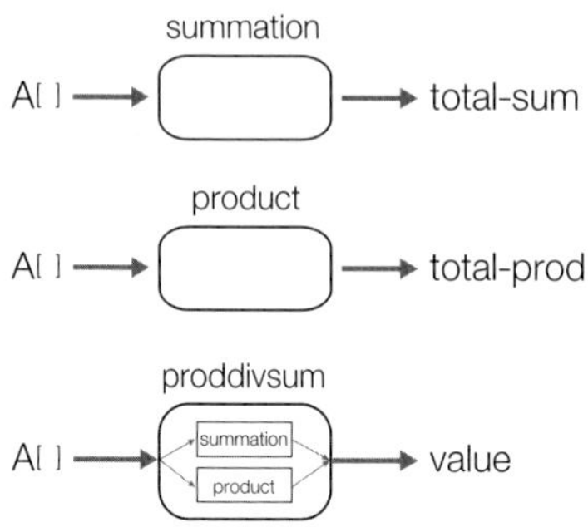


**읽어보기**

*이 세상은 함수의 조합으로 표현할 수 있다.*

*이 세상은 하나의 함수이다!*

```
def Life(man):
  Eat(food)
  Love(her)
  Sleep(8)
```

각각의 함수를 또다시 정의할 수 있다.

알고리즘이나 절차는 어떠한 특정한 함수(function)에 보관되며, 누군가 그 함수를 호출(call)하면 함수 내부에 저장되어 있는 알고리즘이 실행된다. 위와 같이 squared 함수 안의 알고리즘은 매우 짧고 간단하지만 실제로는 매우 복잡하고 정교한 경우가 많다. 따라서 필요한 함수를 잘 정의한 다음, 그들을 적절히 이용하여 알맞은 위치에 불러서 쓴다면 복잡한 논리도 뒤엉켜 있는 알고리즘도 간결하고 아름다운 공식으로 만드는 데 아주 중요한 역할을 담당한다.

그런데 함수에서 재미있는 것은 함수가 내부에서 자기 자신을 부르는 것도 가능하다는 사실이다.

## 8.2. 재귀적 세상(Recursive World)

네덜란드 화가 에셔(Maurits Cornelius Esher)의 작품은 절묘하게 뒤얽혀 있는 시각적인 패턴이 물리적 공간에서 혼란을 불러일으킨다. 이러한 에셔의 작품세계는 환상적인 세계를 그리고 있는 것 같지만 사실은 우리가 살아가고 있는 세계에 숨어 있는 시각적이고 공간적인 법칙의 한 단면을 나타내고 있다.

우리는 우주와 같이 무한하다고 생각되는 공간을 표현하기 위한 방법을 가지고 있지 못하다. 우리가 사용하고 는 도구와 표현은 모두 유한한 것이기 때문이다. 따라서 유한한 도구나 시스템을 사용하여 무한한 것을 표현하고자 사용하는 도구 중의 하나가 바로 '재귀적(recursive)' 패턴이다. 에셔의 드로잉은 유한한 도구를 사용하여 무한한(무한하게 계속되는) 것을 표현했다. 뫼비우스의 띠 또한 유한한 도구를 사용하여 무한, 즉 시작도 없고 끝도 없이 반복되는 것을 표현한 것이다.

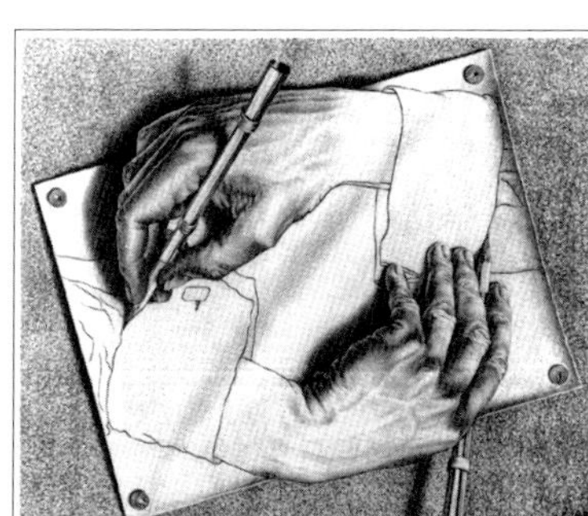

에셔, 〈Drawing Hands〉, 1948

한때 서점에 How-To Book 시리즈가 유행했던 적이 있었다. How-To 시리즈는 우리가 궁금해하는 모든 주제에 대해서 매뉴얼 책의 형태로 계속 나오고 있었다. 예를 들면 "How-to cook Rice"부터 "How-to install internet", "How-to buy best TV", 그리고 낚시 하는 법, 차차차 추는 법, 여자 친구 사귀는 법 등 엄청난 주제에 대해서 "How-to" 시리즈가 나왔다. 그러다가 나중에 "**How To Read How-To Books**"가 등장했다. 그러면 이 책을 읽으려면 How To Read How To Read How To Books가 되어야 하는 것이다. 이것은 이 책의 초반에 살펴본 정보의 구조 패턴과 비슷하게 되는데, 즉 [How To Read]n How To Books]로 표현될 수 있다. [How To Read]는 n번 반복될 수 있는데, n은 무한히 커질 수 있는 숫자이다. 이렇게 자신이 자신을 불러내는 구조는 무한히 반복되는 것을 표현할 수 있다.

함수도 자기 스스로를 불러내면 그것을 재귀 함수(recursive function)라고 부른다. 다음의 예를 보도록 하자.

n의 factorial값은 다음과 같이 정의할 수 있다. n*(n-1)*(n-2)*…*2*1

어떤 input 값 n을 받아서 n의 factorial 값을 출력하는 함수 Factorial(n)을 정의하여 보시오.

우리가 알고 있는 보통 looping을 이용하여 pseudo code를 만들면

```
def factorial(n):
    total = 1
    while n > 0:
        total = total * n
        n = n - 1
    return total
```

이것을 recursive하게 정의하기 위하여서는 factorial을 다시 한 번 살펴보자. factorial(n)은 n*factorial(n-1)로 표현할 수 있다.

따라서

```
def factorial(n):
    return n*factorial(n-1)
```

로 표현하면 된다. 맞는가?

문제가 있다. 언제까지 계속 recursive하게 갈 것인가. 언제 멈출 것인가?(안 멈추면 무한하게 영원히 계속 반복되어 간다.)

멈춤 조건 'termination condition'이 필요하다. 언제 멈춰야 하는지에 대한 조건이 필요하다.

```
def factorial(n):
    if n == 1: return 1
    return n*factorial(n-1)
```

이 되어야 한다!

### 피보나치(Fibonacci) 수열

피보나치 수열은 두 개의 1로 시작하여 앞의 두 수를 더한 수가 현재의 수가 되는 방식으로 진행한다. 예를 들어

1, 1, 2, 3, 5, 8, 13, 21, 34, 55 …

피보나치 수열을 수학공식으로 나타내면 다음과 같다.

$F(n) = 1$, where $n <= 2$
$F(n) = F(n-1)+F(n-2)$, where $n>2$

이 피보나치의 수열을 계산해 내는 알고리즘 함수 Fib(n)을 생각해 보자. 즉 n을 입력하면 Fib(n)은 Fibonacci 수열에서 n번째 숫자를 출력한다.

```
def fib(n):
    if n <= 2: return 1
    else:
      tmp1 = tmp2 = 1
      for i in range(3, n+1):
          current = tmp1 + tmp2
          tmp1 = tmp2
          tmp2 = current
    return current
```

이것을 recursive function으로 표현한다면

```
def fib2(n):
    if n <= 2: return 1
    else:
      return fib2(n-1) + fib2(n-2)
```

이렇게 재귀적인 함수를 이용하여 문제를 해결하는 것은 많은 경우에 문제를 간단하게 해결할 수 있는 실마리를 준다.

**하노이 타워(Hanoi Tower) 문제**

크기가 서로 다른 4개의 디스크 A, B, C, D가 3개의 막대기 1, 2, 3 중에 막대기 1에 쌓여 있다. 제일 큰 것이 제일 바닥에 있어야 하고 순서대로 차례로 쌓여서 제일 작은 것이 제일 위에 쌓여 있다. 이들 디스크들은 다음의 규칙을 어기지 않으면서 막대기 3으로 모두 옮겨져야 한다.

(1) 한 번에 하나의 디스크만 이동할 수 있다. 그리고
(2) 어떠한 순간에도 작은 디스크 위에 큰 디스크가 올라가지 못한다.(그러면 깨진다!)

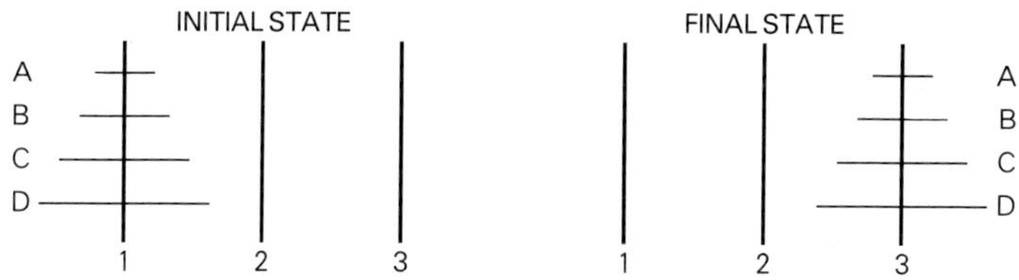


어떤 순서대로 디스크를 어떻게 옮기면 막대기 1번에 있는 4개의 디스크를 막대기 3번으로 옮길 수 있을까. 문제를 좀더 일반화시켜서 4개의 디스크가 아닌 n개의 디스크라고 하면 어떻게 될까? 당신의 그 알고리즘(방법)은 어떠한 n에 대해서도 다 작동을 할까?

이 문제 해결에 필요한 잘 알려진 방법이 바로 재귀적 방법이다.

막대기 1, 2, 3이 있고 n개의 디스크를(n〉1) 막대기 1번에서 막대기 3번으로 옮기는 문제는 다음의 세 단계로 다시 정의될 수 있다.

(1) n-1개의 디스크를 막대기1번에서 2번으로 옮겨라.
(2) 남은 1개의 디스크를 막대기1번에서 3번으로 옮겨라.
(3) n-1개의 디스크를 막대기2번에서 3번으로 옮겨라.

여기서 (1)과 (3)은 다시 재귀적으로 위의 방법에 다시 적용하면 된다. 막대기에 디스크가 1개가 남으면 재귀 반복은 끝나게 된다.

임의의 n에 대해서 하노이 타워 문제를 해결하여 보고 몇 단계의 디스크 이동이 필요한지를 비교하여 보자.

읽어보기

오래된 퍼즐 중에서 빨간 눈의 승려(The Red-eyed Monks)란 것이 있다.

There is an island whose only inhabitants are perfectly logical monks with strange practices. Every monk has either red eyes or brown eyes. Red eyes are considered a curse, and any monk who discovers that he has red eyes must kill himself next time it is midnight.
However, the monks do not have any way to discover if they have red eyes. There are no reflective surfaces on the island. While monks can see each other's eyes, they have taken a vow of silence and are not allowed to communicate with each other.
One day, a tourist came by and loudly noted that at least one monk on the island had red eyes. At first, all the monks just silently regarded this fact, but many nights later there were a bunch of suicides. What happened and how?

완벽한 논리 능력을 가진 승려들만 모여 사는 섬이 있다. 승려는 눈의 색깔이 빨간 색이거나 갈색이다. 빨간 눈의 승려는, 마법에 걸려 자신의 눈이 빨간색이라는 것을 알게 되면 그날 밤 12시에 죽게 된다.
그 섬에는 거울 같은 것도 없기 때문에 자신의 눈의 색깔을 알 수 있는 방법은 없다. 또한 승려들은 다른 사람의 눈의 색깔을 보고 알 수는 있지만 그것을 그 사람에게 말해 주면 안 된다는 불문율이 있기 때문에, 모든 승려는 자신의 눈의 색깔을 모르고 살고 있다. 그렇게 빨간 눈과 갈색 눈들은 행복하게 잘 살고 있었다.
하루는 그 섬에 관광객이 찾아와서 큰 소리로 말했다. "어, 이 섬의 사람들 중에 적어도 한 명은 빨간 눈이군요." 승려들은 서로 말은 하지 않지만 그 관광객의 입을 통하여 처음으로 새로운 정보를 듣게 되어 동요하기 시작했고 몇 일 후에는 많은 승려들이 죽어 있었다. 무슨 일이 어떻게 일어난 걸까?

그 섬에 있는 빨간 눈을 가진 승려의 수를 n이라고 하면,
n=1일 때에는? 적어도 1명이 빨간 눈이라고 했는데 그 승려가 다른 승려들을 보니 모두가 갈색이었다면, 그러면 그 빨간 눈은 자기 밖에 없

다는 말이므로, 그는 그날 밤 죽는다.

n=2일 때에는? 그 두 명의 승려는 각각, 다른 승려들의 눈을 보게 되고 그러면 모두 갈색인데 한 명만 빨간색임을 알게 된다. (자신을 제외한 다른 한 명) 따라서 그 각자는 그날 밤 그 다른 한 명이 죽을 것이라고 생각을 한다. 그 다음날 아침에 일어 났는데, 그 두 명은 서로를 보고 화들짝 놀란다. 안 죽었기 때문이다. 그러면 그들은 빨간 눈이 두 명이라는 것을 알게 되고 그날 밤 그 두 명은 죽게 된다.

n=3일 때에는?

….

이 문제는 재귀적으로 표현할 수 있다. n=10일 때에는 n이 9일 때의 논리를 적용하고, 9일 때에는 8일 때의 논리를 적용하고, 8일 때는 7일 때의 논리를 적용한다. 이렇게 거슬러 올라가서 마침내 n=1일 때에, 즉 눈이 빨간 사람이 한 명 있을 때를 종료조건으로 하여 문제의 해를 표현할 수 있다.

만약 관광객이 거짓말을 했다면 어떻게 될까? 즉, 사실 그 섬에는 빨간 눈의 승려가 전혀 없는데, 그 관광객이 적어도 한 명이 있다고 거짓말을 한 것이라면 어떻게 될까?

# 9. 대안(Alternative) 컴퓨팅 — 지능 흉내 모델

## 9.1. 다양한 전략의 사용

같은 문제에 대해서라도 다양한 여러 가지 알고리즘을 만들 수 있다. 또한 서로 다른 전략이 사용될 수도 있다. 다음의 간단한 문제를 가지고 어떤 전략이 어떤 목적으로 사용될 수 있는지를 알아보자.

**문제***: 아래 그림과 같이 정확하게 알루미늄판 1000cm$^2$를 사용하여 깡통을 만들려고 한다. 1000cm$^2$를 사용하여 위의 그림과 같이 여러 가지 모양의 깡통을 만들 수가 있으나, 우리는 같은 양의 알루미늄을 사용하여 가장 부피가 큰 깡통을 만들어야 한다. 가장 큰 부피의 깡통을 만들기 위해서는 깡통의 반지름과 높이를 어떻게 정해야 할까.

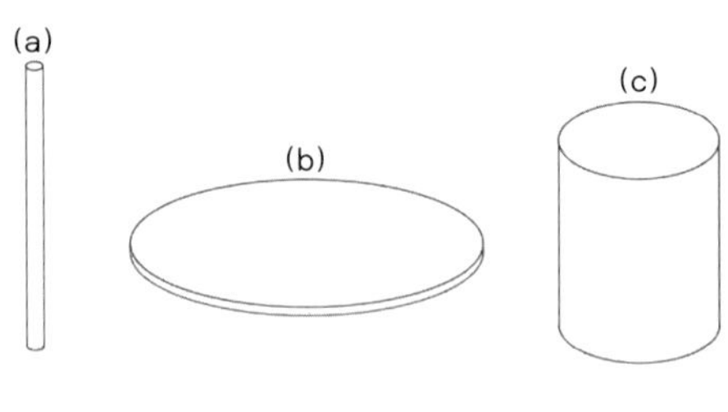


* 이 문제는 최적화(optimization) 문제이다. 즉, 어떠한 주어진 상황에서 (어떤 조건을 만족하는) parameter들에 대한 최적의 값을 찾는 문제이다. 여기서의 주어진 상황과 조건은 1000cm$^2$의 판을 사용하고 최대 부피를 만들라는 것이고, parameter는 캔의 반지름과 높이이다.

먼저 우리가 알고 있는 수학 지식을 사용하여 주어진 문제를 추상화하여 보자.

깡통은 원형 모양의 뚜껑 2개와 직사각형 모양의 몸통 하나로 이루어져 있다. 뚜껑의 반지름을 r이라고 하고, 몸통의 높이를 h라고 하면, 하나의 뚜껑 면적은 $\pi r^2$이고 그 뚜껑의 둘레길이는 $2\pi r$이 된다. 따라서 면적은 $2\pi r^2+2\pi rh$가 되고 이것은 1000이다.

즉, $1000 = 2\pi r^2+2\pi rh$

즉, $\mathbf{500} = \pi r^2+\pi rh$ **(식1)**

그리고 부피 $\mathbf{V} = \pi r^2 h$가 된다. **(식2)**

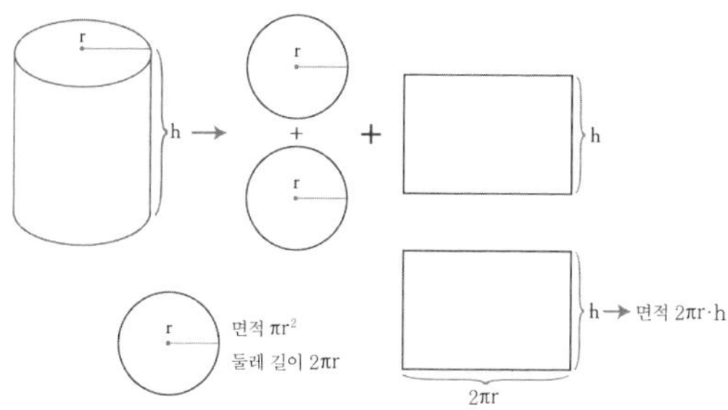


우리는 부피 V가 최대가 되게 하는 r과 h를 구하고자 하는 것이다.

Parameter의 개수를 줄여서 문제를 좀더 간단하게 만들어 보자.

(식1)을 h에 대하여 풀면, $h = \frac{500 - \pi r^2}{\pi r^2}$ 이 된다.

그리고 이 h를 (식2)에 대입하면

$\mathbf{V = 500r - \pi r^3}$이 된다. **(식3)**

자 이제 부피 V는 하나의 parameter r에 대한 식으로 바뀌었다. 이제 V

를 최대로 하게 하는 r를 구해 보자. (그림에서도 알 수 있듯이, r이 너무 커도 부피는 최소가 되고 r이 너무 작아도 부피는 최소가 된다.)

고등학교 수학에서 미적분을 배운 학생은 수학적으로 바로 답을 구할 수 있을 것이다. 즉 V의 식에 미분을 취하고 0으로 놓으면, V를 최대 혹은 최소로 하게 하는 r을 구할 수 있다.

즉, $0 = 500 - 3\pi r^2$

즉, $3\pi r^2 = 500$

즉, $r = \pm \frac{500}{3\pi} = \pm 7.28$

즉, r=7.28일 때 V가 최대가 됨을 알 수 있다.

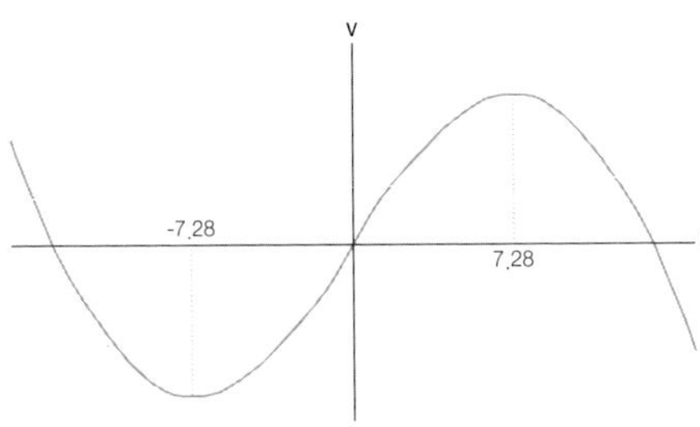


미분을 안 배웠다고, 모른다고 걱정하지 말자. 왜냐하면 우리는 반복 자동 알고리즘으로 해결할 수 있기 때문이다. 이전에 우리가 이미 보았듯이 컴퓨터에서 사용하게 될 알고리즘과 프로그래밍은 아주 단순한 task를 순서대로 나열하여 자동 반복시켜서 문제를 해결할 수 있다.

**$V = 500r - \pi r^3$**에서 r의 범위는 정수로 1에서 12까지라고 하자.(실제로 r이 12가 넘어가면 알루미늄 면적 $1000cm^2$를 넘어가 버린다. 편의상 r은 정수만 사용하기로 하자. 그러면 이것은 12개의 candidate 중에서 하나를 고르는 문제로 정의 된 것이다. 그 12개의 candidates가 어떠한 구조를 가지

고 자리잡고 있으면 반복적 알고리즘을 통하여 구할 수 있다.

전략을 세워 보자! 우리가 해 볼 수 있는 가장 쉬운 방법은 r을 1부터 12까지 하나씩 증가하면서 V를 각각 계산하고, 그중에서 가장 큰 V값을 만든 r을 찾으면 된다.(이것은 이전에 수업시간에 했던 array에서 max 값을 찾는 문제와 같다.)

알고리즘을 만들어 보면,

```
import math    # 수학연산을돕는모듈

def MaximumVolume( ):
    maxV = 0
    maxR = 0

    for r in range(1, 13):
        v = (500*r) - (math.pi)*(math.pow(r,3))
        print(v)
        if v > maxV :
            maxV = v
            maxR = r
    return maxR
```

모든 r에 대한 V값을 그림으로 나타내면 다음과 같다.

| r | v |
|---|---|
| 1 | 497 |
| 2 | 975 |
| 3 | 1415 |
| 4 | 1799 |
| 5 | 2107 |
| 6 | 2321 |
| 7 | 2422 |
| 8 | 2392 |
| 9 | 2210 |
| 10 | 1858 |
| 11 | 1319 |

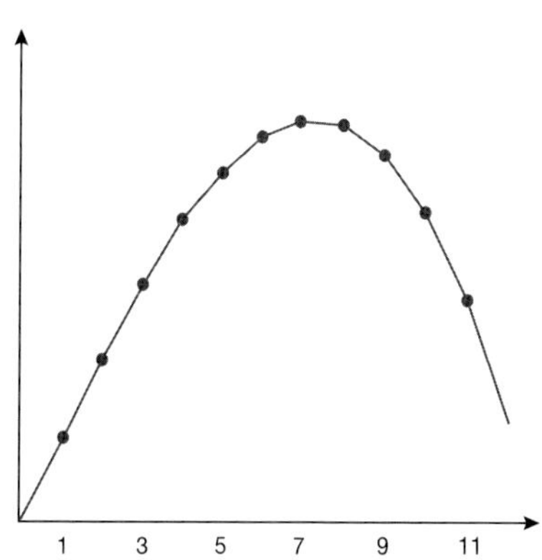

즉 r=7 일 때 V가 최대값이 됨을 알 수 있다.

만약 우리가 이렇게 V가 r=1…12의 범위 내에서 간단한 curve(즉 올라갔다가 내려가는 curve)를 나타내는 것을 이미 알고 있다면 정상까지 올라갔다가 다시 내려가기 시작하면 그 다음은 계산할 필요가 없을 것이다. 그래서 다음과 같은 '전략'을 짠 사람도 있을 것이다. 즉 r을 제일 적은 값에서 시작하여 계속 증가시켜 나가면서 V를 계산하여 현재의 V값과 바로 직전의 V값을 비교한다. 어느 순간에 현재의 V값이 직전의 V값보다 작아진 순간을 만나면, 그것은 이제부터 V가 하향하는 것이므로 바로 직전의 V가 최대 V값이 되는 것이고, 그 최대 V값의 r값을 return하면 된다.

이 전략을 알고리즘으로 만들어 보자.

```
import math

def MaximumVolume( ):
    maxV = 0
    maxR = 0

    for r in range(1,13):
        V = (500*r) - (math.pi)*(math.pow(r,3))
        print(v)
        if V > maxV :
            maxV = v
            maxR = r
        else: return maxR
```

조금 더 효율적으로 되었는가? 이 두 번째 전략을 조금 더 자세히 살펴본다면, 지금보다 바로 옆을 바라봐서 조금 더 나으면 그리로 이동하고, 그곳에서 다시 바로 옆을 봐서 조금 더 나으면 그리로 이동하는 것을 반복하다가, 바로 옆을 바라봐도 지금보다 더 좋은 곳이 없으면, 지금의 그곳이 제일 좋은 곳인 줄 알고 그곳에 자리잡는다. 이러한 전략을 greedy algorithm이라고 하며 (탐욕적 알고리즘, 욕심쟁이 알고리즘), hill-climbing algorithm이라고 한다. Greedy algorithm은 어느 순간에 그 상황에서 할 수 있는 가장 좋은 선택을 하고, 다시 그것을 반복해 나감으로써 결국 전체에서 가장 좋은 선택을 고를 수도 있을 것이라는 희망을 갖고 하는 것이지만, 이 알고리즘은 전체 최고(global optimal)를 찾는다는 것을 보장하지 못한다. 가끔은 2보 전진을 위해 1보 후퇴가 필요한 경우도 있는데, 이 greedy전략은 1보 후퇴가 불가능한 전략이기 때문에 저 좋은 전진을 하지 못하게 될 수 있다.

이제 global optimal을 찾을 전략을 구상해 보자. 사실 global optimal은 모든 가능한 r값에 대하여 모두 다 테스트해 보고 그중에서 가장 optimal한 것을 선택하면 된다. (이것을 '반복적 자동 계산의 힘'으로 밀어붙이는 것이어서 Brute Force 방법이라고 한다.) 하지만 대부분의 경우에 문제의 크기가 워낙 커서 모든 가능성 테스트를 다 해 볼 수 없는 경우가 많다. 그것을 다 해 보기에는 인생은 너무 짧다.

## 9.2. 다양한 대안적 전략

우리는 지금까지 procedural 알고리즘, 즉 문제 해결 과정을 작은 단위로 분해한 후에 그것을 순차적으로 나열하고 그 순서대로 진행하는 알고리즘에 대하여 살펴보았다. 하지만 이러한 procedural algorithm은 몇몇 문제에 있어서는 아예 해결이 불가능하거나(unsolvable) 가능은 하지만 현실적이지 않은(practically impossible) 경우들이 있다. 예를 들어 10자리의 영문자와 숫자로 이루어진 암호를 찾는 문제를 생각해 보면 각 자릿수마다 대소문자와 숫자의 합 62문자 중 하나가 들어오기 때문에 가능한 10자리 암호는 모두 $62^{10}$ = 839,299,365,868,340,224이며 1초에 1억 개씩 체크하는 슈퍼 컴퓨터가 한순간도 쉬지 않고 초당 1억 개씩 체크해도 266년이 걸린다. 가능은 하지만 현실적으로 불가능하다. 그렇다면 이러한 문제는 해결이 불가능한 것인가? 그렇지 않다. 그렇게 시간이 많이 걸리는 이유는, 모든 가능한 후보자를 '순차적(procedural)'으로 하나씩 차례대로 체크하기 때문이다. 따라서 이러한 문제를 해결하기 위하여 procedural algorithm에 대한 대안적 접근방법(alternative approach), 즉 순차적이 아닌 다른 모델이 나오기 시작했으며 그 예는 다음과 같다.

▶ **지능 모델**: 인간의 두뇌가 정보를 처리하는 방식을 모델로 만들어 그것을 사용하고자 하는 것이다. 여기에는 다음과 같은 두 가지의 방식이 있다.

지식 기반(knowledge-based) 방법: 사용할 수 있는 '지식'이라는 형태가 있다고 가정을 하고 그 지식을 어떻게 끄집어 내고, 조합하고, 연결하여 현재의 문제 해결에 답을 주게 할 것인가에 대한 모델이다.

Data-oriented 방법: 관찰된 많은 양의 도메인 데이터들로부터 일정한 패턴과 일반화된 모델을 스스로 찾아내어 그 도메인에서의 문제 해결에 적용하고자 하는 방법이다. 기계학습(machine learning)과 데이터 마이닝(data mining)이 여기에 해당한다.

▶ **인공생명(Artificial Life)**: 생명체의 상호 활동을 시스템적으로 연구하여 복잡한 정보처리 시스템으로 이해하고, 그러한 시뮬레이션 모델

을 우리가 직면한 문제 해결에 활용하고자 하는 노력이 있다.

- ▶ **진화**(evolutionary) **또는 유전자**(genetic) **알고리즘**: 생명체가 진화해 나가는 시스템을 정보처리 모델로 만들어 최적화 문제와 같은 문제 해결에 활용하고자 하는 노력이다.
- ▶ **뇌 기반 방법, 신경망**(Neural Network) **알고리즘**: 인간의 뇌의 수많은 뉴런과 시냅스들이 정보를 처리하는 모델을 정의하고 그것을 우리의 문제 해결에 활용하고자 한다.
- ▶ **바이오닉스**(Bionics): 인간의 신체와 기계를 합쳐서 상호 정보 상호 작용을 하게 하여 문제를 해결하는 방식이다.
- ▶ **집단지성과 휴먼컴퓨팅**: 인터넷과 같은 네트워크상에 연결된 사람들이 직접 어떠한 일을 수행하고, 컴퓨터와 네트워크는 그것을 코디네이트하고 연결하고 통합하여 우리의 문제를 해결하고자 한다.

이 책에서는 이 모든 대안적인 방법을 모두 다 자세하게 설명하지는 않는다. 다만 기본적인 개념과 활용 사례를 제시함으로써 이러한 방법에 대한 이해를 돕고자 한다.

### 기존의 순차적 모델

이미 학습을 한 것이지만, 다른 방법들과의 비교를 위하여 간략히 그 특징을 다시 한 번 살펴보도록 하자. 순차적 모델은 기본적으로 입력 값(input)이 있고, 절차(process)가 있으며, 입력 값이 절차에 의하여 가공되어 출력 값(output)으로 나오는 것이다. 입력 값에 따라서 원하는 출력 값이 나오도록 처리 절차를 정의해 주는 것이 핵심인데, 그 절차(process)는 기본 task들을 순서대로 처리되도록 나열한 것이다. 그것이 컴퓨터라는 기계에서 자동으로 빠르게 처리할 수 있는 형태이기 때문이다. 컴퓨터는 그 기본 task들을 매우 빨리 처리할 수 있으므로, 어떠한 문제 해결 방안을 기본 task들의 처리 순서로 나열하기만 하면 된다. 그러한 순서 나열을 알고리즘이라고 볼 수 있으며, 기본 task는 프로그래밍 언어의 각 명령어라고 볼 수도 있다.

이것은 매우 강력한 computational model이지만 어떤 문제 해결은 기본 task들의 순차적 나열로는 해결 못하거나 혹은 해결한다고 하더라도 현실적으로 불가능한 경우가 많다.

예를 들어 필기체 문자, 사람의 얼굴을 인식하는 문제, 추론, 최적화, 자연어 처리 등의 문제, 엄청나게 많은 원 데이터에서 특정한 패턴을 찾아내는 문제 등은 순차적 모델로는 해결하기 힘든 문제라고 할 수 있다. 이러한 문제들은 일반적으로 사람은 잘하지만 컴퓨터는 잘하지 못하는 종류의 문제들인데, 이것은 사람의 '지능(intelligence)'이 사용되기 때문이라고 말하고 있다.

### 지능

지능 모델을 어떻게 computing 모델로 만들 것인가는 쉬운 문제가 아니다. 먼저, '지능'이 무엇인가에 대한 정의를 내리는 것부터가 쉽지 않다. A가 B보다 더 지능적(intelligent)이다라고 말할 때, 무엇을 가지고 어떤 기준을 사용하는 것일까. 여기에 대해서는 1950년에 알란 튜링이 제안한 튜링 테스트가 있다. 다음 그림에서 보듯이 담의 이쪽 편에는 사람 A가 있고, 건너편에는 사람 B가, 그리고 컴퓨터 프로그램 C가 있다. 그리고 A는 B와 C와 커뮤니케이션을 하는데 그 과정에서 A는 B와 C 중에서 누가 사람이고 누가 컴퓨터인지를 구분해 내야 한다. 만약 A가 B와 C 중에서 누가

사람인지 구별해 내는 것을 어려워한다면, 우리는 그 컴퓨터 C를 지능적(intelligent)이라고 한다.

간단해 보이면서 뜬구름 잡는 것처럼 보이지만, 어떠한 컴퓨터 프로그램을 지능적이다라고 부를 수 있는지를 판단하는 데 유용하게 사용된다. 초기 인공지능 프로그램 중에서 Mycin이라는 환자 진단 프로그램이 있었다. 환자의 증세를 입력 값으로 받아서 그 환자의 병명을 진단하는 것인데, 똑같은 환자 데이터에 대하여 그 프로그램을 적용한 결과와 실제 의사 100명에게서 나온 진단 결과를 비교하여, 프로그램 성능이 의사의 능력과 비슷하거나 더 우수하다면 우리는 그 프로그램을 지능적(intelligent)이라고 부를 수 있다.

컴퓨터 프로그램의 '지능'을 판단하기 위한 사고 실험 중에 John Searle가 제시한 Chinese Room 논쟁이 있다.* 이 Chinese Room 실험 가정을 쉽게 설명하면 이렇다. 우리가 안을 들여다볼 수 없는 방(Room)이 있고, 우리는 그 방 안이 어떻게 생겼는지는 모르지만 영어로 적은 문장을 문 틈으

* John Seale, "Minds, Brains, and Programs", *Behavioral and Brain Sciences*, 1980.

로 넣으면 잠시 후에 그것에 대한 중국어 쪽지가 나온다. 생각하건대 그 안에는 영어와 중국어를 자유자재로 사용하면서 소통할 수 있는 지능적인(intelligent) 사람이 있을 것이라고 생각한다. 나중에 방 안이 공개되어 그 안을 보니, 영어밖에 못하는 (중국어는 전혀 못하는) 사람이 규칙 책을 가지고, 들어온 input에 대해서 그 규칙 책에 나온 대로 따라 해서 책장의 몇째 칸에 있는 어떤 종이를 집어서 output(내보내는 일)만 하고 있었던 것이다. 자, 그러면 이 Chinese room은 지능적이다라고 할 수 있을 것인가. 이 사고 실험에서의 핵심은 프로그램이 지능적으로 행동할 수는 있다 하더라도 컴퓨터에 마음, 이해, 의식과 같은 것은 줄 수가 없다는 것이다. '지능'적인 것을 흉내 내는 것도 '지능'이라고 부를 것인가, 지능적인 방법으로만 지능 행위를 하는 것도 지능이라고 부를 것인가에 대한 논의이다.

혹자는 이렇게 말하기도 한다. "우리는 새처럼 날고 싶어서 비행기를 만들었고 그래서 하늘을 날 수 있게 되었지만, 우리의 비행기가 새와 같은 방법으로 나는 것은 아니다." 현재 대부분의 지능형 시스템은 겉으로 보이기에 지능적으로 행동하는 시스템이라고 말할 수 있다. 그중 어떤 것은 내부적으로는 Chinese room처럼 정해진 규칙과 순차적 프로그램에 따라 움직이지만, 겉으로는 인간의 지능적 행위를 능가하게 만들 수도 있는 것이다. 그 대표적인 예가 러시아의 세계 챔피언인 Gary Kasparov와 IBM의 슈퍼컴퓨터인 Deep Blue가 1996년과 1997년에 벌인 인간 대 컴퓨터 체스경기이다. Kasparov는 16살 이후로 체스 경기에서 져 본 적이 없는 체스의 최강자이며, Deep Blue는 체스경기만을 전문으로 하도록 IBM에서 만든 슈퍼컴퓨터였다.

1996년 경기는 6번 하였는데, 가장 첫 경기는 놀랍게도 Deep Blue가 승리를 하였다. 두 번째는 Kasparov가 이겼고 세 번째와 네 번째는 비겼으며, 나머지 다섯 번째와 여섯 번째도 Kasparov가 이겨 4 대 2로 인간이 승리하였다. 1997년에 재경기가 열렸는데, 첫 경기는 Kasparov가, 두 번째 경기는 Deep Blue가 승리하였고 세 번째부터 다섯 번째까지 세 경기는 무승부였다. 마지막 6번째 경기를 앞두고 양쪽이 2.5 대 2.5 동률 상황이었다. 그리고 마지막 경기는 Deep Blue의 승리로 끝나 결국 컴퓨터가 최고의 인간 챔피언을 상대로 3.5 대 2.5로 승리하는 일이 발생한 것이다. Kasparov는 경기를 하는 동안에 기계가 아닌 인간의 냄새를 느꼈다며 음모와 사기를 주장하며 재경기를 요구 했지만, IBM은 재경기를 거부하면서 이 역사적인 경기는 막을 내리게 된다.

◀▼ 체스 대결 중인 Kasparov

▲ 스미소니언 박물관에 전시되어 있는 Deep Blue.

Deep Blue는 체스 경기에서 다음 수를 어디에 놓을지를 계산하기 위하여 모든 가능한 다음 위치를 하나씩 계산하는데 1997년 경기에서는 12수까지 내다보는 엄청난 계산 속도를 내기 위하여 특별히 설계된 480개의 VLSI칩을 가지고 1초에 2억 개의 위치에 대한 계산할 수 있었다. 게다가 70만 건에 달하는 기존의 대국 정보와 4천 개의 위치 정보가 기록되어 있었다. 사실 인간은 12수 앞까지에서 발생 가능한 그 수많은 위치를 하나씩 계산하여 다음 수를 결정하지 않는다. 즉 Deep Blue는 chinese room처럼 정해진 규칙과 모델을 빠른 속도로 계산하여 인간의 지능 수준에 도달할 수 있음을 보여 준 것이며, 지능적인 방법은 아니지만 지능적인 행위를 할 수 있다는 것을 보여 준 성공적인 사례라고 생각된다.

### 지능 모델

지능 모델은 크게 두 가지로 나뉘는데, 그것은 지식 기반 방식(knowledge-based approach)과 데이터 기반 방식(data-driven approach)이다. 어떤 이는 지식 기반 방식을 인공지능(artificial intelligence)이라고 하고, 데이터 기반 방식을 계산지능(computational intelligence)이라고 하기도 하는데 그러한 구분은 큰 의미는 없어 보인다.

지식 기반 방식은 일단 '지식'이 이미 존재하고 있다고 가정을 하고, 그 지식들을 어떻게 구조화하고 연결시켜서 '추론'과 같은 지능적 행위를 흉내 내게 할 것인가가 관심사이다. 전문가 시스템(expert system)이 그 대표적인 사례이다. 하지만 그 '지식'을 어떻게 처음에 획득할 것인가, 그리고 기존 지식들 간의 상충 문제, 그리고 시간이 감에 따라서 지식이 수정 보완되어야 한다는 문제들이 존재한다. 데이터 기반 방식은 경험 데이터 혹은 관측 데이터로부터 지식을 일반화시켜 추출해 내고 문제를 해결할 수

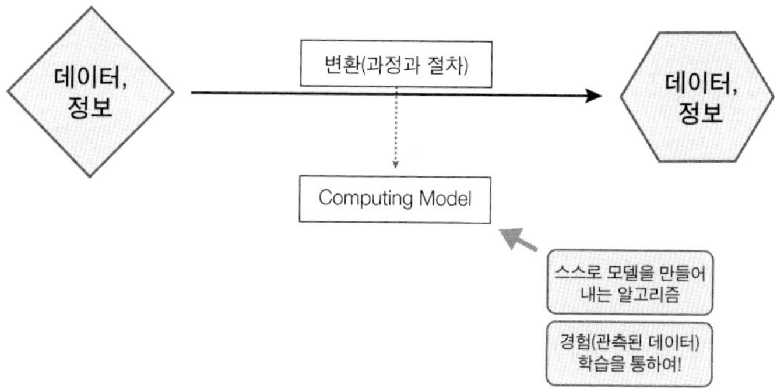


있는 컴퓨팅 모델을 만들어 내는 방식이다. 기계학습(machine learning) 알고리즘과 데이터 마이닝(data mining)이 여기에 해당된다. 기계학습은 경험으로부터 자동으로 향상되는 컴퓨터 알고리즘에 대한 연구인데,* 쉽게 설명하자면 데이터로부터 스스로 지식(즉 규칙과 패턴)을 만들어 내는 (즉 스스로 학습하는) 컴퓨터 알고리즘에 대한 것이라고 할 수 있다. 많이 이야기되는 데이터 마이닝(data mining)은 대량의 데이터로부터 암묵적이고, 이전에는 몰랐던, 유용한 정보나 패턴을 효율적으로 추출해 내는 방법과 기술을 의미한다. 따라서 데이터 마이닝은 통계적 방법, 기계학습적 방법, 인공지능적 방법과 같은 다양한 방법을 사용할 수 있다.

이 장에서는 몇 가지 기계학습 알고리즘을 살펴봄으로써 관측/경험 데이터로부터 어떻게 컴퓨팅 모델을 스스로 만들어 내게 하는지를 알아보도록 하자. 기계학습 알고리즘은 일반적으로 분류(classification), 군집(clustering), 연관분석(association analysis)으로 구분할 수 있다.

분류(classification) 모델은 데이터를 분류하게 해 주는 모델인데, 예를 들어 우리는 이제 어떤 사람을 봤을 때 일반적으로 서양 사람과 동양 사람

* Tim Mitchel, *Machine Learning*, McGraw Hill, 1997.

의 얼굴을 구분하여 분류할 수 있다. 우리 머릿속에는 이미 서양인 얼굴과 동양인 얼굴을 구분하는 컴퓨팅 모델이 들어 있기 때문이다. 우리의 두뇌에 어떻게 그 모델이 만들어져서 자리잡고 있게 된 것인가? 서양인 얼굴과 동양인 얼굴을 구분하는 규칙 지식을 누군가 우리에게 준 적이 있는가? 만약 그렇다 하더라도 노랑머리 염색하고 파란색 콘택트 렌즈 끼고 코 수술한 동양 사람 얼굴을 어떻게 그렇게 쉽게 알아낼 수 있는 것인가. 우리가 가진 모델은 상당히 정교하고 구체적이다. 그러한 모델은 관측/경험 데이터로부터 만들어진다. 어떤 사람 얼굴을 보았을 때 누군가가 저건 서양인 얼굴, 이건 동양인 얼굴, 이러한 경험 데이터가 반복되다 보면 자연스럽게 우리의 머릿속에는 동서양인의 얼굴을 구분하는 모델이 만들어지게 되는 것이다. 즉 각 경험 데이터는 속성(얼굴 모양의 구체적인 특징들)과 그 속성의 분류(동양인 얼굴, 서양인 얼굴)로 이루어져 우리는 학습이 일어난다. 이것을 훈련 데이터(training data)라고 부르고 훈련 데이터는 속성에 대한 정답(분류)를 제공해 주어서 모델이 만들어지게 하므로 supervised 학습이라고 부른다. 그리고 그 모델이 만들어지게 되면 새로운 속성만 들어와도 그것을 우리는 자동으로 분류하게 된다.

반면 군집(clustering) 모델은 unsupervised 학습이라고 하는데, 그 이유는 속성 데이터만 주어지고 그것에 대한 어떠한 종류의 정답(즉 분류)은 주어지지 않기 때문이다. 사람의 머리는 데이터들을 그 속성상 비슷한 것들끼리 나누어 구분하여 그룹화하는 경향이 있다. 그것을 군집화라고 부르며, 통계학에서도 같은 용어를 사용한다.

연관분석(association analysis)은 많은 양의 transaction 데이터들로부터 특정 속성들끼리 연관되어 있다는 패턴을 찾아내는 것인데 경영 마케팅에서 오래전부터 사용되어 오던 장바구니 분석(market basket analysis)과 관련이 되어 있다. 예를 들어 내가 만약 편의점에서 1년째 아르바이트로 손님의 물건을 계산하는 일을 하고 있다면 어느 요일에, 혹은 어떤 날씨에 어느 연령대의 사람이 이 물건을 사면 대부분 저 물건도 함께 사더라라는 것을 알게 될 수가 있는데, 그 지식은 순전히 나의 수많은 경험/관측 데이터로부터 내 머릿속에 스스로 만들어진 것이다. 이것과 저것이 연관되어 있다는 패턴 지식은 많은 데이터로부터 그렇게 만들어질 수 있다.

## 9.3. 기계학습 알고리즘

**분류화: 결정트리(Decision Tree)와 엔트로피(Entropy)**

결정트리는 아마도 가장 대표적이며 간단한 분류화(classification) 알고리즘일 것이다. 결정트리 알고리즘을 통하여 분류화(classification)를 이해해 보도록 하자.

먼저 다음 데이터 집합(표 9-1)을 보자. 이 데이터는 14개의 instance(샘플, 사례 등)로 이루어져 있으며 각 instance는 5개의 attributes(features, variables 등)로 각각의 속성을 표현한다. 5개의 attributes 중에서 제일 마지막 'play'

**표 9-1.** 기상 데이터

| Outlook | Temperature | humidity | windy | Play |
|---|---|---|---|---|
| sunny | hot | high | false | no |
| sunny | hot | high | true | no |
| overcast | hot | high | false | yes |
| rainy | mild | high | false | yes |
| rainy | cool | normal | false | yes |
| rainy | cool | normal | true | no |
| overcast | cool | normal | true | yes |
| sunny | mild | high | false | no |
| sunny | cool | normal | false | yes |
| rainy | mild | normal | false | yes |
| sunny | mild | normal | true | yes |
| overcast | mild | high | true | yes |
| overcast | hot | normal | false | yes |
| rainy | mild | high | true | no |

는 class attribute라고 부른다. 즉 4개의 attributes(outlook날씨, temperature온도, humidity습도, windy풍속)의 값에 따라 Play가 yes냐 혹은 no냐가 결정되는 것이다. 다시 정리하면 class는 play=yes와 play=no 두 가지로 나뉘며, 4개의 attribute 값에 따라서 이 두 가지의 class 중 하나로 classify(분류화)되는 것이다. 여기 제시된 데이터 집합은 경험 데이터이며, 이 경험 데이터를 훈련 데이터로 사용하여 분류 모델을 만든다. 결정트리는 그 분류 모델 중의 하나인데 다음과 같이 표현된다.

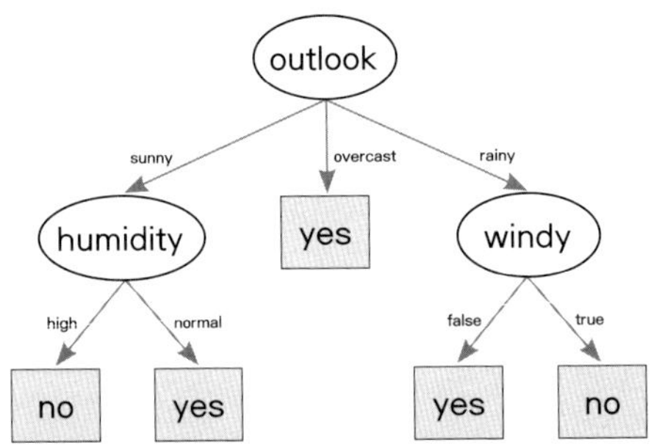


이 결정 트리는 분류 모델이므로, class가 무엇인지 아직 모르는 새로운 instance가 있을 때 그것의 attribute값에 따라서 그 instance를 play = yes인지 play = no인지 분류해 주는 것이다. 먼저 4개의 attribute 중에서 outlook을 본다. 만약 outlook = overcast라면, 다른 것은 볼 필요도 없이 play = yes로 분류된다. 만약 outlook = sunny라면, 그 다음에 humidity를 봐서 그 값이 high이면 'no'로 normal이면 'yes'로 분류한다. 이렇게 이 모델은 아주 간단한 형태로 표현되며 직관적이고 효율적으로 사용될 수 있다. 이 모델은 전적으로 경험 데이터 집합으로만 만들어지는 것이며, 일단 만들어진 후에는 새로운 데이터를 분류하거나 혹은 이 데이터 도메인의 구조를 이해하는 데 사용될 수 있다.

| Outlook | Temperature | humidity | windy | Play |
|---|---|---|---|---|
| sunny | hot | high | false | no |
| sunny | hot | high | true | no |
| overcast | hot | high | false | yes |
| rainy | mild | high | false | yes |
| rainy | cool | normal | false | yes |
| rainy | cool | normal | true | no |
| overcast | cool | normal | true | yes |
| sunny | mild | high | false | no |
| sunny | cool | normal | false | yes |
| rainy | mild | normal | false | yes |
| sunny | mild | normal | true | yes |
| overcast | mild | high | true | yes |
| overcast | hot | normal | false | yes |
| rainy | mild | high | true | no |

① 관측 데이터를 최대한 수집

② 데이터를 모델로 변환

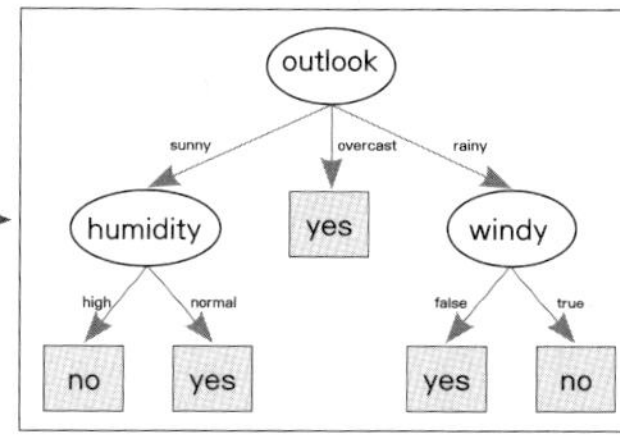


③ 모델은 '예측'과 '이해'에 활용

이제 ②에 해당하는 것, 즉 데이터 집합이 주어졌을 때, 그것을 어떻게 결정트리 모델로 만들 것인가에 대하여 알아보자. 결정트리 알고리즘의 시작은 아마도 1983년 Quilan의 ID3 알고리즘이 처음일 것이다. 그 이후로 나온 많은 알고리즘도 기본적으로는 이 ID3를 기반으로 하고 있으니, 이 책에서는 이 알고리즘을 가지고 모델이 만들어져 가는 과정을 살펴보도록 하자.

위의 결정트리 예에서도 보았듯이 root node, 즉 제일 처음에 어떤 attribute를 사용하여 테스트하는지가 매우 중요한 문제이다. 이것은 우리가 어릴 때 하던 스무고개 게임과 비슷하다. 이 게임은 한 사람이 어느 물건을 마음 속으로 생각하고 있으면, 다른 사람이 스무 번의 yes/no 질문을 순차적으로 하여 상대방이 생각하고 있는 그 물건이 무엇인지를 알아 맞히는 게임이다. 이 게임에서의 domain은 무척 포괄적이다. 이 세상의 모든 것이 이 domain에 들어간다. 질문은 yes/no로 대답할 수 있는 것만 가능하므로, 하나의 질문으로 도메인을 이등분할 수가 있다. 따라서 그 범위를 좁혀 나가기 위하여서는 질문이 매우 효율적이어야 한다. 효율적이라는 말은 그 질문에 의하여 도메인의 공간을 최대한 많이 제거할 수 있어야 한다는 것이다.

예를 들어서, 우리가 흔히 하는 첫 번째 질문은 "생명이 있는 것입니까?"이다. yes라면 무생물 쪽은 탐색 공간에서 모두 제외시켜 버릴 수 있고, no라면 유생물 쪽은 모두 고려 대상에서 제외시켜 버릴 수 있다. 즉, 효율적인 질문이라는 것은 그 질문에 의하여 도메인 공간을 비슷한 크기의 두 개의 공간으로 이등분시킬 수 있는 질문이다. 만약 "검정색 볼펜입니까?"라고 질문했는데, 그 대답이 no였다면 그 큰 도메인 공간에서 단 하나의 item만 제외한 나머지 n-1의 공간을 가지고 다시 탐색을 해야 하는 것이다. 귀중한 질문을 하나 낭비한 셈이다.

만약에 질문이 정확하게 탐색 공간을 2등분할 수 있다고 한다면, 20번의 질문에 의하여 우리는 전체 공간을 $2^{20}$ = 1,048,576, 즉 백만 개의 같은 크기의 조각으로 나눌 수 있다는 것이다. 만약 1백만 개의 물건들 중에서 한 가지를 생각한 뒤 게임을 시작했고, 질문이 정확하게 남은 탐색 공간을 이등분하는 것이라고 한다면, 스무고개는 그 백만 개 중 하나의 물건을 반드시 찾는다는 것을 보장한다.

이렇듯 질문은 탐색 공간을 최대한 줄여 나갈 수 있는 효율적인 것이어야 한다. 결정트리는 이러한 스무고개와 비슷한 것이며, training data를 가지고 가장 효과적인 질문(즉 가장 효과적인 attribute)이 무엇이어야 하는가를 결정할 수 있어야 한다. ID3에서는 어떤 attribute가 class로 가장 크게 분류시킬 수 있는지를 entropy라는 기준을 사용하여 자동으로 결정한다. 먼저 entropy를 이용하여 결정트리를 만들어 나가는 과정을 본 후에 이 entropy에 대하여 좀더 자세히 보도록 하자.

1) 주어진 데이터 집합에 대하여, 각 attribute에 대한 entropy값을 구한다. Entropy

함수 H는 다음과 같이 정의된다.

$H=\sum_i(-p_i)\times\log_2 p_i$ where $p_i$ is probability associated with $i^{th}$ class.

2) 가장 작은 H값을 가진 attribute를 root node로 선택하고 그 값에 따라서 training instance들을 재그룹화한다. 재그룹화된 하위 그룹 데이터에 대하여 다시 1의 과정을 실시한다.

다음의 과일 분류 예를 보도록 하자. 6개의 instances가 있고 3개의 attribute(size, color, surface) 값에 따라서 각 과일은 2개의 class(즉, A 또는 B)로 분류된다.

| class | size | color | surface |
|---|---|---|---|
| A | Small | Yellow | Smooth |
| A | Med | Red | Smooth |
| A | Med | Red | Smooth |
| A | Big | Red | Rough |
| B | Med | Yellow | Smooth |
| B | Med | Yellow | Smooth |

이 간단한 데이터를 가지고 분류모델, 즉 결정트리를 만드는 과정을 보도록 하자.

먼저 3개의 attribute 각각에 대하여 entropy 값을 구해 보자. 구하기 전에 먼저 데이터를 보면서, 어느 attribute이 class A와 B로 분류하는 데 더 효과적일 것이라고 생각해 보도록 하자. Size를 보면 Size=Medium이면 두 개는 A, 두 개는 B로 나뉘어서 크게 도움은 안 될 것 같다. Color를 보면 값이 Red이면 모두 class A이고 Yellow이면 class B가 2/3가 된다. 이런 식으로 먼저 생각해 보는 것은 entropy를 이해하는 데 도움이 될 것이다.

먼저 Size에 대하여 보도록 하자. Size는 3개의 값, Small, Medium 그리고 Big을 가지고 있다. Size = Medium은 4개의 instance가 있는데 2개는

class A로, 다른 2개는 class B로 나뉘어진다. Class A에 대한 확률은 2/4이고, class B에 대한 것도 2/4이므로, Size = Medium에 대한 entropy는,

Entropy[2,2] = $\sum_{i}(-p_i) \times \log_2 p_i = -p_A \times \log_2 p_A - p_B \times \log_2 p_B = -\frac{2}{4}\log\frac{2}{4} - \frac{2}{4}\log\frac{2}{4} = \frac{1}{2} + \frac{1}{2} = 1$bit

가 된다. Size = Small과 Size = Big은 각각 1개의 instance만 있으므로, $\frac{1}{1}\log_2\frac{1}{1} = 0$ bit

Size의 각 값에 대한 entropy를 구했으므로 Size 전체에 대한 entropy는 해당 빈도에 따른 평균값을 구하면 된다. 즉 전체 6개 instance에서 small은 1개, medium은 4개, big은 1개이므로,

Entropy(size) = $\frac{1}{6} \times 0 + \frac{4}{6} \times 1 + \frac{1}{6} \times 0 = 0.67$이 된다.

마찬가지 방법으로 하면 Entropy(color) = $\frac{3}{6}(-\frac{2}{3}\log\frac{2}{3} - \frac{1}{3}\log\frac{1}{3}) + \frac{3}{6}(-\frac{3}{3}\log\frac{3}{3}) = 0.458$이 되고, Entropy(surface) = 0.809가 된다. 따라서 Color의 entropy 값이 제일 작으므로 이것을 먼저 분류 기준으로 선택한다. 즉,

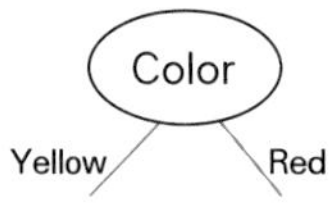


이 된다.

Color = Red에 대해서는 entropy가 0이 되어 모두 class A가 되므로

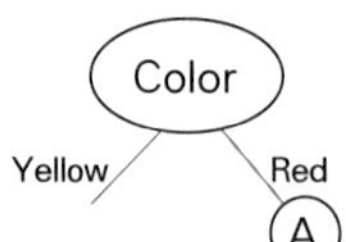


이 된다.

그러면 Color = Yellow인 쪽에 대해서만 다시 트리를 만들어 가면 되므로, Color = Yellow 데이터만 다시 정리하면,

| class | size | color | surface |
|---|---|---|---|
| A | Small | Yellow | Smooth |
| B | Med | Yellow | Smooth |
| B | Med | Yellow | Smooth |

Size와 surface에 대하여 다시 엔트로피 값을 계산하여 보면,

Size $H = \frac{1}{3}(-\frac{1}{1}\log\frac{1}{1}) + \frac{2}{3}(-\frac{2}{2}\log\frac{2}{2}) = 0$

Surface $H = \frac{3}{3}(-\frac{2}{3}\log\frac{2}{3}) - \frac{1}{3}\log\frac{1}{3} = 0.923$이므로

두 번째 attribute는 size로 정할 것이며 여기서 size의 entropy값은 0이므로 다음과 같이 모두 class로 분류된다.

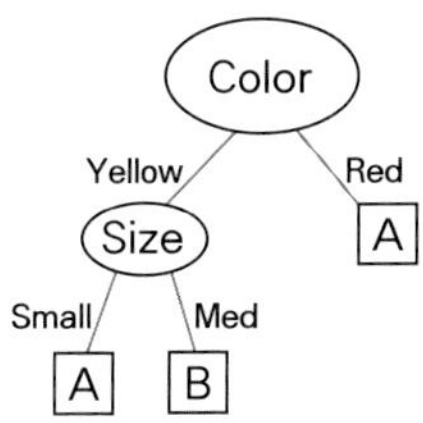


이 예에서 보았듯이 entropy가 낮을수록 분류를 효과적으로 하는 attribute가 됨을 보았다. 어떤 기준에 해당하는 데이터가 반반씩 A와 B로 나뉘어 있을 때엔 entropy는 1bit, 만약 어떤 하나의 class에 모두 분류되어 명확하게 되면 entropy가 0bit가 되는 것도 보았다. 자 이번엔 entropy란 무엇인가에 대하여 간단히 살펴보도록 하자.

### 엔트로피*(Entropy)*

우리는 3장 정보이론에서 엔트로피에 대해 살펴보았었다. 엔트로피라는 용어는 원래 물리학의 열역학에서 사용되는 것인데, 일반적으로 무질서도, 예측 불확실성을 표현하는 데 사용한다. 엔트로피가 증가할수록 무

질서, 즉 불확실성은 증가하고, 엔트로피가 낮을수록 불확실성은 낮아져서 안정적이 된다. 동전의 앞뒤 면 중 어느 곳이 나올지 모르는 상황은 두 개의 output에 대하여 나올 수 있는 최고의 엔트로피, 즉 1bit가 된다. 반면 무조건 100% 앞면만 나온다는 사실을 우리가 안다면, 그것은 불확실성이 완전히 제거된 상태 즉 0bit가 된다. 만약 앞뒤 면이 다 나올 수 있지만 앞면이 나올 확률이 뒷면이 나올 확률보다 높다라는 것을 안다면 엔트로피는 그 확률 값에 따라서 0bit와 1bit 사이의 어느 값이 될 것이다. 아무 정보도 없는 상황은 최고의 엔트로피 상황인데, 어떤 정보가 주어지면 불확실성, 즉 엔트로피는 낮아지게 된다.

이제 불확실성(uncertainty)을 통해서 '정보'를 어떻게 표현할 수 있을지에 대하여 살펴보도록 하자.

## 결정트리 2

자 이제 entropy에 대해 이해를 하였으니, 그 entropy를 이용하여 결정트리를 만드는 과정을 다시 한 번 보도록 하자. 먼저 처음에 한번 보았던 다음의 날씨 데이터를 보자.

| Outlook | Temperature | humidity | windy | Play |
|---|---|---|---|---|
| sunny | hot | high | false | no |
| sunny | hot | high | true | no |
| overcast | hot | high | false | yes |
| rainy | mild | high | false | yes |
| rainy | cool | normal | false | yes |
| rainy | cool | normal | true | no |
| overcast | cool | normal | true | yes |
| sunny | mild | high | false | no |
| sunny | cool | normal | false | yes |
| rainy | mild | normal | false | yes |
| sunny | mild | normal | true | yes |
| overcast | mild | high | true | yes |
| overcast | hot | normal | false | yes |
| rainy | mild | high | true | no |

여기서 class는 play = no와 play = yes 이렇게 두 가지 중의 하나이다. 아무 정보가 주어지지 않으면 우리는 그 둘 중에 어느 것이 될지를 모르므로 두 개가 발생할 확률이 모두 같다고 가정하고 entropy를 구하면 $\log_2 2 = 1$bits가 된다.

만약 다른 정보는 없이 play의 사례 14개를 보니 위의 데이터처럼 yes가 9개, no가 5개 발생했다는 '정보'가 있다면 entropy는 $-\frac{9}{14}\log_2\frac{9}{14} - \frac{5}{14}\log_2\frac{5}{14} = 0.94$bits로 낮아진다.

여기에 outlook = sunny, overcast, rainy이라는 정보가 그 play = yes, no에 추가로 주어진다면, entropy는 얼마나 낮아질까. 먼저 outlook = sunny의 5개 사례를 보면 play = yes가 2개, no가 3개이므로, 이 정보의 entropy는 $-\frac{2}{5}\log_2\frac{2}{5} - \frac{3}{5}\log_2\frac{3}{5} = 0.971\,bits$가 되고, 마찬가지로 outlook = overcast의 4개 사례 정보는 모두 yes이므로 0bits가 되며, outlook = rainy의 5개 사례는 0.971bits가 된다. 그러면 outlook이라는 attribute의 entropy는 이것을 평균한 것이므로,

$H(\text{outlook}) = \frac{5}{14} * 0.971 + \frac{4}{14} * 0 + 5/15 * 0.971 = 0.693\text{bits}$

가 된다. 이 outlook이라는 정보가 없었을 때에는 play = yes로 할지, no로 할지를 모르므로 entropy가 1bits였는데, play = yes, no만의 14개 사례가 주어졌을 때엔 0.940bits가 되고, 그 14개 class 사례 각각에 대하여 outlook 정보가 주어졌기 때문에 entropy는 0.693bits로 낮아졌고, 따라서 그 낮아진 양 0.940 − 0.693 = 0.247bits가 그 정보의 양(혹은 가치)인데, 이것을 information gain이라고 말한다.

이런 식으로 각 attributes, 즉 outlook, temperature, humidity, windy의 information gain을 계산하면,

information gain (outlook)=0.247

information gain (temperature)=0.029

information gain (humidity)=0.152

information gain (windy)=0.048

이 되어, outlook의 정보의 가치가 가장 높다. 따라서 결정트리는 outlook에서부터 시작한다.

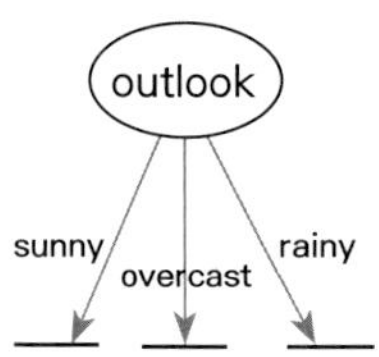


그 다음엔 각각의 가지(branch)에 대하여 트리를 계속 만들어 나가 보도록 하자.

먼저 outlook = sunny인 가지에 대하여 그 다음엔 어느 attribute가 와야 할까. outlook = sunny인 instance는 모두 5개인데 앞에서 본 것과 같이 yes가 2개, no가 3개이므로 entropy는 0.971bits가 된다. 이 상황에서 그 5개의 instance에 대하여 temperature, humidity, windy의 entropy 혹은 information gain을 계산해 보자.

| Outlook | Temperature | humidity | windy | Play |
|---|---|---|---|---|
| sunny | hot | high | false | no |
| sunny | hot | high | true | no |
| ~~overcast~~ | ~~hot~~ | ~~high~~ | ~~false~~ | ~~yes~~ |
| ~~rainy~~ | ~~mild~~ | ~~high~~ | ~~false~~ | ~~yes~~ |
| ~~rainy~~ | ~~cool~~ | ~~normal~~ | ~~false~~ | ~~yes~~ |
| ~~rainy~~ | ~~cool~~ | ~~normal~~ | ~~true~~ | ~~no~~ |
| ~~overcast~~ | ~~cool~~ | ~~normal~~ | ~~true~~ | ~~yes~~ |
| sunny | mild | high | false | no |
| sunny | cool | normal | false | yes |
| ~~rainy~~ | ~~mild~~ | ~~normal~~ | ~~false~~ | ~~yes~~ |
| sunny | mild | normal | true | yes |
| ~~overcast~~ | ~~mild~~ | ~~high~~ | ~~true~~ | ~~yes~~ |
| ~~overcast~~ | ~~hot~~ | ~~normal~~ | ~~false~~ | ~~yes~~ |
| ~~rainy~~ | ~~mild~~ | ~~high~~ | ~~true~~ | ~~no~~ |

Temperature는 값이 hot일 때 2개, mild일 때 2개, cool일 때 1개가 있는데, temperature = hot일 때 play는 모두 no이므로 entropy는 0bit, temperature = mild일 때 play는 no 1개, yes 1개이므로 entropy는 1bit, temperature = cool일 때 play는 yes이므로 entropy는 0bit가 된다.

Temperature의 전체 entropy는 $\frac{2}{5} * 0 + \frac{2}{5} * 1 + \frac{1}{5} * 0 = 0.4$bits가 되며, information gain은 0.971 - 0.4 = 0.571bits가 된다.

마찬가지 방법으로 하면 humidity의 information gain은 0.971bits, windy는 0.020bits가 된다. 따라서 outlook = sunny에 대해선 humidity가 다음 attribute이 된다.

outlook = overcast에 대해선 모든 사례가 play = yes가 되므로 다음 attribute를 선택할 필요 없이 바로 "yes"로 결정된다. Outlook = rainy에 대해선 windy가 다음 attribute가 된다.

이런 식으로 트리를 완성해 나가면 최종 트리는 다음과 같은 모습이 된다.

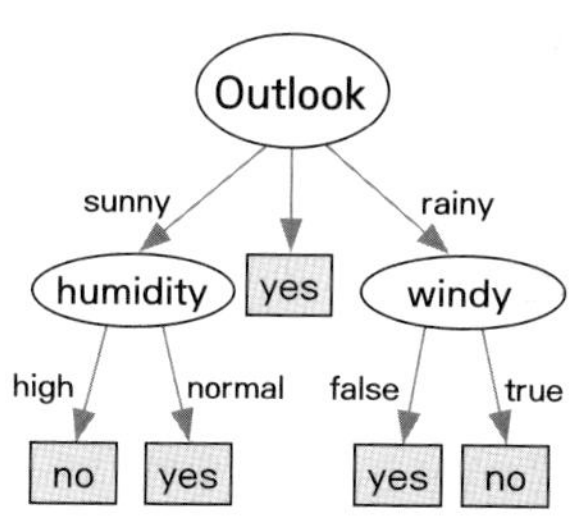


우리가 예를 통하여 보았듯이, ID3는 entropy 값을 최소화시키는 attribute를 찾아서 그것으로 instance를 가장 잘 분류하고자 하는 알고리즘이다. 하지만 이 알고리즘도 다음과 같은 문제점을 가지고 있다.

- 주민번호 같은 유일한 값이 있는 attribute는 항상 entropy가 가장 높게 나오는데, 이것은 잘못된 결과를 만들어 낼 수 있다.
- 숫자 값이 아닌 경우에는 어떻게 할 것인가.
- 훈련 데이터의 instance가 엄청나게 많을 경우에는 트리 크기도 비례해 커질 수 있는데 어떻게 처리할 것인가.
- entropy말고도 더 효과적인 함수를 만들어 낼 수 있지 않을까.

이 외에도 많은 이슈들이 있는데, 이러한 이유 때문에 ID3 이후에 많은 새로운 알고리즘과 방법이 등장하여 사용되고 있다.

### 군집화: *K-means* 알고리즘

비슷한 속성을 가진 instance들끼리 별도의 군집(클러스터)을 만드는 것을 클러스터링이라고 부른다. 클러스터링 알고리즘 중에서 가장 간단한 K-Means 알고리즘을 가지고 클러스터링에 대하여 간단히 살펴보도록 하자.

K-Means 알고리즘은 1982년에 로이드(Lloyd)가 고안한 간단하지만 강력한 통계적 군집화 방법이다. 알고리즘은 다음과 같다.

① 전체 클러스터의 개수 K를 정한다.
② 데이터 집합에서 K개의 instance를 무작위로 골라서, 이것을 K개 클러스터 각각에 대한 시작 클러스터 센터로 사용한다.
③ 유클리디언 거리(Euclidean Distance)를 사용하여 나머지 instance들을 K개의 센터와 비교하여 제일 가까운 센터의 클러스터에 배정한다.
④ 각 클러스터에 대하여 그 클러스터에 배정된 instance들을 가지고 평균 센터를 새로 계산한다.
⑤ 만약 그 센터가 이전 센터와 똑같다면 프로세스를 멈추도록 하고, 그렇지 않다면 그 새로운 센터를 사용하여 step 3-5를 반복한다.

다음의 간단한 예를 가지고 이 알고리즘을 적용하면서 클러스터링을 이해해 보도록 하자.

다음과 같은 값들을 클러스터로 만들려고 한다: {2, 4 10, 12, 3, 20, 30, 11, 25}

ⓐ 먼저 K=2라고 정한다. 즉 두 개의 클러스터로 위의 값들을 군집화하겠다는 것이다. K값은 임의로 정하는 것이다.

ⓑ K개의 값을 무작위로 골라서 두 개의 클러스터 시작 센터 값으로 지정한다. 임의로 처음 두 개의 값, 즉 2와 4를 골라서 두 개의 센터 값으로 사용하도록 하자.

ⓒ 이번에는 각 값을 두 개의 센터 값과 비교하여 거리가 짧은 쪽의 클러스터에 배정하는 과정이다.

- 2는 2에 가깝다.
- 4는 4에 가깝다.
- 10, 12는 4에 가깝다.
- 3은 2와 4와 같은 거리인데, 임의로 왼쪽 것, 즉 2에 가깝다고 하자.
- 20, 30, 11, 25는 4에 가깝다.
- 이렇게 하면 두 개의 클러스터는 {2, 3} 그리고 {4, 10, 12, 20, 30, 11, 25}가 된다.

ⓓ 두 개 클러스터의 센터 값을 다시 계산하면(즉, 여기서는 평균 값), 2.5 와 16이 된다. 이전 센터 값과 다르므로 단계 3과 4를 다시 실시한다.

- 마찬가지 방법으로 각 값들을 다시 배정하면 다음과 같은 두 개의 클러스터가 만들어진다. {2, 3, 4}와 {10, 12, 20, 30, 11, 25}
- 그리고 그들의 센터 값은 다시 3과 18이 된다. 새로운 센터 값에 대하여 다시 배정하면 {2, 3, 4, 10}과 {12, 20, 30, 11, 25}가 된다.
- 새로운 센터 값은 4.75와 19.60이 되고 다시 배정된 새로운 클러스터는 {2, 3, 4, 10, 11, 12}와 {20, 30, 25}.
- 새로운 센터 값은 다시 7과 25, 다시 배정된 클러스터는 {2, 3, 4, 10, 11, 12}와 {20, 30, 25}가 된다.
- 새로운 클러스터의 센터 값을 다시 계산해 봐도 마찬가지로 7과 25가 되어 이전 값과 똑같이 되었으므로 여기서 프로세스를 멈춘다.

ⓔ 즉 최종 클러스터 두 개는 {2, 3, 4, 10, 11, 12}와 {20, 30, 25}가 된다.

이번에는 2차원(즉 attribute가 2개인) 데이터의 예를 보도록 하자. 〈표 9-2〉와 같이 6개의 instance가 있으며 두 개의 attribute, x와 y가 있다. 이것은 〈그림 9-1〉과 같이 x-y좌표 위에 표시할 수 있다. Instance A(x1, y1)와 B(x2, y2) 간의 유클리디언 거리는 다음과 같이 정의할 수 있다.

$$\text{Distance(A-B)} = \sqrt{(x_1-x_2)^2+(y_1-y_2)^2}$$

**표 9-2.** K-Means Input Values

| Instance | X | Y |
|---|---|---|
| 1 | 1.0 | 1.5 |
| 2 | 1.0 | 4.5 |
| 3 | 2.0 | 1.5 |
| 4 | 2.0 | 3.5 |
| 5 | 3.0 | 2.5 |
| 6 | 5.0 | 6.0 |

**그림 9-1.**

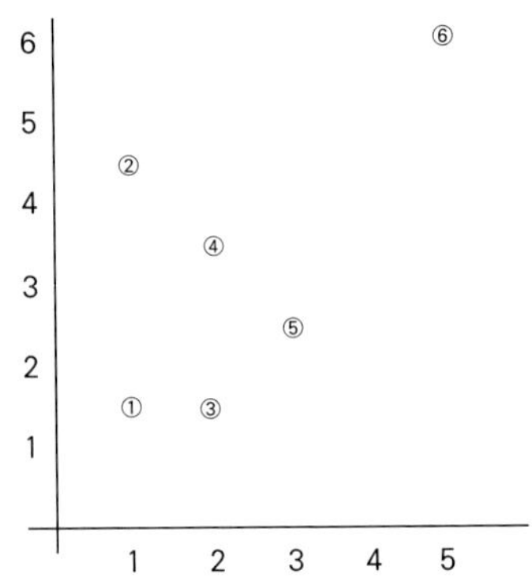


ⓐ 이번에도 K = 2로 정해 보자. 즉 두 개의 클러스터를 사용한다.

ⓑ 그 두 개의 클러스터의 시작 센터 값을 임의로 정한다. C1 = (1.0, 1.5), C2 = (2.0, 1.5)로 정했다고 가정하자.

ⓒ 그러면 각 데이터 값들을 이 두 개의 센터 값과의 거리를 비교하여 작은 쪽의 클러스터에 배정한다.

- 예를 들어 instance 4(2.0,3.5)와 C1과의 거리는 ROOT[(1-2)$^2$ + (1.5-3.5)$^2$] = ROOT[5] = 2.24이고 C2와의 거리는 ROOT[(2-2)$^2$ + (1.5-3.5)$^2$] = ROOT[4] = 2이므로 instance 4는 클러스터 C2에 배정된다.

Distance ($C_1$-1) = 0.00　　Distance ($C_2$-1) = 1.00

Distance ($C_1$-2) = 3.00　　Distance ($C_2$-2) = 3.16

Distance ($C_1$-3) = 1.00 Distance ($C_2$-3) = 0.00

Distance ($C_1$-4) = 2.24 Distance ($C_2$-4) = 2.00

Distance ($C_1$-5) = 2.24 Distance ($C_2$-5) = 1.41

Distance ($C_1$-6) = 6.02 Distance ($C_2$-6) = 5.41

- 그러면 클러스터 C1은 {1, 2}, 그리고 클러스터 C2는 {3, 4, 5, 6}이 된다.
- 각 클러스트의 센터 값을 다시 계산하면(여기서는 각각의 평균 값), C1 = (1.0, 3.0)과 C2 = (3.0, 3.375)가 된다.
- 이 새로운 센터 값에 대해 다시 각 데이터 값들의 거리를 계산하여 거리가 짧은 클러스터에 배정하면

Distance ($C_1$-1) = 1.50 Distance ($C_2$-1) = 2.74

Distance ($C_1$-2) = 1.50 Distance ($C_2$-2) = 2.29

Distance ($C_1$-3) = 1.80 Distance ($C_2$-3) = 2.125

Distance ($C_1$-4) = 1.12 Distance ($C_2$-4) = 1.01

Distance ($C_1$-5) = 2.06 Distance ($C_2$-5) = 0.875

Distance ($C_1$-6) = 5.00 Distance ($C_2$-6) = 3.30

이 되어 두 개의 클러스터는 {1, 2, 3}과 {4, 5, 6}이 된다.

- 그리고 다시 계산된 센터 값은 (1.33, 2.50)과 {3.33, 4.00}이 된다.

ⓓ 한 번 더 반복 후에 최종 클러스터는 그렇게 결정된다.

K-means 알고리즘은 간단하지만 강력한 클러스터링 알고리즘이다. 하지만 몇 가지 문제점을 갖고 있는데, 그중 하나가 초기 센터 값이 무엇으로 정해지느냐에 따라서 다른 결과가 나올 수도 있다는 것이다. K = 2일 때 초기 센터 값을 다르게 했을 때 나온 세 가지의 다른 클러스터링 결과를 다음의 표는 보여 주고 있다.

| Outcome | Cluster Centers | Cluster points | Squared Error |
|---|---|---|---|
| 1 | (2.67, 4.67)<br>(2.00, 1.83) | 2, 4, 6<br>1, 3, 5 | 14.50 |
| 2 | (1.5, 1.5)<br>(2.75, 4.125) | 1, 3<br>2, 4, 5, 6 | 15.94 |
| 3 | (1.8, 2.7)<br>(5, 6) | 1, 2, 3,4, 5<br>6 | 9.60 |

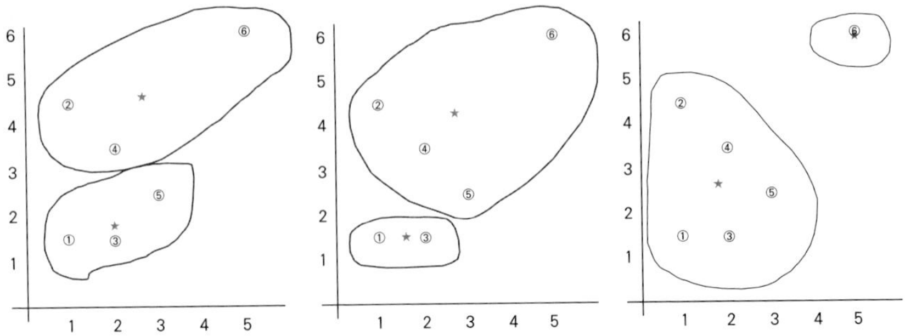


그림 9-2. 세 가지 클러스터링 결과

어느 것이 가장 좋은 클러스터링일까? 세 가지의 군집을 그림으로 보면 〈그림 9-2〉와 같다. 그중에 어느 것이 좋은 클러스터인지를 판정하는 방법은 여러 가지가 있겠지만 가장 간단한 것은 각 클러스터의 squared error를 계산해 보는 것이다. 즉 각 클러스터에 배정된 값들이 그 센터 값이 얼마나 가깝게 붙어 있는지를 계산해 보는 것이다. 계산하여 보면 3번 outcome의 squared error 값이 제일 작으므로 제일 좋은 클러스터라고 할 수 있다.

클러스터링의 결과가 초기 센터 값에 따라 달라지고 성능에도 영향을 미친다는 또 다른 예를 보자.

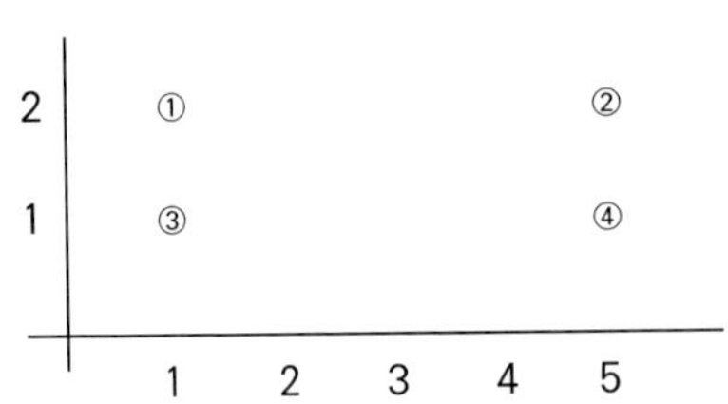


이 그림에서 보면 누가 보더라도 두 개의 클러스터는 {①, ③}과 {②, ④}가 되어야 할 것이다. 이 경우에 만약 초기 센터 값으로 ①과 ③을 사용

했다고 한다면 두 개의 클러스터는 {①, ②}와 {③, ④}가 되고, 변하지 않게 된다.

따라서 K-means 알고리즘을 사용할 때에는 초기 센터 값을 다르게 하여 다섯 번 정도 시행하여 보고 그중에서 가장 좋은 것을 고르는 것이 일반적이다. 또 다른 문제점은 바로 처음에 우리가 K값을 미리 주어서 몇 개의 클러스터를 만들 것인지를 정하는 것인데, 우리가 잘못된 선택을 하면 이것 또한 큰 문제가 될 수 있다. 이것도 여러 개의 다른 K값으로 시행하여 선택할 수는 있지만, 이런 것은 근본적인 문제 해결 방법은 아니다. 이러한 이유로 다른 많은 클러스터링 알고리즘이 개발되고 소개되었다.

### 연관분석: A-priori 알고리즘

연관분석(affinity analysis; association analysis)은 어떤 개인이나 그룹에 의해 수행된 활동들 중에서 함께 발생하는(co-occurrence) 것들의 관계를 찾아내는 데이터 분석을 말한다. 연관분석은 원래 장바구니 분석(market basket analysis)에서 시작되었다. 장바구니 분석은 편의점이나 소매점에서 고객의 구매 행위를 분석하고 이해하려는 것인데 예를 들면, 고객이 물건을 살 때 함께 구입하는 물건들 간의 관계를 분석하는 것이다. 즉 샴푸와 린스는 함께 팔린다는 관계를 찾아내는 것이며, 이러한 관계 패턴을 이용하여 할인 행사를 할 때 한 가지만 할인을 한다던가 하는 마케팅 전략에 활용될 수 있는 것이다.

여기서는 트랜잭션(transaction) 데이터들로부터 아이템들 간의 연관규칙(association rule)을 발견해 내는 알고리즘에 대하여 간단히 살펴보도록 하겠다.

먼저 transaction data는 다음과 같은 모습을 하고 있다.

표 9-3. 트랜잭션 데이터 표현의 예 1

| t1 | 물건1 | 물건6 | 물건9 | 물건12 | |
|---|---|---|---|---|---|
| t2 | 물건2 | 물건9 | | | |
| t3 | 물건1 | 물건12 | 물건30 | | |
| … | … | … | … | | |
| tn | 물건3 | 물건7 | 물건12 | 물건22 | 물건30 |

즉 각각의 transaction(손님)에 대하여 그 손님이 구입한 물건의 리스트를 보여 준다. 만약 그 가게에서 파는 물건의 가짓수가 30가지라면 이 data는 다음과 같이 다시 쓸 수 있다.

표 9-4. 트랜잭션 데이터 표현의 예 2

| | 물건1 | 물건2 | 물건3 | … | 물건9 | … | 물건22 | … | 물건30 |
|---|---|---|---|---|---|---|---|---|---|
| t1 | 1 | | | … | 1 | … | | … | |
| t2 | | 1 | | … | 1 | … | | … | |
| t3 | 1 | | | … | | … | | … | 1 |
| … | | | | … | | … | | … | |
| tn | | | 1 | … | | … | 1 | … | 1 |

여기서 좌측의 t1, t2, …, tn은 트랜잭션이고 위쪽의 물건 1, 물건 2, … 물건 30은 각 item이라고 부른다. 한 고객이 와서 장바구니의 물건을 계산한 것(하나의 트랜잭션)은 어떤 아이템을 구매했는지를 보여 주고 있다. 연관성(association)이라고 할 때에는 여기서 item들 간의 연관성을 말하는 것으로, 고객이 함께 구매하는 item(물건)들의 짝이 어떤 것인지를 보고자 하는 것이다.

연관규칙(association rule) 발견은 다음과 같은 절차대로 이루어진다.

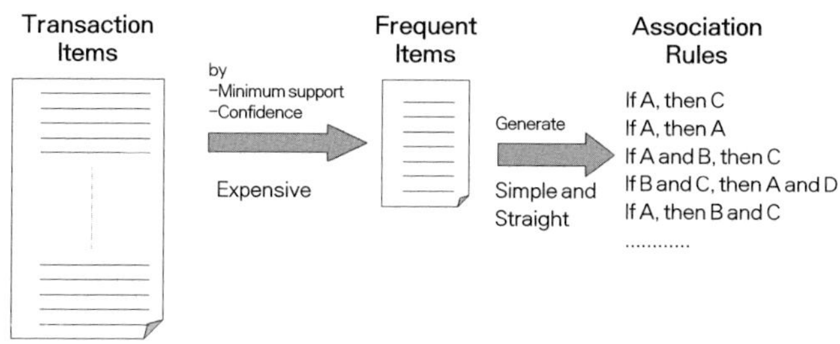


〈표 9-4〉와 같은 데이터로부터 먼저 frequent item sets(빈발 아이템 집합)을 찾아낸다. 그리고 빈발 아이템 집합으로 rule(규칙)의 형태로 다시 표현한다. Frequent item sets은 item들의 집합(set)인데, 자주 발생하는(frequent)하는 item set를 말한다. 자주 발생한다는 것은, 예를 들면 오늘 우리 편의점에 1000명의 손님이 다녀갔는데, 그중에 300개 트랜잭션에 라면과 껌이 함께 들어 있었다고 하면, 100개 중에서 300개이므로 자주 발생한 것이라고 할 수 있다. 그래서 {라면, 껌}은 frequent item set이라고 부른다. 그 다음에는 그 집합에서 rule(규칙)을 뽑아내는 것인데, 이 경우에는 두 가지 규칙이 나올 수 있다. 즉 'if 라면, then 껌' 혹은 'if 껌, then 라면'의 두 가지 경우를 생각해 볼 수 있다.

Frequent(빈발)의 기준은 미리 정해 주어야 한다. 예를 들어 몇 건 이상과 같이 카운트로 정할 수도 있고, 전체의 몇 % 이상과 같이 비율로 정할 수도 있다. 어떤 특정한 item set에 대하여 그것의 발생 빈도(카운트나 퍼센트)를 support라고 부르고, minimum support를 주어 주고 그것보다 많이 발생한 item set을 frequent하다라고 부른다. 예를 들어 minimum support를 30%라고 하면, 전체 트랜잭션 중에서 30% 이상 발생한 item set은 모두 frequent item sets이라고 부를 수 있다.

다음의 예를 보도록 하자.

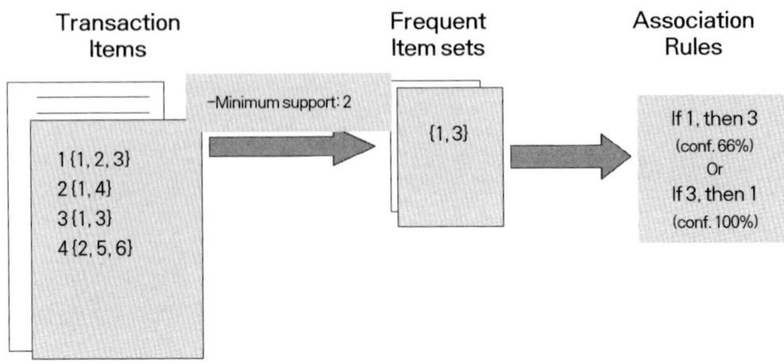


4개의 트랜잭션이 발생했고, 첫 번째 손님은 물건 1, 2, 3을 샀고, 손님 2는 물건 1, 4를 샀다. Minimum support가 2개라고 주어졌다면, frequent item set은 무엇이 될까. 4개 중에서 2번 이상 발생한 item set을 보면 {1, 3} 밖에는 없다. 그러면 여기서 frequent item set은 {1, 3} 하나만 된다. 그러면 그 다음에 규칙을 만들어야 하는데, 'if 1, then 3' 혹은 'if 3, then 1' 중에서 어느 것이 더 타당한 것일까? 여기서 각 규칙의 confidence를 계산해 볼 수 있다. 즉 'if 1, then 3'의 confidence를 보면 1이 발생한 세 개 중에서 두 개에 3이 함께 발생했으므로 이 규칙의 신뢰도는 2/3 = 0.66, 즉 66%가 된다. 반면에 'if 3, then 1'은 '3이 발생하면 1도 발생한다'라는 규칙인데, 이 규칙의 신뢰도는 3이 발생한 두 번의 경우 모두 1이 함께 발생했으므로 2/2 = 1.0, 즉 100%가 된다. 따라서 'if 3, then 1' 규칙이 더 신뢰도가 높다. 3 이어서 1 이 되었느냐, 혹은 1이어서 3이 나왔느냐는 경우에 따라서 중요한 문제가 될 수 있다. 예를 들어서 빈발 항목 집합이 {맥주, 기저귀}가 나왔다고 하자. 그러면 마케팅 전략에 따라서 맥주와 기저귀를 함께 진열할 수도 있고 일부러 멀리 떨어뜨려서 진열할 수도 있다. 혹은 함께 포장할 수도 있다. 만약 규칙이 'if 맥주, then 기저귀'로 나왔다고 하면 맥주 가격을 할인하고 기저귀 가격을 조금 올려 놓을 수도 있다. 그래서 사람들이 "어 저 집이 맥주를 할인한데"라고 기쁘게 찾아가서 맥주를 할인된 가격에 사 가지고 나오다가 "아 참 기저귀도 사야지"라면서 별 생각 없이 기저귀도 함께 구매해 올 수 있기 때문이다. 고객은 행복하게 구매하고 가게는 손해 보지 않게 된다. 만약 규칙이 그렇게 나왔는데도 정반대로 기저귀 가격을 할인하는 광고를 했다고 하면 그리 현명한 마케팅은 아니었을 것이다.

앞의 예에서 보듯이 연관규칙을 구하는 것은 개념적으로 매우 간단하다. 하지만 여기에는 몇 가지 해결해야 할 문제가 있는데, 그중 하나가 바로 복잡도(complexity) 문제이다. 간단해 보이는 이것이 얼마나 계산 복잡한 문제인지를 한번 보도록 하자.

앞서 〈표 9-4〉의 트랜잭션 데이터 표를 다시 생각해 보도록 하자. 편의점에서 다루는 물건(item) 개수를 m개라고 가정하자. 그리고 트랜잭션의 개수를 n개라고 해 보자. 그러면 빈발 항목 집합을 찾기 위하여서는 먼저 가능한 두 개 물건의 짝(크기가 2인 항목 집합)에 대해서 빈발 여부를 minimum support를 가지고 판단하면 된다. 여기서, 가능한 물건 짝의 가짓수는 m개에서 서로 다른 2개의 고르는 조합 문제이므로 C(m, 2) $= \frac{m!}{(m-2)!2!} = \frac{m(m-1)}{2}$ 가 되어 제곱의 식이 된다. 그리고 각각의 가능한 조합에 대하여 전체 n개의 트랜잭션에 대하여 발생 여부를 스캔하여 minimum support를 넘는지를 확인해 봐야 하므로, 전체 복잡도는 mn $\frac{(m-1)}{2}$가 된다. 일반적으로 웬만한 마트에서 다루는 상품 개수는 몇 십만 개가 넘고 하루 전국 매장에서의 손님 수는 백만 명이 넘는다라고 생각하면, n과 m은 엄청나게 큰 숫자라서, 결국 복잡도 식은 3제곱의 형태가 된다. 즉 n과 m이 조금만 늘어나도 전체 복잡도는 그것의 3제곱에 비례하므로 엄청나게 크게 증가하게 된다. 예를 들어 n과 m이 1백만($10^6$)이라고 하면 복잡도는

10^{18}에 비례하는데, 이것은 1초에 10억 개를 비교할 수 있는 컴퓨터를 사용한다고 해도 31년이 걸리는 계산의 양이 된다. 크기 3의 집합은 C(m, 3)×n이 되고 크기 4는 C(m, 4)×n, 이런 식으로 진행되어 결국 $\sum_1^m$ C(m, i)×n, 혹은 $2^{m-1}$×n의 계산 복잡도를 가진다.

따라서 조금이라도 그러한 계산 복잡도를 줄일 수 있는 알고리즘을 생각해 내기 위한 많은 노력들이 있었다. 그중 제일 먼저 나온 것이 Apirori 알고리즘인데, 여기서 간단한 개념을 소개하도록 하자.

**A-pirori Algorithm**

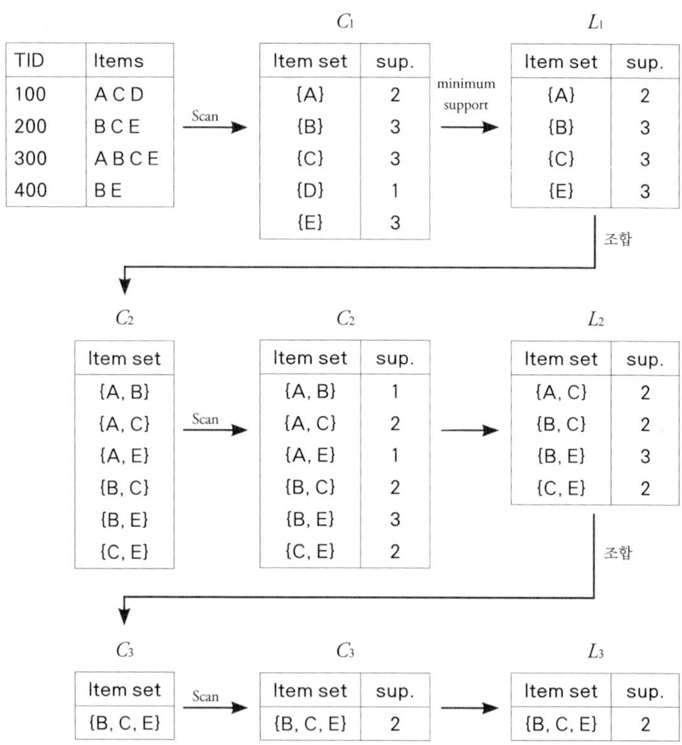

이 예에서, 4개의 트랜잭션이 있고 각각의 구입 항목 리스트가 있다. 먼저 여기에 나온 모든 항목을 나열하여 각각의 support를 기록한다. 여기서 minimum support = 2를 넘지 못하는 것은 제거하고 나머지에 대하여 크기 2의 집합을 만들어 다시 각각에 대하여 support를 카운트한다. 거기서 minimum support를 넘지 못하는 것은 제외하고 나머지를 가지고 다시 크기 3의 집합을 만든다. 이러한 과정을 minimum support를 넘는 집합이 있는 한 계속 진행한다. 이 알고리즘에서의 핵심은 크기 1의 집합에서부터 점점 큰 크기로 진행되면서 각 단계마다 minimum support를 넘지 못하는 것은 제외하고 나머지를 가지고 더 큰 크기의 후보 집합을 만들어 나간다는 것이다. 만약 위의 예에서 아이템은 5가지가 있는데 거기서 크기 2의 후보집합을 만든다면 C(5, 2) = 10가지가 만들어지고 각각에 대하여 전체 트랜잭션 4개에 대해 스캔하므로 10×4 = 40번의 비교가 일어난다. 하지만 minimum support를 넘지 못한 D를 제외한 4가지에 대해서만 하므로 C(4, 2)×4 = 24번의 비교만 일어난다. D는 그 이후의 크기 3 이상의 후보에도 아예 나타나지 않게 되므로 비교 횟수를 크게 줄이게 된다. 여기서는 1개만 제거했지만, 실제의 경우에서는 절반 이상의 항목들을 미리 제거하게 되며 이 경우에는 계산 복잡도를 엄청나게 줄일 수 있다.

간단해 보이는 이 알고리즘은 다음과 같은 성질을 이용하고 있는데, 즉 '만약 크기 k의 항목 집합이 frequent하다라고 한다면, 그 집합의 모든 부분집합(공집합은 제외)은 역시 frequent하다'라는 속성을 이용하고 있다. 역으로 이야기 한다면 어떤 항목이 frequent하지 않다면, 그 항목을 포함한 어떠한 집합도 frequent할 수가 없다라는 것이다.

여기서 잠깐, 이 연관 규칙 추출의 다른 응용 사례를 생각해 보도록 하자. 장바구니 분석 이외에도 여러 다른 적용을 생각해 볼 수 있다. 장바구니 분석 관점에서 다시 정해 보자면, 장바구니(하나의 트랜잭션) 안에 들어 있는 물건들(항목들) 간의 연관성을 보는 것이다. 따라서 장바구니와 항목들 관점에서 문제를 재정리하면 적용이 쉬워진다.

- 문서 파일을 생각해 보도록 하자. 하나의 문서를 장바구니라고 생각하고, 그 문서 안에 있는 단어들을 장바구니의 물건들이라고 생각해 보자. 연관규칙 추출을 하면 무엇을 발견할 수 있을 것인가?
- 웹 페이지를 생각해 보도록 하자. 하나의 웹페이지가 장바구니라고 생각하고, 웹 페이지 안에 있는 링크들이 장바구니 안의 물건들이라고 생각해 보자. 연관규칙 추출을 하면 무엇을 발견할 수 있을 것인가?

연관규칙 추출에서 고려해야 할 또 다른 문제는 바로 발견한 연관규칙의 흥미도(interestingness)이다. 이것은 찾아진 항목집합의 항목들은 정말 연관(associated)되어 있는가라는 문제이다. 혹시 아무 의미 없는 규칙인데 우연히 연관된 것은 아닌가, 그리고 그렇지 않다라는 것을 어떻게 판별할 것인가에 대한 문제이다. 예를 들어 '맥주와 기저귀' 빈발 항목 집합은 실제 데이터에서 구해진 규칙인데, 맥주와 기저귀 간에 정말 무슨 구매 연관이 있는 것일까. 단지 그냥 같이 팔렸을 뿐이지 두 물건 간에 연관이 있는 것일까. 즉 단지 함께 팔렸다는 것 이외에 둘 간의 연관성을 고민한다면 support와 confidence(신뢰도)만으로는 판단이 불가능하다. 따라서 다른 흥미도(interestingness) 측정 도구가 필요하다.

문제를 간단하게 하기 위하여 항목 A와 B만 생각해 보도록 하자. Support(지지도)를 확률로 표현한다고 하면, P(A , B)가 될 것이다. 즉 A와 B가 동시에 발생할 확률이다. 규칙 'if A, then B'의 신뢰도는 마찬가지로 P(B|A), 즉 A가 발생했을 때 B가 발생할 확률로 표현할 수 있다. 하지만 다음과 같은 경우를 생각해 보자. A는 워낙 인기 많고 많이 팔리는 생필

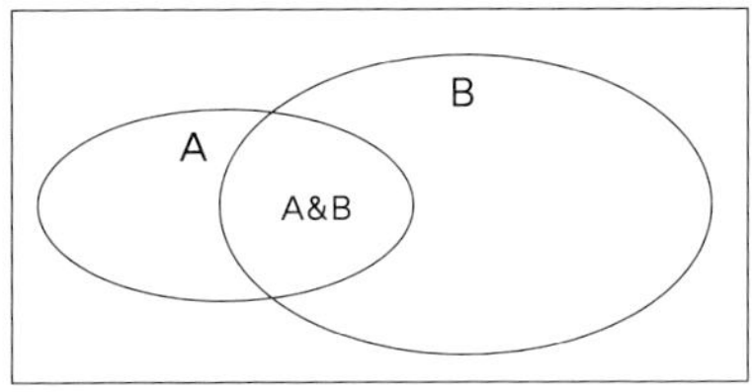


규칙(A→B)의 측정도구 (measures)

- Support(지지도): P(A,B)
- Confidence(신뢰도):P(B|A)
- Correlation(Lift, 상관도)

A와 B가 독립적인 사건일 경우 P(A,B) = P(A)×P(B)
Lift = 1, 서로 독립적
Lift > 1, 정적(positive) 연관성
Lift < 1, 부적(negative) 연관성
Conviction(확신도)

품이라서 70% 정도의 사람들이 사 가는 물건이라고 가정하자. B도 마찬가지로 생필품이라서 80%의 사람들이 사 가는 물건이라고 생각하자. 하지만 A와 B는 전혀 관련성이 없다고 가정하자. 그렇다면 A와 B를 함께 사 갈 확률은 얼마나 될까? 아무리 같이 안 사 가려고 해도 50%보다 적지는 않을 것이고, 같이 구입하려고 노력했다고 해도 70%를 넘지는 못한다. 그리고 평균 56%(= 70%×80%)는 동시 구매한 트랜잭션일 것이다. 정리하면 A와 B를 함께 구매한 확률은 [50 … 56(평균) … 70]의 범위 안에 있다. 그러면 실제로 데이터를 보면서 A와 B를 함께 구매한 카운트를 해 보았을 때 만약 그것이 전체의 56%라고 한다면, 이것은 무슨 의미인가. A와 B는 서로 연관 없이 독립적으로 발생해도 평균 56%는 발생한다는 것을 알기 때문에 A와 B는 아무 연관이 없다라고 우리는 판단하게 된다. 하지만 만약 우리가 support(지지도)만 가지고 판단한다면 56%의 사람들이 함께 구입했다라는 것은 대단한 연관성이 있다라고 잘못 생각할 수도 있다는 것이다. 만약에 실제 동시 구매 발생이 70% 가깝게 나왔다면 이것은 상당히 positive하게 연관되어 있는 것이며 만약 50%에 가깝게 나왔다면 negative하게 연관되어 있다고 볼 수 있다.

이것을 확률통계에서는 correlation이라고 부르며, lift라고 부르기도 한다.

또 다른 측정 도구로는 conviction이 있는데 이것은 로직 A → B is equivalent to (not A or B)을 이용하여 만든 것이다.

만약 할인매장의 관리자 입장에서 함께 발생하는 조합만 관심 있는 것이라면 support로도 충분할 것이지만, 항목들 간의 그 이상의 연관성에 관심이 있다면 이 interestingness 측정에 신중해야 한다. 다음의 예를 보면서 이 문제를 더 생각해 보도록 하자.

A종합건강검진센터에서는 하루에 약 100명 정도가 약 30가지 정도의 항목에 대하여 검진을 받고 결과 데이터가 나온다. 10년 정도면 20만 명 정도의 환자 기록이 있고, 각 환자마다 30가지의 항목 데이터가 기록되어 있다. 이것의 연관규칙을 추출해 보면, 서로 연관 있는 항목들 간의 짝을 구할 수 있을 것이다. 하지만 흔한 질병과 관련된 항목은 항상 발생 확률이 높을 것이므로 앞서 이야기한 것처럼 단지 발생 빈도가 높아서 연관규칙에 나타난 것인지 아니면 의미적으로도 연관성을 나타내고 있는지를 세밀하게 분석해 봐야 한다.

약 4만 명에 대한 수능 모의고사 영어시험 결과 데이터를 분석한 적이 있다.* 트랜잭션 데이터 관점에서 본다면 트랜잭션이 4만 개이고 각각마다 50개의 항목(50문항)이 있고, 그 학생이 그 문항에 대하여 맞았으면 1, 틀렸으면 0으로 표시되어 있다고 가정하자. 이 데이터에서 연관규칙을 추출하면 학생들이 함께 맞히는 문항들 집합을 찾아 낼 수 있을 것이고,

* 곽은영, 김현철, "Information-based pruning for interesting association rule mining in the item response dataset", *Lecture Notes in Computer Science*, v3681, Sept. 2005.

그 문항들은 서로 연관되어 있을 것이라고 가정할 수 있을 것이다. 하지만 실제로 해 보면 다음과 같은 문제 때문에 이것이 그리 간단하지 않다는 것을 알 수 있다.

50문항 중에서 어려운 문항이 있고 쉬운 문항이 있다. 쉬운 문항은 모의고사 수험생 80%가 다 맞히는 것도 있다. 그 다음 쉬운 것은 75%, 70% 이렇게 해서 중간 정도의 문항은 정답률이 50%라고 해 보자. 이 경우에 minimum support(최소 지지도) 30%라고 지정하여 연관규칙을 추출하면 이전에 이야기했던 상황 때문에 쉬운 문제들은 거의 모든 문제와 '연관'되어 있다고 나오게 된다. 사실 그들은 상호 연관된 것이 전혀 없는데도 말이다. 또한 정답률이 낮은(어려운) 문항들 간의 연관규칙은 나오기가 매우 힘들게 된다. Support(지지도) 이외에 어떠한 흥미도 측정 도구를 사용해야 할 것인가?

이번에는 각 트랜잭션마다의 데이터 신뢰도의 차이이다. 극단적인 예를 보도록 하자. 성적이 아주 좋은 학생은 50문항 중에서 48문항을 맞혔는데 그 48문항이 서로 연관되어 있어 맞힌 것은 아닐 것이다. 또한 성적이 매우 낮은 학생은 50문항 중에서 단 두 문항만 맞혔는데 이것을 보고 그 두 문항은 서로 연관되어 있을 것이라고 가정하기는 힘들다. 아마도 아무 생각 없이 무작위로 찍어서 그 두 문항이 맞았을 수 있기 때문이다. 이러한 문제는 어떻게 해결해야 할 것인가?

이 데이터 신뢰도의 차이는 마켓 고객 데이터도 조금은 가지고 있다. 예를 들어 돈이 엄청나게 많은 사람이 a와 b를 구입한 것과 구매력이 약한 사람이 무리해서 a와 b를 함께 구입한 것은 사실 의미적으로 많이 다를 수 있기 때문이다.

# 10. 대안 컴퓨팅—생명체 흉내 모델

이번 장에서도 여러 가지 다른 종류의 컴퓨팅 모델에 대하여 살펴보도록 하자.

전통적인 절차형 컴퓨팅 모델도 사실 인간의 사고 모형 중 하나인데 그것이 가장 먼저 사용된 이유는 기계적인 분석과 구현이 편리했기 때문이다. 이와 같이 인간이 문제를 해결하는 방법에서 힌트를 얻어 문제 해결 컴퓨팅에 적용하려는 노력은 계속되고 있다. 이 장에서는 인간 혹은 생명체의 진화 메커니즘을 흉내 내어 최적의 해를 찾게 하는 진화 컴퓨팅, 그리고 인간 혹은 생명체가 사회를 이루어 상호 작용하며 전체 사회가 작동하는 상황을 흉내 낸 인공생명, 그리고 인간의 두뇌에서 정보를 물리적으로 처리하는 방식을 흉내 낸 신경망 컴퓨팅을 살펴보도록 하자.

## 10.1. 진화컴퓨팅(Evolutionary Computing), 유전자알고리즘(Genetic Algorithm)

우리가 생물 시간에 배웠던 생물의 진화론에 대해 다시 생각해 보자. 개체들은 세대가 지나면서 그 개체들이 영향을 받는 외부 환경에 적응하는 형태로 진화한다는 것이다. 환경에 잘 적응한 것은 살아남고 그렇지 못한 것은 사라진다. 이것을 적자생존(Fitted One Survives)이라고 한다. 또한 어떠한 개체는 돌연변이를 일으킬 수도 있고 그 돌연변이가 환경에 더 잘 적응하는 것이라면 이전의 세대보다 우수한 개체가 되기도 한다. 이 과정을 세대별로 되풀이하면서 생물은 진화한다. 그리하여 어느 정도의 오랜 시간과 세대가 지났을 때 그 세상에는 그 환경에 적응되어 있는 개체만 존재하게 되는데 그들은 과거 시점의 그들과는 전혀 다른 개체로 변해 있게 될 것이다. 외부 환경의 관점에서 그 환경에 맞도록 생물은 진화한다는 것인데, 이것은 그 환경 관점에서 제일 적절한 개체를 찾는 과정이라고 해석해 볼 수도 있다. 즉 '환경'을 우리가 해결하고자 하는 문제라고 생각하면, 진화 메커니즘은 그 문제의 해를 찾아 주는 알고리즘이라고 볼 수 있다.

나는 출근하며 운전을 하게 되는데 비슷한 시간에 같은 신호등에서 자주 보게 되는 강아지가 있었다. 주인 없이 다니는 강아지였는데, 인도를 따라 걷다가 횡단보도 신호등 앞에서는 서서 기다리다가 신호등이 파란불로 바뀌면 (혹은 다른 사람들이 길을 건너거나 자동차가 멈추는 것을 보고) 횡단보도로 길을 건넌 후 다시 인도를 따라 걷고, 다시 횡단보도를 만나게 되면 신호를 기다리는 것이었다. 그 강아지는 어떻게 교통신호를 잘 지킬 수 있는 것일까? 길거리 강아지에게 누가 가르쳐 준 것도 아닐 텐

* YouTube, FullMoonRevival

데 그렇다면 저 강아지는 어떻게 그것을 알고 있는 것일까?

자동차도로와 보행자 교통신호를 지키지 않게 되면 그것은 바로 그 환경에 적응하지 못하고 사라져(?) 버리게 되는 것이고, 그 환경에 적응한 동물만(적응한 강아지만)을 우리는 보고 있게 되는 것이다. 이것을 적자생존이라고 생각해 보자. 만약에 누군가가 교통규범을 지키는 동물을 찾고 싶다면 그러한 교통규범 환경을 만들어 놓고 동물들을 그곳에서 살게 하고 오랜 시간이 지나게 된 후에 찾아가 보면 그 동물들을 찾게 되는 것은 아닐까. 법, 규범, 도덕, 문화 등의 환경은 아마도 우리를 그 환경에 맞추어 나가게 하는 역할을 하는 것일 수도 있다. 환경은 그곳에 살고 있는 개체들을, 우리들을 변화시킨다. 그리고 그 환경을 만드는 것 또한 바로 우리들 자신이다.

유전자 알고리즘(genetic algorithm)은 유전자의 결합을 통하여 다음 세대가 만들어지고 그 과정에서 외부 환경에 더 적합한 쪽으로 결합과 생존이 발생하는 유전자 진화 과정을 흉내 내고 있다. 따라서 우리가 해결하려고 하는 문제를 '환경'으로 표현하고, 유전자로 이루어진 염색체(chromosome) 그룹이 그 문제에 대한 가능한 해답들로 표현된다. 그 가능한 해답들이 진화 과정, 즉 crossover, mutation, selection을 통하여 다음 세대로 계속 넘어가고, 새로운 세대는 새로운 개체들(즉 해답들)을 환경에 더 적합하게 만들어 나가게 된다. 이 과정을 통하여 환경에 가장 적합한 개체들을 찾게 되는 것이 유전자 알고리즘의 전체 흐름이다.

그들끼리 crossover도 하고 mutation도 하여 자식 solution을 만들어 낸다. 그들 중에 외부 환경에 적합한 것들이 다음 세대에 남을 '확률'을 높게 하여 같은 수의 다음 세대를 만든다. 그리고 이 과정을 반복한다. 언제까지? 외부 환경에 맞는 것들만 남을 때까지. 그러면 그것이 우리가 찾고자 하는 solution일 것이다.

먼저 유전 operator들(crossover, mutation, selection)과 환경 적합 함수(fitness function)에 대하여 알아보고, 전체 유전자 알고리즘의 실행에 대하여 보도록 하자.

염색체와 유전자에 대하여 먼저 간단히 되돌아보자. 우리 인간은 모두 23쌍의 염색체를 가지고 있으며 그 염색체는 모두 약 30억 개의 DNA 염기(A, T, C, G)로 이루어져 있다. 모든 인간은 99.9%가 염기서열이 같으며, 차이가 나는 0.1% 때문에 서로 다른 사람이 되는 것이다. 그 30억 개의 염기서열은 많은 부분에 대한 기능은 알려져 있지 않았지만 일부의 블록은 유전자(gene)라고 불리는 어떤 특별한 기능과 특성을 가진 부분이다. 우리 인간은 약 20,000-30,000개의 유전자를 가지고 있다고 알려져 있다. 이 유전자에 의하여 우리 인간은 머리카락 색깔, 근육의 양 등 모든 신체 조건이 정해지는 것으로 알려져 있다. 그러한 유전자로 이루어진 염색체는, 어느 것은 외부 환경에 더 적합한 것이고 어느 것은 그렇지 못할 수도 있다. 우리가 결혼을 하여 아이를 출산하면, 그 아이는 엄마의 염색체와 아빠의 염색체를 각각 일부씩 가지고 태어난다. 즉 염색체가 섞이는 것이다. 이것은 유전자 알고리즘에서는 **crossover**라고 부른다. 아이의 염색체는 정확히 아빠와 엄마의 염색체만 섞어 가지고 있는 것이 아니라, 염기에 무작위로 발생하는 **mutation**(돌연변이)에 의하여 자신만의 염기배열을 가지기도 한다. 어느 generation(세대)에 존재하는 개체들은 서로 결혼도 하고 하여, 즉 crossover를 통하여 자손을 낳아서 다음 세대로 진행되어 가는데, 그 세대의 환경에 가장 잘 적합한 개체가 crossover를 통하여 다음 세대로 자신의 더 적합한 유전자를 내려보낼 가능성이 높다. 이것을 **selection**(선택)이라고 부른다. 그렇게 하여 환경에 더 적합한 유전자들이호 섞이고 돌연변이를 통하여 새로운 것을 만들어 내고, 그리고 그것은 selection을 통하여 다시 걸러지고 하는 과정이 계속 진행되면서 진화/유전자 알고리즘이 실행된다.

이러한 기본 흐름을 유전자 알고리즘에서 반영하기 위하여서는 다음의 요소들을 정의하여야 한다.

— **Chromosome, population**

— **Crossover, mutation**

— **Fitness function**

— **Selection**

Chromosome 각 개체들인데 개체는 문제 해결을 위한 가능한 후보 해답이다. 이 염색체는 crossover와 selection을 거쳐 세대를 거치면서 주어진 환경(문제)에 적합한 것들만 남게 되는데, 이것이 바로 그 문제에 가장 적합한 해답이 되는 것이며, 이 과정을 통하여 문제를 해결하는 메커니즘이다. 이 염색체는 일반적으로 1, 0으로 이루어진 배열로 표현한다. 가능한 해답의 모양을 이진배열의 형태로 표현하는 것이 조금 까다롭다.

Population 각 세대에 몇 개의 염색체, 즉 개체가 있게 할 것인가에 대한 것인데 예를 들어 약 10개 정도의 염색체를 한 세대에 넣고, 진화를 시작한다. 그 10개의 염색체는 상호 crossover를 하고 mutation을 일으켜 후손 개체들을 만들어 내고, selection 과정을 거쳐 다음 세대 population 10개가 정해진다.

**Crossover와 mutation** 염색체는 이진배열의 형태인데, 두 개의 염색체가 어느 한 지점을 기준으로 서로 섞여 바뀌는 것으로 정의된다. 그러면 두 가지의 새로운 염색체가 만들어진다. Mutation은 어느 한 염기가 바뀌는 것인데(0이면 1로, 1이면 0으로 바뀐다), 아주 적은 확률로 발생된다.

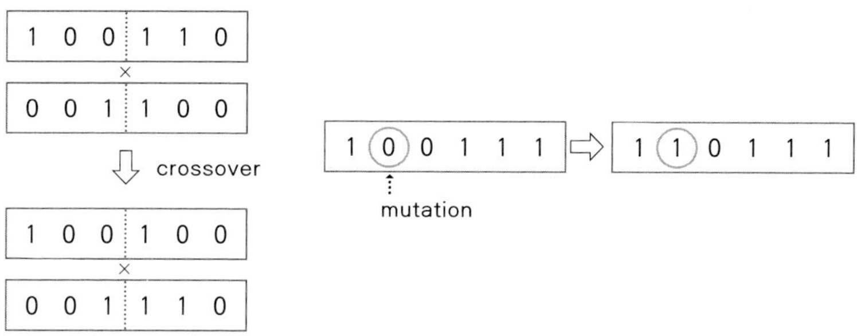


**Fitness Function(적합도 함수)** 외부 환경은 fitness function(적합도 함수)로 표현하는데, 각 개체의 환경에 대한 적합도는 이 함수에 의해 계산된다. 이 fitness function을 통하여 진화를 원하는 방향으로 '유도'할 수 있다. 따라서 fitness function을 제대로 만드는 것은 매우 중요하다. 그것에 의하여 개체들의 적자생존이 일어나기 때문이다. 잘못된 fitness function은 잘못된 evolution을 유도하게 된다.

**Selection(선택)** 자 이제 각 개체에 적합도 점수가 매겨진 다음에는 그 성적에 따라서 살아남게 될, 사라지게 될 개체가 선택된다. 기본적으로는 점수가 좋아야 한다. 하지만 점수 순서대로 줄을 세워 가장 성적 좋은 놈들을 골라서 다음 세대로 보내는 것(Elite 방법)은 자연스러운 진화와는 거리가 있다. 대부분 roulette 방법을 사용하여 다음 세대로 가는 개체들을 선택한다. roulette 방법은 확률을 사용한다. 예를 들어 A가 100점, B

가 50점이라고 한다면, Elite 방법에서는 무조건 A가 선택되어야 하지만, roulette 방법에서는 A가 선택될 확률이 B보다 2배 높을 뿐이다. 그리고 그 확률에 의하여 다음 세대가 선택된다. 이른 선택방법을 Monte Carlo 방식이라고도 한다.

자 이제 간단한 문제를 통하여 유전자 알고리즘의 과정을 다시 살펴보도록 하자.

**간단한 문제***

과자를 사야 한다. 상점에 있는 모든 과자를 다 살 수는 없다. 내가 가지고 있는 돈의 액수가 정해져 있기 때문이다. 지닌 돈으로 살 수 있는 과자의 종류나 양은 많을수록 좋다. 지닌 돈의 범위 안에서 가장 최선으로 과자의 종류와 양을 선택하고 싶다.

이것은 최적화(optimization) 문제이다. 만약에 상점에 있는 과자의 종류가 10,000개라면 내가 고를 수 있는 과자의 종류의 조합의 수는 2^(10,000) = 약 100,000,000,000,000,000,000,000,000,000개가 된다. 만약 이 모든 조합 각각을 다 하나씩 해 보고 제일 좋은 것을 고르는 방법을 택한다면, 당신은 과자 맛도 못 보고 굶어 죽게 될 것이다.

위의 각 조합이 candidate solution이라고 할 수 있다. 각 염색체, 즉 개체를 1과 0의 string으로 변화시키는 방법은, 과자 이름을 일렬로 놓고 그 과자를 사면 1, 사지 않는다면 0으로 놓으면 된다. 각 과자는 봉투 안에 들어 있고 각 봉투는 무게가 정해져 있다고 가정하자. 설명을 쉽게 하기 위해 과자가 8가지 있다고 한다면 각 염색체, 즉 개체는 다음 그림(277쪽)과 같이 표현할 수 있다.

* 이 문제는 《성냥갑으로 재미있고 쉽게 배우는 인공지능 이야기》(모리카와 유키히토 저, 2003, 이지북)에 나오는 문제를 참고하였다.

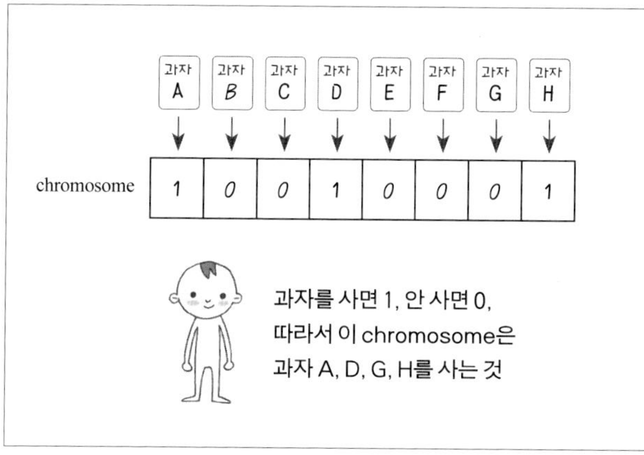


과자가 8가지 있다고 한다면 가능한 조합은, 즉 가능한 염색체, 개체의 가짓수는 $2^8$ = 256개가 된다. 즉 00000000부터 11111111까지가 될 것이며, 그 각각은 이 문제에 대한 가능한 후보 해답이 된다. 이들 이진배열로 표현된 개체들이 진화 과정을 겪으면서 우리가 원하는 훌륭한 해답으로 진화되어 나가게 될 것이다.

이번에는 적합도 함수를 정의하여 보자. 각 염색체, 개체는 적합도 함수에 의하여 환경(문제)에 얼마나 적합한지에 대한 점수를 계산해 볼 수 있다. 문제를 보면 정해진 돈의 범위 내에서 종류도 많고 양도 많은 조합을 고르고 싶다는 것이다. 정해진 돈이 1000원이라고 하고, 각 과자들은

| 과자 이름 | 무게 | 가격 |
|---|---|---|
| 과자 A | 50g | 300원 |
| 과자 B | 120g | 250원 |
| 과자 C | 10g | 100원 |
| 과자 D | 200g | 500원 |
| : | : | : |
| : | : | : |

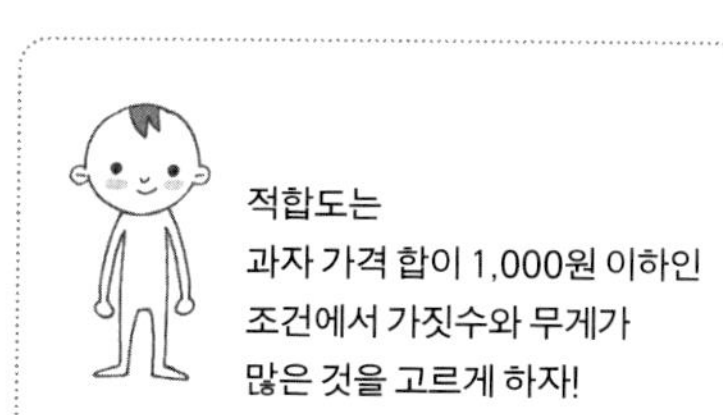

가격과 무게가 주어져 있다고 가정하자.

적합도 함수를 과자의 종류와 과자의 무게를 변인으로 하는 함수로 만들고, 과자 가격의 합을 1000원 이하로 제한하면 될 것이다. 예를 들면

$$f(\square) = \begin{cases} 1000 \times \text{과자 개수} + \text{과자 무게 합 } \textit{if} \text{ 과자 가격 합} \leq 1000 \\ 0 \textit{ if} \text{ 과자 가격 합} \rangle 1000 \end{cases}$$

처럼 정의 내릴 수 있다. 만약 염색체, 개체가 11111000이면 f = 5000 + 480 = 5480이 되지만 과자 가격 합이 1000원을 넘으므로 f = 0이 된다. 만약 00111000이라면 f = 3000 + 310 = 3310이 되는 것이다. (과자 가격 합은 950이므로 ok). 이 적합도 함수는 문제에서 제시한 것과 같이 정해진 가격 안에서 과자의 종류와 무게가 가능한 많은 것이 높은 점수를 갖게 될 것이다. 이 환경 적응 값에 따라서 염색체/개체는 진화해 나가면서 더 적합한 개체들이 살아남게 될 것이다.

① 먼저 1세대 population을 정해 보자. 처음에 6개의 개체로 시작한다고 가정하자. 처음 시작하는 개체는 무작위로 만든다. 예를 들어 11001001, 01000110 이런 식으로 임의로 만들어 시작한다. 이것은 $2^8$ = 256가지 전체 개체들 중의 여섯 가지이다.

② crossover시킬 짝을 골라야 하는데 이것도 무작위로 짝을 지을 수도 있고 아니면 다른 전략을 사용할 수도 있다. 예를 들면 모든 개체들의 적합도 점수를 구한 후에 점수별로 순서를 매겨서 짝을 지을 수도 있고, 매번 확률도 짝을 선발하여 crossover시킬 수도 있다.

③ 짝이 골라져서 crossover시킬 때에는 crossover가 되는 지점을 지정해 줘야 한다. 일반적으로는 제일 중간 위치를 지정하는데 다른 전략을 사용하기도 한다. 그렇게 하여 crossover시키면 두 개의 새로운 개체가 만들어지게 된다. 새로운 개체에 대해서는 mutation을 실행시키는데 매 염기에 대하여 아주 낮은 확률을 사용한다. 예를 들어 매 염기에 대하여 1%의 확률을 체크하여 만약 걸리면 그 염기

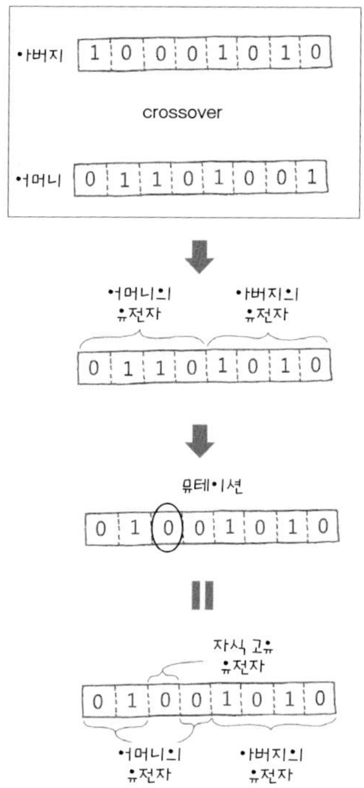


값을 0에서 1로, 혹은 1이면 0으로 바꿔 주면 된다. 이렇게 하여 만들어진 개체는 256개의 가능한 전체 조합 중 어느 하나일 것이다.

④ 여기까지 보면 원래 population은 6개이지만 3쌍의 crossover를 통하여 6개의 개체가 새로 생겨났으므로 현재 모두 12개가 존재한다. 다음 세대에는 6개의 개체를 내려보내야 하는데 여기도 몇 가지 전략이 있다. 새로 생겨난 6개만 보내는 방법도 있고, 12개를 점수대로 나열시킨 후에 제일 좋은 점수 6개를 보내는 방법도 있고, 확률에 따라서 6개를 다음으로 보내는 방법도 있다. 이 방법은 Roulette 방법 혹은 Monte Carlo 방법이라고도 하는데 가장 일반적으로 사용하는 방법이다.

⑤ 이렇게 해서 제2세대가 정의되고 같은 진화 과정이 계속된다. 각 개체는 환경에 적합한 점수가 계산되고, 그 점수가 높은 개체가 crossover할 확률과 다음 세대에 남게 될 확률이 높으므로 세대가 진행될수록 점수가 높은 것들만 점점 더 만들어지고 남게 되는 것이다.

또 다른 예를 한번 보자. 영어를 아예 모르는 사람이 유전자 알고리즘(GA: Genetic Algorithm)을 사용하여 4지선다형 영어시험의 정답을 알아 낼 수 있을까.

모두 10문제가 있다고 가정하자. 그러면 내가 그 10문제에 대하여 찍을 수 있는 답안의 가짓수는 $4^{10}$ = 1,048,567이다. 그 백만 가지 경우 중의 단 하나만이 100점짜리 점수이다. 그냥 찍어서 백 점 맞기가 얼마나 어려운가? 백 만분의 일이다!(0.000095%) 그냥 찍어서 영 점 맞기가 또한 얼마나 어려운가? 하지만 백 점 맞는 것보다는 훨씬 쉽다. 즉 $\frac{3^{10}}{4^{10}}$ = 5.63%이다.

각 염색체/개체는 길이 10의 배열이 될 것이고, 각 염기, 즉 칸에는 이번에는 1, 2, 3, 4 중의 하나가 오는 것으로 해 보자. 그러면 전체 100만 개의 조합이 가능하다. Populaiton 크기는 10으로 하고 적합도 함수는 그것에 대한 성적만 주었다. Crossover를 위한 짝을 고르는 것과 selection은 Monte Carlo 방법을 사용했다. 이렇게 하여 진화 알고리즘을 적용하여 여러 번 돌렸더니, 50세대에서 250세대 정도까지에서 100점 정답 조합을 찾아냈다. 만약 100세대에서 정답을 찾았다고 한다면 각 세대별로 10개의 개체를 테스트하니까 10×100 = 1,000개의 개체를 테스트한 것이 된다. 전체 100만 개의 조합을 차례대로 테스트하는 것에 비하여 1,000개만 테스트 하면 되니까 0.1%의 노력으로 문제에 대한 해답을 찾아낸 것이다.

우리 사회에서 보면 사람들의 생각과 생각이 섞여 나의 생각이 만들어지게 된다. 내가 가지고 있는 생각과 지식은 내가 지금까지 살아오면서 보고 듣고 이야기했던 것들의 진화된 염색체라고 할 수 있다. 그리고 내가 또 만나고 보고 이야기할 사람들의 것과 또 섞여 새로운 생각과 지식을 만들어 나갈 것이다.

## 10.2. Game of Life

Game of Life는 영국의 수학자 Conway가 1970년에 고안한 cellular automaton이다. 초기 상태에 따라서 스스로 evolve(진화, 전개, 생성)되는 게임이다. 이것이 재미있는 것은 각 개체들이 서로 아주 간단한 규칙에 의하여 상호작용하고, 그 과정에서 어떤 특정한 패턴을 발견해 낼 수 있다는 것이다. 그리고 이러한 메커니즘은 문제 해결을 위한 새로운 컴퓨팅 방법으로 사용될 수 있을 것이다.

먼저 Conway의 Game of Life부터 살펴보도록 하자. 간단한 2차원의 grid를 생각해 보자.

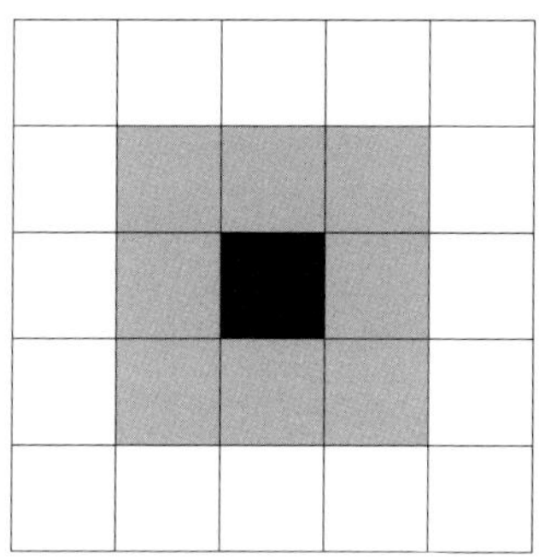

위 grid에서 보듯이 검정색으로 채워진 하나의 칸을 중심으로 생각해 보면, 그 칸의 이웃(neighbor)은 그것과 접해 있는 8개의 칸을 말한다. 각 칸은 두 가지의 상태, 즉 채워진 것('살아 있다')과 안 채워진 것('죽었다')의 상태가 있는데, 각 칸은 시간이 진행함에 따라서 그 상태가 변환된다. 즉 시간 t에서의 각 칸의 state(상태)들의 함수(function)에 의하여 시간 t + 1에서의 state들이 결정된다.

세 가지 simple rules들이 이 게임에서 사용된다.

① 어떤 칸이 지금 살아 있거나 아니거나 이웃 중 정확하게 세 개가 살아 있다면, 이 칸은 다음 세대에도 살아 있다.
② 어떤 칸이 지금 살아 있고, 이웃 중 정확하게 두 개가 살아 있다면, 그 칸은 다음 세대에도 살아 있다.
③ 다른 경우에서는 그 칸은 다음 세대에 살아남지 못한다. 너무 외로워서 혹은 너무 과포화되어서.

어느 위치에서건 생명(life)은 그 자신뿐만 아니라 이전 세대에서의 이웃의 생명과의 상호작용 결과이다. 이웃의 인구밀도가 너무 높거나 너무 낮으면 다음 세대에 생명은 전달되지 않는다.

몇 가지 패턴을 보도록 하자. 이 패턴은 마치 진동자(oscillator)처럼 계속 두 패턴을 번갈아 반복한다.

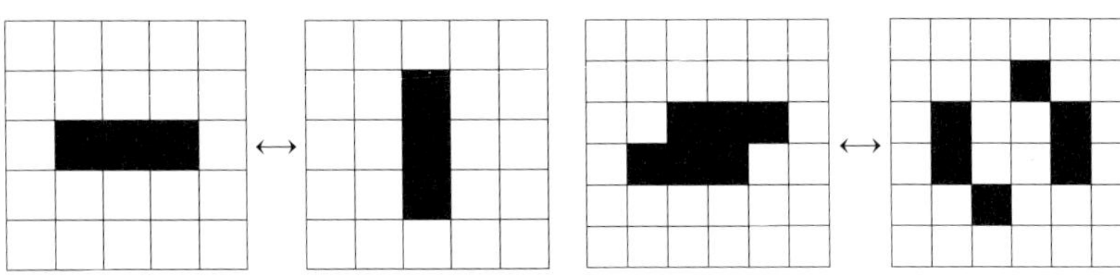

다음 패턴은 glider 패턴인데, 그리드 위를 같은 모양을 유지하면서 이동한다.

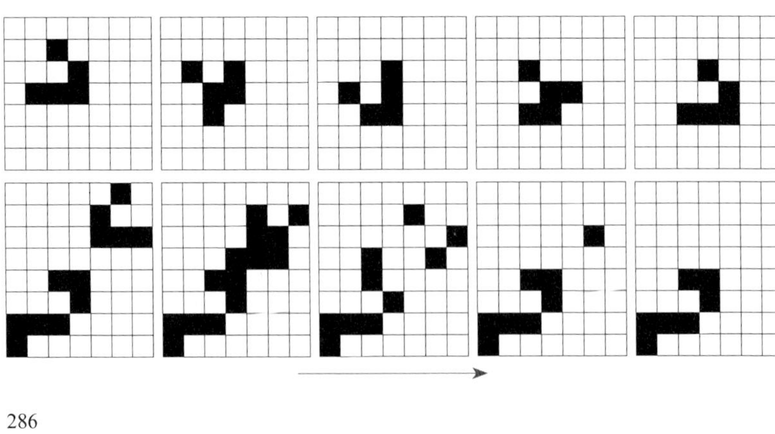

다음 패턴은 변하지 않는 패턴과 사라져 버리는 패턴이다.

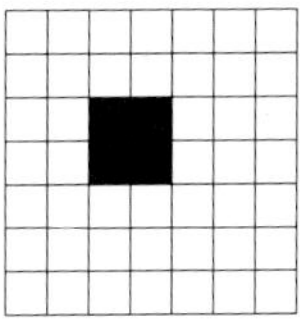

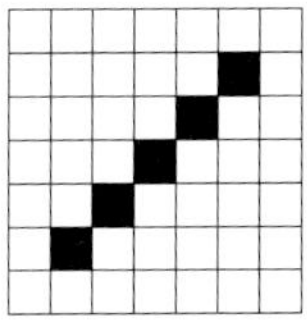

이 외에도 많은 패턴을 만들어 볼 수 있는데 www.math.com/students/wonders/life/life.html에 가면 시뮬레이터를 실제 사용해 볼 수 있다.

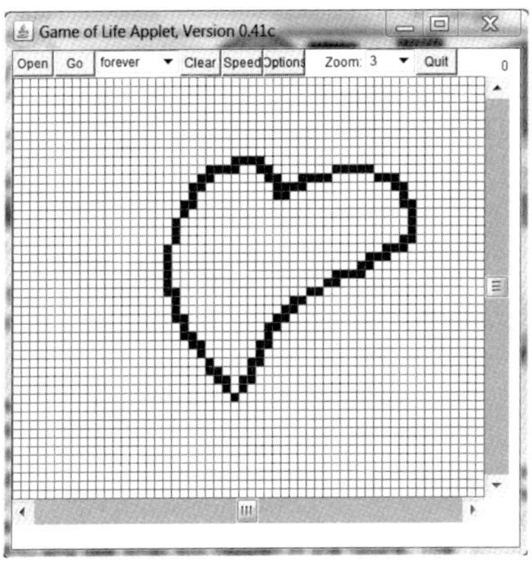


이 Game of life는 수학에서의 cellular automata의 하나의 예인데, 매우 간단한 각 개체(cell)들 간의 상호 작용을 통하여 풍부한 집단행동을 만들어 내는 능력 때문에 간단한 개체들로부터 생명(life) 등장의 수학을 연구하는 강력한 도구로 사용된다. Cellular automata는 위와 같이 그리드 상에서 cell과 그 이웃들에 대한 규칙이 적용되는 시스템을 말한다.

이러한 모습은 각 개체들이 그 이웃들과의 '간단한' 상호 작용 규칙에 의하여 움직이는 거대한 사회의 집단행위를 예상하고 시뮬레이션하는 경우에 사용될 수 있다.

Artificial Life가 흥미로운 것은 life가 emergent complexity 혹은 self-organizing system의 가장 간단한 예이기 때문이다. 복잡하고 아름다운 패턴과 행동이 아주 간단한 규칙으로부터 어떻게 생겨날 수 있는지에 대한 분야이다. Game of life에 대한 연구를 통해서 더 복잡한 시스템의 패턴과 행동에 대해 알아 낼 수 있을 것이다. 누군가가 복잡한 상황과 패턴을 직접 만들어 내는 것이 아니라 간단한 규칙 몇 가지가 스스로 그러한 패턴을 만들어 낼 수 있다.

다음의 시뮬레이션 Boids는 1986년에 Craig Reynolds가 만든 artificial life 프로그램이다. 새들의 무리가 날아다니는 것을 시뮬레이션했는데, 몇 가지의 아주 간단한 규칙들로부터 개체들의 상호작용을 통하여 새들의 행동의 복잡성이 행동으로 출현되고 있음을 보이고 있다. 그 간단한 3개의 규칙*은 다음과 같다.

① Cohesion: Boids try to fly towards the centre of mass of neighbouring boids. 새들은 이웃 새들의 무리의 중앙으로 향하려고 한다.
② Separation: Boids try to keep a small distance away from other objects (including other boids). 새들은 다른 새들과 작은 거리를 유지하려고 한다.
③ Alignment: Boids try to match velocity with near boids. 새들은 다른 새들과 속도를 맞추려고 한다.

물론 이것 외에도 더 복잡한 규칙을 더 추가할 수도 있다.

이 Boid의 예는 컴퓨터그래픽에서 많이 사용되어서 새들이나, 물고기, 양 떼들이 무리를 지어서 움직이는 모습을 실감나게 표현하는 데 사용된다. 컴퓨터 게임에 나오는 애니메이션이나 영화에서도 많이 사용된

* Java로 만들어진 코드도 함께 볼 수 있다. http://www.vergenet.net/~conrad/boids/

Boid simulation. YouTube. Video example of Boids in action by Olivier Saraja

다. Reynold가 1986년에 발표한 이 방법은 컴퓨터 애니메이션에서 큰 기여를 하게 되었는데, 그 방법은 1987년의 애니메이션 Stanley and Stella in Breaking the Ice에서 사용되었고, 1992년의 Batman Returns에서는 박쥐 떼와 펭귄 병사들을 이 방법으로 만들어 냈다고 한다.

이야기를 조금 더 연장해서 생각해 보자. 우리 사회를 생각할 때에 우리도 아마 다른 사람들과 아주 몇 가지 간단한 상호 작용 규칙에 의해서 움직일 것이고, 그것은 아마 우리 사회의 복잡한 패턴이나 행동으로 나타날 수 있을 것이다. 이것을 이용하여 어떤 문제를 해결할 수도 있을 것인데 다음의 예를 보자.

거리나 통로에서 두 그룹의 사람들이 서로 다른 방향으로 마주 오는 사람들과 부딪히지 않으면서 걸어가려고 할 때 어떤 패턴을 보이는지를 시뮬레이션한다면 건물의 통로 구조나 도로의 모습을 설계할 수 있을 것이다. 생각해 보자, 사람들은 (혹은 당신은) 어떠한 규칙에 의하여 움직

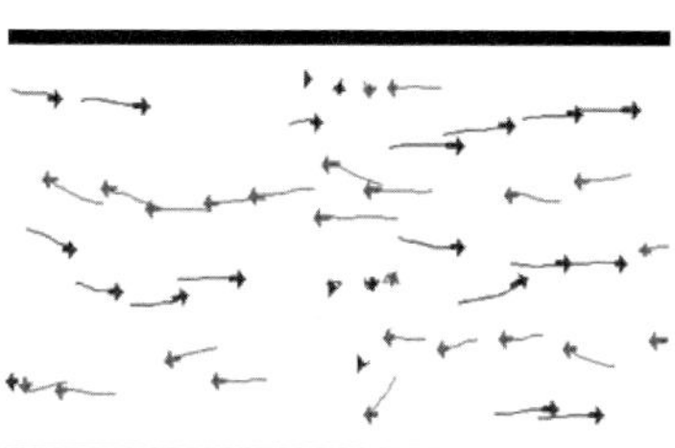

이는가.

① Lane formation in a street (http://www.trafficforum.org/somsstuff/pedapplets/Corridor.html)
② Oscillating Pedestrian streams at a bottleneck (http://www.trafficforum.org/somsstuff/pedapplets/Door.html)
③ Pedestrians interacting at a crossing (http://www.trafficforum.org/somsstuff/pedapplets/Crossing.html)

또한 고속도로에서 자동차의 흐름을 예측하는 데 사용될 수도 있다. 도로의 곡선, 언덕, 신호등, 제한 속도, 출구의 위치, 차선의 수, 트럭의 양 등의 파라미터를 조절하여 교통 흐름을 시뮬레이션할 수 있다면 도로 설계에 많은 도움이 될 것이다.(교통 흐름 시뮬레이션. http://www.traffic-simulation.de)

이렇듯 구성원이 이웃과의 간단한 '상호 작용 규칙'에 따라서 움직일 때 그 구성원으로 이루어진 사회가 어떻게 흘러가는지를 예측할 수 있는 사례는 많이 찾아볼 수 있다.

## 10.3. 신경망 모델, 뇌 인터페이스

사람의 뇌가 어떻게 어떤 방식으로 정보를 인식하고 저장하고 처리하는가에 대한 것은 이제 막 시작되는 연구 분야여서 구체적으로 아직 알려진 것은 별로 없다. 지금까지 알려진 바로는 우리가 시각/청각을 통하여 인식되어 들어온 정보는 엄청나게 많은 개수의 뉴런과 그들 간의 연결 네트

인간 뇌의 정보처리 단위 neuron

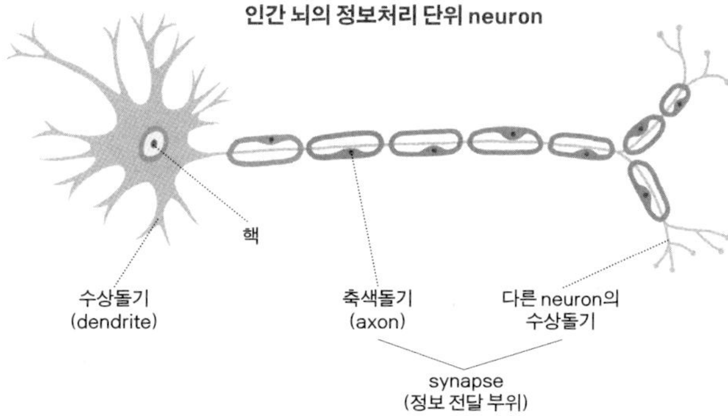


워크 구조에서 전기신호로 이루어진다는 것과 뇌의 각 부분이 담당하는 정보의 종류와 역할이 어느 정도 구분되어 있다는 정도이다.

우리의 뇌에 대한 몇 가지 facts들을 보자.

- 인간의 뇌는 $10^{11}$개의 뉴런을 가지고 있다.
- 각 뉴런은 $10^{4}$개의 다른 뉴런과 시냅스로 연결되어 있다.
- 성인 인간은 하루에 $10^{5}$개의 뉴런이 없어지고 있다.
- 사라진, 손상된 뉴런이 다시 재생될 가능성은 거의 없다(성인인 경우).
- 뉴런 간의 연결이 새로 만들어지는 것은 매우 느리다.
- 뉴런 외부 자극에 대한 반응 시간이 $10^{-3}$초, 하지만 컴퓨터는 $10^{-9}$초.
- 단순 계산 능력은 컴퓨터가 훨씬 우수하지만 인식, 지식 처리 등의 능력은 인간의 뇌가 월등히 우수.

컴퓨터가 정보를 처리하는 방식은 잘게 쪼개어진 작업 단위를 순차적으로 나열한 후에 그것을 순서대로 처리하는 것을 컴퓨터 기계에서 빠르게 처리하는 방식이다. 따라서 일을 그러한 순차적으로 나눌 수 있다면 컴퓨터가 훨씬 우수한 정보 처리를 하는 것이다. 하지만 우리가 하는 많은 일들, 즉 사물을 인식(얼굴 인식, 필기체 글자 인식 등), 직관적인 의사 결정, 일반화 능력 등은 아직도 컴퓨터로 처리하는 효율적인 방법이 나와 있지 않다. 물론 그것을 순차적 계산 방식으로 해결하려는 시도는 있었지만 크리 효율적이지는 않다. 하지만 우리 인간은 그러한 작업을 빠르고 쉽게 하고 있다. 우리 인간의 뇌가 어떻게 정보를 처리하고 관리하는지에 대한 연구가 진행되어 왔고 그 모델을 이용한 알고리즘이나 컴퓨터 하드웨어를 개발하려는 노력들이 있다. 그러한 분야를 신경망 알고리즘, 신경망 컴퓨터라고 부른다.

신경망에서는 아주 간단한 정보처리 능력만 가지고 있는 간단한 뉴런이 엄청나게 많이 있고, 그들은 서로 연결되어 있다. 어떤 연결은 강화되어 있고, 어떤 연결은 약해져 있어서 만약 어느 뉴런이 전기신호로 활성화되면 그 뉴런의 연결선 중에서 강화된 연결선을 통하여 다른 뉴런으로 신호를 전송시킨다. 이러한 방식으로 우리 뇌의 뉴런 네트워크는 정보마다 다른 연결 네트워크를 구성하며 신호를 처리한다. 따라서 어떤 정보나 지식은 어느 수많은 뉴런의 네트워크에 분산되어 연결선의 연결 강도의 형태로 저장되고 처리된다고 볼 수 있다. 그리고 그러한 연결 강도는 적응적으로 조절되고 변화될 수 있다. 따라서 정보의 삭제도 그리 쉬운 일이 아니다.

적절한 예는 아니겠지만 비유를 하자면, 만약에 당신에게 내가 '바다를 생각하면 무엇이 떠오르나요'라고 물으면 어떤 사람은 갈매기라고 이야기할 것이고, 또 다른 사람은 해수욕장, 여름, 회, 비키니 등을 떠올릴 것이다. 그 사람이 바다에 가서 회를 먹었던 잊지 못할 경험이 있었다면, 바다라는 단위와 회라는 단위 사이의 연결 강도는 그 경험(혹은 학습)에 의하여 더 강해지게 되어서, 바다라는 뉴런이 활성화되면 그 강해진 연결선을 따라서 자동으로 회라는 뉴런도 활성화가 되어 내 머릿속에서 처리되고 있는 것이라고 볼 수 있다. 또한 경험(학습)에 의하여 강해진 연결선의 연결 강도도 재경험(학습)이 없으면 시간이 지남에 따라 그 강도가 점점 약해지게 된다. 약해지게 되면 어떠한 활성 신호가 전달되지 않으므로 기억도 나지 않고 처리되지 않게 된다. 신경망 알고리즘과 컴퓨터는 기본적으로 많은 간단한 프로세스와 그들 간의 연결 강도를 가정하여 정보를 처리하고 있으며, 그 자세한 내용은 이 책에서는 다루지 않는다.

영화 Total Recall(1990)의 한 장면.

이러한 두뇌 정보 처리에 대한 알려진 사실은 여러 가지 가정을 만들어 볼 수 있게 한다. 1990년의 영화 〈Total Recall〉에 나오는 미래의 여행사는 여행의 기억을 파는 곳으로 나온다. 직접 여행을 가서 얻는 기억은 사실 우리 두뇌의 뉴런과 시냅스 연결 강도의 형태로 저장되어 있고 그것은 전기 신호로 움직이는 것인데, 그것을 임의로 기억을 심어 준다는 것이다. 우리의 기억을 전기적으로 조절할 수 있고 추가 삭제, 프로그래밍할 수 있다고 한다면, 우리가 가지고 있는 기억, 추억, 마음의 본질은 무엇일까라는 고민에 빠지게 한다.

만약 인간 뇌의 뉴런에 흐르는 전류 신호의 의미를 파악한다면, 우리는 상대방이 말하지 않아도 그 사람의 머릿속에 어떤 생각이 있는지 알아낼 수 있을 것이다. 그러한 가정에 대한 가장 기본적인 시도가 바로 뇌파에 대한 연구이다. 두뇌의 표면에 전극을 얹어 붙이면 미약한 전기 활동이 기록될 수 있으며 이것을 심전도(심장의 전기 활동), 근전도(근육의 전기활동)와 같이 뇌전도(EEG: electroencephalogram)라고 부른다. 뇌파의 주파수와 진폭에 따라 알파파, 베타파, 세타파 등으로 구분 지어서 뇌의 진정/흥분 상태를 측정하기도 한다. 또한 그 효과는 불분명하지만 알파파 등을 유도하기 위한 여러 가지 도구들도 시중에 판매되고 있기도 하다.

이러한 뇌전도 EEG에 대한 연구는 최근 더 활발하게 진전되고 있는데. 독일 BBCI(Berlin Brain-Computer Interface) 연구팀은 2006년 뇌파만으로 타이핑을 칠 수 있는 도구를 만들어 냈다. 두뇌에서 나오는 뇌파를 체크하여 사용자가 어떤 글자를 생각하는지를 알아내어 그것을 컴퓨터에서 타이핑해 주는 도구이다. 몸이 마비되었거나 손이 불편한 사람들을 도와줄 수 있을 것이다. 또한 뇌파만으로 테니스, 핀볼과 같은 게임을 하는 것도 보여 줬다.

사진 출처: www.bbci.de

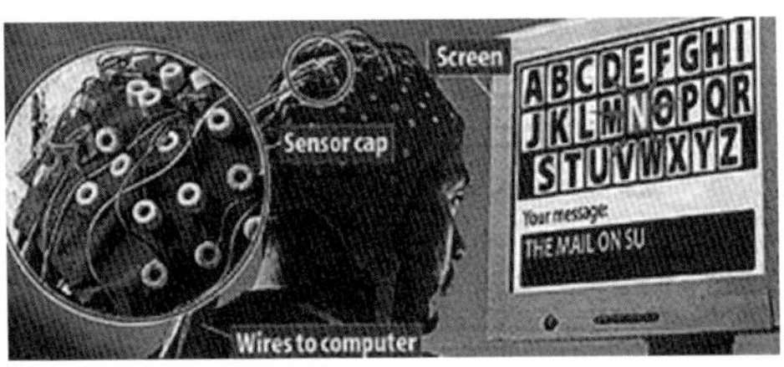


이렇게 뇌의 신호를 컴퓨터 제어 신호로 바꿔 주는 뇌-컴퓨터 인터페이스(Brain-Computer Interface) 분야의 발전은 인간 두뇌와 컴퓨터의 직접 결합의 형태로 나타나기도 하는데 이것은 마치 사이보그(cyborg)의 등장 가

능성을 연상시키기도 한다. 사이보그(cyborg)는 생체와 기계를 연결한 것을 말한다. 반면에 로봇은 순전히 기계로만 만들어진 것을 말한다. 영화 '로보캅'은 경찰관 머피의 두뇌를 기계와 연결한 사이보그라고 할 수 있지만 반면에 영화에서의 '터미네이터'는 기계로만 만들어진 로봇이다.

인공 시력 전문 기관인 미국의 도벨(Dobelle) 연구소의 도벨 박사는 지난 30년 넘도록 인공 시각 시스템 연구를 해 왔는데, 그의 시스템은 환자의 선글라스 렌즈에 초소형 카메라를 부착하여, 그 이미지 데이터를 마이크로컴퓨터에서 처리하여 그 신호를 환자 두뇌의 시각 정보 영역에 수술로 심어진 전극봉(electrodes)에 보내는 방법을 사용하고 있다. 즉, 시각을 담당하는 뇌 세포들에 직접적으로 작은 전기 신호 자극을 주는 것이다. 전극봉은 두개골의 작은 구멍을 통하여 컴퓨터에 연결되어 있다. 도벨 박사는 1978년에 처음 이 실험을 했으며 2002년에 처음으로 상업적 목적으로 환자 수술을 했다. 1978년 실험에서는 36살에 사고로 시력을 잃은

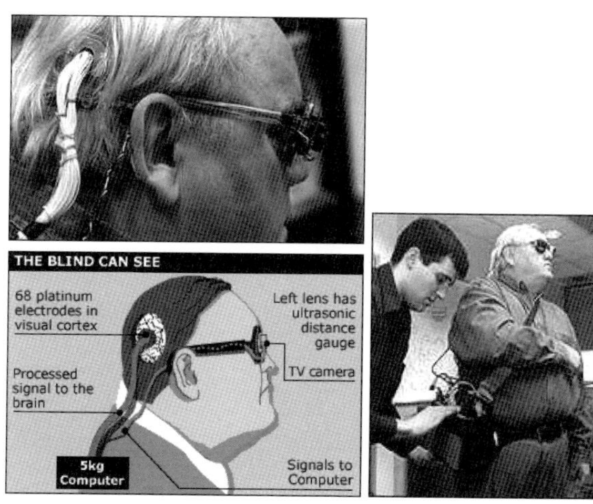


사진 출처: BBC News 신문기사
(http://news.bbc.co.uk/2/hi/science/nature/606938.stm)

Jerry라는 이름의 남자의 뇌 시각 영역에 68개의 전극봉을 이식하였다. 그 당시에는 전극봉과 컴퓨터의 크기가 무척 컸지만 점차 작아져서 2000년 BBC News에 소개된 62세의 Jerry의 모습을 보면 매우 작아져서 쉽게 가지고 다니면서 일상생활을 할 수 있도록 되어 있다.* 그는 1.5m 앞의 5cm 크기의 글자를 읽어 냈으며 뉴욕 지하철과 같은 잘 모르는 환경에서도 성공적으로 돌아다닐 수 있었다. 2002년의 최초의 영리 목적의 환자 Jens는 39세인데 사고로 17세와 20세에 한 쪽씩 시력을 잃고 19년 동안 시력 없이 살아온 환자이다. 그럼에도 그는 수술 후 30분 후에 시범 운전을 할 수 있었다. 인터뷰에서 그는 모양들과 그림자를 즉시 알 수 있었으며 물체는 검은 점으로 채워진 모습이라고 하였다(CBS News, 'Technology Brings Sight To The Blind', 2009년 2월11일).

미국 피츠버그대학의 의과대학에서는 원숭이의 뇌 신호를 로봇 팔에 연결한 실험 결과를 2008년 발표했다.** 이 상태에서 원숭이에게 먹이를 내밀었더니 원숭이가 팔을 뻗었는데 로봇팔도 원숭이 두뇌에서의 그 신호를 받아 똑같이 움직였다는 것이다. 이 경우도 원숭이의 뇌에 전극봉 90여 개를 이식한 다음 뇌에서 나오는 신호를 로봇 팔의 움직임으로 연결

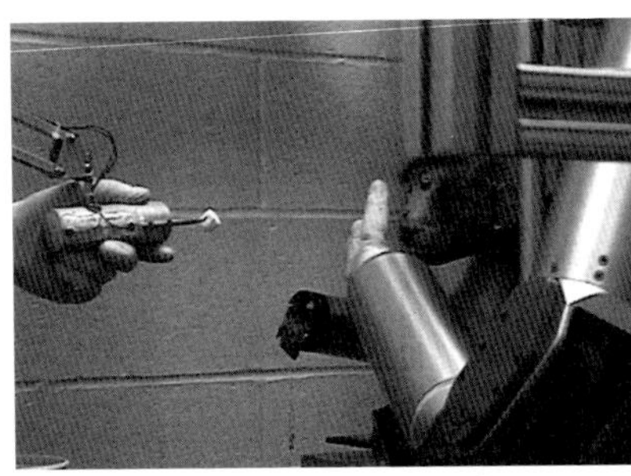
사진 출처: http://chronicle2.pitt.edu/?p=1478

---

* 기사. BBC News: Electronic eye for blind man, January 18, 2000. http://news.bbc.co.uk/2/hi/science/nature/606938.stm

** 기사. Science & Technology: Monkey Uses Brain Power to Feed Itself With Robotic Arm, PittCronicle, June 9, 2008. http://chronicle2.pitt.edu/?p=1478

한 것이다. 만약 원숭이의 팔을 로봇팔로 이식을 한다면 영화 로보캅과 같은 것도 가능할 수 있다.

영국 레딩대학(University of Reading)의 Kevin Warwick 교수는 1998년에 처음으로 자신의 팔목에 직접 실리콘 칩을 이식하고 그 칩에서 나오는 신호를 컴퓨터가 모니터하여 문을 열고 불을 켜고 하는 것들을 성공적으로 수행할 수 있었다.

사진 출처: Kevin Warwick 교수의 홈페이지.
(www.kevinwarwick.com)

2002년에는 다시 자신의 팔에 칩을 이식하여 손과 관련된 신경 100개를 연결했다. 인간의 손의 섬세함 움직임과 신경에서 나오는 신호와의 상호관계를 밝혀 보고자 하는 것이다.

일본 츠쿠바 대학의 Sankai 교수는 90년대부터 입는 로봇에 대한 프로토 타입 연구를 해 오다가 HAL-5를 개발하였다. 벤처회사를 만든 후에 2012년에는 HAL은 일본 내의 130여 개의 병원에 약 300대가 임대되어 사용되고 있다.

사람이 몸을 움직일 때에는 우리의 뇌에서 운동 뉴런을 통하여 신경신호가 근육으로 보내져 근골격(musculoskeletal) 시스템을 움직인다. 이 과정에서 우리의 피부 표면에 작은 생체 신호가 잡힌다. HAL은 피부에 부착된 센서로부터 이 신호를 잡아서 HAL의 관절 부분을 움직여 사용자의 동작을 지지하고 힘을 더해 준다.

HAL은 일상생활에서 노약자나 장애인을 돕도록 설계되었지만, 재난복구나 건설과 같은 분야에서 육체적 힘을 많이 사용하는 사람들도 사용할 수 있다. 현재는 병원에서 재활환자에게도 사용되고 있다.

사진 출처: http://robotattack.co/the-exoskeleton-mans-best-defense-against-the-robot-hordes/

사진 출처: "Cyberdyne robot suit for disabled gets safety approval in Japan", Feb 27, 2013, news.com.au(http://www.news.com.au/technology/sci-tech/cyberdyne-robot-suit-for-disabled-gets-safety-approval-in-japan/story-fn5fsgyc-1226587262603)

물론 두뇌와 기계의 결합이 그리 쉬운 일은 아니다. 신호를 어떻게 잡아 내느냐에 대한 것도 그렇지만 잡아 낸 신경 전기 신호를 정확하게 해석하는 일만 해도 매우 어려운 문제이다. 하지만 '두뇌 접속(Brain Interface)' 기계의 출현은 시간 문제일 뿐이라고 보고 있다. 두뇌 접속 장치가 만들어진다면 뇌의 생각만 가지고도 컴퓨터, 휴대폰을 통제할 수도 있고 심장이나 팔, 다리 등 인공 신체를 직접 통제할 수 있게 되고, 자신의 머릿속의 이미지나 장면을 비디오로 보여 줄 수도 있고, 미리 영화에서처럼 지식을 다른 사람의 두뇌에 전달하거나 업그레이드할 수 있을지 모른다. 미래 학자들은 두뇌와 기계의 완전 결합을 2030-2050년쯤으로 예상하고 있다.

# 11. 네트워크 컴퓨팅과 집단지성

## 11.1. 집단지성적 문제 해결의 사례

인터넷, 스마트폰, 그리고 SNS 기반 서비스들의 대중화와 일상화로 인하여 이제는 누구나 즉시적으로 어느 누구와도 정보를 주고 받을 수 있는 환경이 되었다. 이러한 네트워크 환경은 새로운 형태의 협업을 가능하게 하며 이를 바탕으로 한 새로운 문제 해결 방법이 등장하고 있다. 많은 사람들이 대표적으로 이야기하는 것이 위키피디아(Wikipedia)이다. 2001년에 Jimmy Whales에 의하여 시작된 개방형 참여형 온라인 백과사전이다. 즉 기존의 백과사전처럼 몇몇 전문가들이 집필을 하는 것이 아니라, 세계 각국의 익명의 자원봉사자들이 자신의 지식을 문서로 올리고, 그것을 본 다른 사람은 그 문서를 수정, 보완, 삭제 등의 편집을 할 수 있도록 한 플랫폼이다. 2012년 현재 영어로는 4.2백만 건의 article이 올려져 있고, 전세계 286개 언어로 총 2천 6백만 건의 article이 만들어져 있고. 2005년에 Wikipedia.org는 플로리다의 St. Petersberg라는 도시에 있었는데, 풀타임 직원 2명과 파트타임 1명만으로 운영하고 있었다. 그 수많은 글들을 집필하고, 수정 편집하고 하는 그 모든 일들은 익명의 자원봉사자들에 의하여 진행되고 있는 것이다. Jimmy Wales의 이야기를 보자.

"Imagine a world in which every single person on the planet is given free access to the sum of all human knowledge. Wikis give us a place where everyone who is kind, thoughtful, and intelligent can come and join us in building a better and more rational world."(2004)
지구상의 모든 사람 하나하나가 자유롭게, 무료로 인류의 모든 축적된 지식을 보고 사용할 수 있는 그런 세상을 상상해 봅시다. 친절하고 사려 깊고 지식 있는 모든 사람들이 그러한 더 좋은 그리고 더 이성적인 세상을 만드는 데 참여할 수 있는 장을 위키가 제공합니다."(2004)

어떻게 세상 사람들의 지식이 하나의 문서로 집약되어 진화해 나가는지의 예를 보도록 하자. 2004년 12월 26일 인도양 쓰나미를 기억하는가. 해저지진으로 인한 해일이 동남아시아 해변을 초토화시킨 사건이다. 공식적으로 175,000명 이상이 사망했다. 쓰나미 발생 후 9시간 후에 76단어로 만들어진 첫 번째 article이 위키에 올라왔다. 24시간 후 같은 문서가 400번 이상의 수정을 거쳐서 3,000단어의 문서로 편집되었다. 사진과 사망자 및 부상자의 차트 문서도 추가되었으며 쓰나미가 어떻게 발생하여 번져 가는지에 대한 그래픽 설명도 추가되었다. 48시간 이후에 같은 문서가 수많은 다른 사람들에 의하여 1,200번 이상 수정, 편집되면서 6,500단어의 문서로 만들어졌다. 많은 사진과 동영상이 추가되었다. 6개월 후에는 7,000번의 편집과 7,600단어의 문서가 되었다.

이렇게 위키 문서는 익명의 많은 사람들이 함께 집필, 수정, 편집하기 때문에 그 사람들의 지식, 생각, 정보가 합쳐진 모양으로 진화, 발전한다고 말한다. 많은 사람들이 참여하기 때문에 잘못된 지식, 비효율적인 구성 등은 수많은 '집단'에 의하여 필터링되고 수정된다고 가정한다. 따라서 위키피디아는 '집단지성'을 이야기할 때 예로써 많이 이야기된다.

2011년 출판된 Michael Nielsen의 *Reinventing Discovery: The New Era of*

*Networked Science*[*]에서 저자는 이러한 인터넷을 기반으로 한 집단의 참여와 지식의 네트워크가 어떻게 과학을 하는 방식을 변화시켜 나가고 있으며 얼마나 새로운 놀라운 결과를 내고 있는지 설명하고 있다. 그 책에 소개된 몇 가지 사례들을 보도록 하자.

**사례1**. 수학의 노벨상이라 불리는 필즈상 수상자인 캠브리지 대학의 Gower 교수는 2009년 자신의 블로그에 어려운 수학 문제 하나를 게시하고 이 문제를 사람들과 함께 해결하자고 제안하였다. 이것은 미완의 수학 문제를 한 개인이 아닌 집단의 힘으로 해결할 수 있는지를 알아보는 놀라운 실험이었는데 그는 이것을 polymath project라고 이름 붙였다. 게시물을 올린 지 7시간 만에 캐나다 수학자가, 그리고 다시 15분 후에 애리조나에 있는 고등학교 수학 교사가, 그리고 다시 3분 후에 UCLA에 있는 또 다른 필즈상 수상자가 코멘트를 올렸다. 이후 37일 동안 27명의 사람들이 800개가 넘는 코멘트를 올리며 의견이 공유되면서, 그 문제뿐 아니라 더 일반화된 확장 문제까지도 해결되어 논문으로 나오게 되었다. 게다가 이 프로젝트는 다른 수학자, 과학자들에게 영향을 주어 유사한 프로젝트가 그 이후에도 많이 진행되었다. 해결되지 못했던 어려운 수학 문제가 대규모 협업(massively collaborative)으로 해결될 수 있음을 보인 것이다.

**사례2**. 20만 명 이상의 온라인 자원봉사자들이 천문학자들을 도와 은하계 이미지들을 분류하고 있는 Galaxy Zoo라는 웹사이트가 있다. NASA의 로봇 천체망원경에서 자동으로 찍힌 은하계 이미지를 보고 자원봉사자

---

* Michael Nielsen, *Reinventing Discovery: The New Era of Networked Science*, Princeton University, 2011.

들은 웹사이트에 들어가 사진들을 하나씩 보면서 그것이 나선형인지 타원형인지, 그리고 나선형이면 어느 방향으로 돌고 있는지 등에 대한 간단한 답을 해 주어 그 수많은 이미지들이 분류되게 해 준다. Galaxy Zoo는 지금까지 수행된 것 중 가장 큰 규모의 우주 센서스라고 할 수 있는데 현재 1억 5천만 개의 분류가 이루어졌다. 또한 이 작업에 참여하고 있는 일반 자원봉사자들이 가끔 놀라운 과학적 발견을 하기도 한다. 최근에 발견된 green pea galaxies가 그 한 가지 예이며, 3년 동안에 22개의 과학 논문이 나왔다. 일반인이 참여하는 이러한 예는 컴퓨터 게임을 통해 단백질 분자 구조를 예측하는 것부터 공룡의 진화에 대한 연구에까지 다양하다. 이것은 소수의 전문가들이 할 수 없는 범위를 전문 지식 없는 많은 수의 일반인들의 참여로 수행되고 있는 것인데, 이로 인하여 해결될 수 있는 과학적 문제의 범위가 훨씬 넓어지고 있다. 이러한 시민 과학(citizen science)은 과학과 사회의 관계에 큰 변화를 의미하며, 과학 커뮤니티와 일반 사회를 새로운 방식으로 연결하는 예를 보여 주고 있다.

**사례3.** 세계 체스 챔피언인 Kasparov는 1999년 'The world' 즉 세계와 경기를 하였다. MS가 주관한 이 경기는 전설적인 천재 체스 챔피언과 일반인들의 집단지성과의 경기로 관심을 끌었는데 75개국에서 전체 5만 명이 참여하여 그 다음 돌을 어디에 놓을지를 투표로 정하는 방식으로 Kasparov와 1대 5만의 경기를 치렀다. 경기는 62번 순서에서 Kasparov가 승리하였는데 51번째 순서부터 균형이 흔들리기 전까지 경기는 막상막하였다. 그는 이후에 이 경기에 대하여 집필한 책에서 그의 인생에서 가장 많은 에너지를 쏟은 경기였다고 밝혔다. 참가한 일반 사람들의 수준은 매우 다양했지만 왕초보들도 10% 이상이 되었다. 이 경기의 3년 전에도 비슷한 경기가 있었는데 그 때에는 Kaspzrov가 32수 만에 싱거운 승리를 거둔 반면, 이번의 경기는 힘겨운 경기가 된 것은 집단지성의 형성 과정에 약간의 변화를 주었기 때문이다. 그 전 경기에는 10분이라는 시간 안에 단순한 투표를 통하여 (토론이나 정보 제공 없이) 자동으로 다음 돌이 정해지게 한 반면, 이번에는 다음 돌을 놓는 데 시간을 하루를 주어서 그 하루 동안 많은 토론과 생각의 공유가 일어나도록 한 것이다. 조정자 중의 한 명인 Krush라는 여학생은 토론 포럼에 엄청난 시간을 투자하여 사람들의 생각을 정리하고 분석하여 다시 올려 놓고 하여 많은 사람들의 생각이 효과적으로 모이고 정리되어 투표될 수 있도록 하였다. 그는 분석 도구까지 만들어 제공하여 사람들이 투표를 위해 판단할 때 사용할 수 있는 최대한의 많은 정보를 제공하고자 하였다. 결국 그는 전체 world팀의 코디네이터 역할을 한 것이고, 그렇게 해서 world팀은 그렇게 강력한 팀이 될 수 있었다.

**사례4.** 1991년 21살의 핀란드 학생 Linus Torvalds는 프로그래머들을 위한 온라인 포럼에 짧은 글을 포스트했다. PC를 위한 운영체제를 만들고 있는데 어떤 특징들이 있으면 좋겠냐는 포스트를 하였는데, 거기에 대한 첫 코멘트는 14분 후에 날아왔다. 약 6주 후 Torvalds는 그의 첫 번째 운영체제를 완성해서 공개하였는데 그것이 바로 리눅스였다. 그 당시만 해도 컴퓨터의 운영체제의 코드를 그대로 공개한다는 것은 매우 놀라운 것이었다. 그 즉시 리눅스 메일링 리스트가 만들어졌으며 세 달 후에는 그 참가자가 196명으로 늘어났다.

Torvalds는 운영체제 코드를 만들어서 무료로 공개했을 뿐만 아니라 다른 프로그래머들에게 리눅스에 들어갈 만한 코드를 함께 만들어 나가

자고 참여를 북돋았다. 이렇게 해서 리눅스를 개선, 향상시켜 나가는 개발자들의 커뮤니티, 집단이 빠르게 만들어지게 되었다. 2008년 기준으로 리눅스 커널은 코드의 라인 수가 9백만 줄이 넘으며 모두 1000명이 넘는 개발자들이 참여했다. 인간이 만든 가장 복잡한 공학물 중의 하나이다. MS 윈도우가 더 일반적으로 사용되는 운영체제이긴 하지만 리눅스도 많은 분야에서 성공적으로 사용되고 있다. 1991년이 21살의 대학생이 시작한 일이 오늘날 이런 변화를 세상에 가져온 것이다. 리눅스와 같은 오픈소스는 코드가 공개되어서 누구나 그 코드를 수정하여 그 코드를 향상시키는 기여를 할 수 있도록 한다. 오픈소스는 어느 한 개인이 할 수 있는 것보다도 더 크고 복잡한 소프트웨어 개발을 집단이 함께 할 수 있도록 한다. 2007년과 2008년의 경우를 보면 리눅스 개발자들은 하루에 평균 4,399라인의 코드를 추가시켰는데 개인이 할 수 있는 양이 절대로 아니다. 하지만 모든 오픈소스 프로젝트가 다 이렇게 많은 기여 참여자를 가지고 있는 것은 아니다. 또 다른 유명한 오픈소스 프로젝트인 SourceForge는 230,000개의 서로 다른 프로젝트를 진행하고 있는데 대부분은 참가자가 몇 명 안팎에 불과하기도 하다. 오픈소스는 비록 프로그램 작업에서 시작된 것이긴 하지만, 어떠한 프로젝트에도 적용 가능한 일반적인 설계 방법론이다. 2006년에 시작된 건축 분야의 '오픈 아키텍처 네트워크'는 2010년 기준으로 4000개 넘는 프로젝트가 진행되고 있으며 건물 도면, 재료, 완성된 건축물 이미지 등등이 함께 만들어지고 있다. 또한 오픈소스 예술, 오픈소스 생물 DNA 등도 이런 식으로 만들 수 있는 것이다. 위키피디아도 마찬가지로 오픈소스 프로젝트이다. 오픈소스 협업은 다른 사람의 작업을 내가 수정해서 개선시킬 수 있는 자유를 가진다. 그리고 오픈소스의 결과물은 훌륭하긴 하지만 최고 품질의 것은 아니다. 그럼에도 불구하고 집단지성을 어떻게 끌어들일 것인지에 대한 많은 시사점을 준다. 그중에 4가지의 강력한 패턴은 다음과 같다. (1) 작업을 세부 작업으로 나누어 모듈단위로 작업할 수 있도록 한다. (2) 진입 장벽을 없애서 아주 작은 기여도 가능하도록 한다. (3) 다른 사람이 했던 이전 작업을 재사용할 수 있도록 한다. (4) 관심, 주의집중 방향을 유도하기 위해 점수 포인트와 같은 시그널 메커니즘을 사용한다.

**사례5.** 1998년 MathWorks 소프트웨어 회사는 누구나 참가할 수 있는 프로그래밍 콘테스트를 개최했다. 주어진 문제는 CD packing problem이었는데, 전 세계에서 100명 이상이 참가했다. 점수는 프로그램이 얼마나 빠른가와 어떻게 문제를 해결했는지를 가지고 정해졌으며 일주일 기간 동안 참가자는 언제든지 답을 올릴 수 있었다. 올라온 답에 대해서는 즉시 채점이 되어 리더보드에 랭킹대로 게시가 되었고 제일 마지막에 리더보드에 1위를 한 참가자가 우승을 하는 것이다. 이 경연대회가 특별한 것은 누군가 프로그램을 제출하면 그 코드는 바로 다른 참가자들에게 공개되어 다운받고 재사용할 수 있게 한 것이다. 올라온 다른 사람의 코드를 조금 개선해서 내 것으로 올려서 리더보드에서 다른 사람을 제치고 내가 올라갈 수 있게 한 것이다. 자기가 올린 프로그램이 바로 점수가 나오고 바로 다른 사람에 의해서 수정, 개선되는 상황은 참가자들로 하여금 마치 즉각적 피드백의 컴퓨터 게임처럼 이 경연대회에 중독되게 하였다. 그리고 이 방식은 놀라운 최종 결과를 나타냈다. 다음 그림에서 보는 것과 같이 시간이 지나면서 최고 점수는 급격히 좋아졌으며, '지구상의 어떤 개인도 이렇게 우수한 프로그램은 만들 수 없을 것'이라는 심사위원의 말대로 훌륭한 것이었다. 이것은 많은 면에서 대규모의 협업이라고 할 수

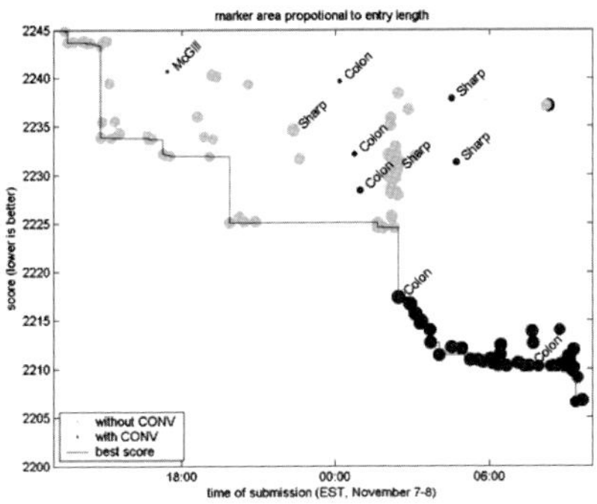


X축은 코드를 제출한 시간 축이며, Y축은 제출된 코드의 점수인데 낮을 수록 좋은 것이다. 좌표상의 점은 제출된 코드들이다. 시간이 갈수록 각 시점 최고 점수의 코드 성적이 급격히 향상된다.(http://blogs.mathworks.com/contest/2002/11/08/a-contest-story)

있다.

인터넷 사용자들의 네트워크를 기반으로 한 집단지성은 과학뿐만 아니라 우리 일상의 많은 문제들을 해결할 수 있을 것이다. 하지만 위의 과학에서의 예에서 보았듯이 정교한 설계와 전략이 고려되어야만 성공적인 문제 해결이 가능할 것이다. 앞서 본 사례와 비슷한 것이긴 하지만, 카네기멜론대학에서 개발된 ReCAPTCHA는 2009년에 구글에서 뉴욕타임스의 옛 신문기사와 Google Books의 책들을 디지털화시키는 작업에 사용되면서 알려졌다. CAPTCHA는 다음 왼쪽 그림과 같이 원래 인터넷에서 회원 가입을 하거나 게시물 등을 올릴 때 뒤틀린 글자를 보여 주고 사용자에게 이것을 다시 써 보게 하는 테스트를 말한다. 이렇게 하는

http://www.google.com/recaptcha 의 화면 일부.

이유는 사용자가 진짜 '사람'인지를 확인하고자 하는 것이다. 사람이 아닌 기계 프로그램이 웹서비스에 자동으로 가입하고 자동으로 글을 게시하고 퍼 가는 것을 막기 위한 것이다. 카네기대학에서는 이것을 이용한 ReCAPTCHA를 사용하여 고전을 디지털화하는 데 사용하는 프로젝트를 시작했다. 1700-1900년대 초까지 출판된 고전 책들을 디지털화하고 인터넷 웹에 올려 놓아 사람들이 읽고 참조하게 하려고 하는 것인데, 과거에는 고용된 많지 않은 사람들이 종이 책을 페이지별로 일일이 스캔하여 디지털 작업을 했다. 비용과 시간도 많이 걸리고 파손 위험도 있지만, 고전들은 인쇄 상태가 좋지 않아서 스캔 프로그램의 글자 인식률은 매우 낮았다. 그래서 '사람'이 직접 확인을 하여 수정해 주어야만 한다. ReCAPCHA에서는 고전을 일단 스캔한 후에 그것을 CAPTCHA할 단위의 작은 조각으로 나누어 사용자들에게 보내고, 사용자들은 웹에서 가입/로그인/게시를 할 때마다 그 스캔된 조각 글씨를 정확하게 읽어서 다시 타입을 하게 되고, 그 타입된 글자는 다시 ReCAPCHA로 보내지고 모아져서 책이 훨씬 더 정확하게 디지털화시키는 것이다. 모든 글자를 '사람'이 직접 확인한 것이다. 페이스북, 트위터, 크랙리스트 같은 사이트에서 이 ReCAPTCHA를 사용하고 있으며, 각 개인이 어차피 자기가 했어야 하는 일에 약 3초의 시간을 투자하는 것을 모은 것인데, 2013년 현재 매일 2억 건의 ReCAPTCHA가 수행되어 연간 수백만 권의 책이 디지털화되고 있다고 한다. 하루 2억 건이면 하루에 약 150,000시간의 노동시간인데, 몇몇 단체에서 사람이 일일이 이 일을 한다는 것은 거의 불가능한 일이다. 네트워크화된 대규모 온라인 협업으로 지금까지는 불가능했던 많은 문제들을 새로운 방식으로 해결할 수 있게 될 것이다.

## 11.2. 지혜로운 세상을 열기 위한 이슈들

우리는 앞에서 데이터, 정보, 지식, 그리고 지능이란 용어에 대하여 살펴본 적이 있다. 지능이라고 하면 일반적으로 어떠한 상황과 맥락에 맞도록 정보 및 지식을 인식하고, 재생하고, 일반화하고, 변환하고, 재구조화하고, 상호 연결하여 새로운 지식을 만들어 내는 것과 같은 능력을 통틀어서 말하는 것이다. 우리가 추구하는 우리가 원하는 행복한 세상은 어떤 곳일까. 언제 어디서나 누구나 지식을 얻고 활용할 수 있고 지능적인 도구와 시스템을 사용할 수 있는 세상일까. 그러한 지식과 지능적인 세상은 우리에게 행복을 보장해 줄까. 우리는 '지혜(wisdom)'라는 개념을 생각해 보기도 한다. 지혜는 단순한 사실적인 개념이 아니라 매우 철학적인 개념이어서, 학자들마다 그리고 학문적 문화적 관점에 따라 수많은 정의가 소개되어 있다. 하지만 다음 두 가지의 요소를 포함한다는 점에서는 대체로 일치하고 있다. 그것은,

- 공공의 선(public good)을 추구한다
- 균형(balance)을 유지한다

라는 것이다. 우리가 지혜롭다라고 말할 때에는 그 행위가 어느 특정 집단의 사적인 이익만을 위하는 것이 아닌 공공의 이익으로 나타나야 하며, 또한 어느 특정 입장으로만 쏠리지 않고 균형을 유지할 수 있도록 하여야 한다. 네트워크 사회가 되면서 더 많은 정보가 일반 사람들에게 공개되고, 그리고 더 많은 보통 사람들의 의견이 반영되어 사회적 지식과 의사결정으로 나타나게 되면서 좀더 지혜로운 세상을 만들 수 있는 기회가 많아졌다고 생각해 볼 수 있다. 반면에 지금까지는 없었던 새로운 이슈들이

등장하기도 한다.

### 정보는 공공재인가, 사유재인가

19세기 말에 시작된 산업혁명은 기계와 공장이 본격적으로 시작된 시기이며, 그것을 가지고 (손으로 만질 수 있는) 유형 물건의 대량 생산과, 그것의 대량 판매를 통한 자본의 축적이 시작된 시기이다. 그를 통하여 새로운 자본 세력이 등장했으며 그들은 이전의 봉건 세력을 붕괴시켜 버렸다. 이러한 과정에 바탕이 된 것 중에 중요한 것이 바로 물건에 대한 개인 '소유권'의 보장이었다. 물건, 즉 유형물에 대한 소유권과 판매를 통한 자본 습득이라는 구조가 있었기 때문에 개인이 기계와 공장을 이용한 대량 생산을 통하여 거대한 자본 권력을 취득할 수 있게 된 것이다. 이러한 소유권 보장은 물건뿐만 아니라 부동산에도 적용되어 그것을 가진 자와 가지지 못한 자와의 자본 권력의 차이를 만들어 나갔다. 그리고 그 자본의 습득은 유형물을 만들어 내기 위한 노동의 동기로 사용되었다.

20세기가 되면서 사람들은 손으로 만져지지도 않고 보이지도 않는 무형물(즉 정보, 지식, 아이디어 등)도 판매가 되어 자본을 습득할 수 있는 대상이 될 수 있다는 것을 깨닫기 시작했다. 그러면서 그러한 무형물에도 유형물에 적용되던 개인 소유권 관리의 개념을 적용시키기 시작했다. 돈이 되는 고급 지식은 비밀리에 소수의 사람들끼리만 교육되고 공유되고 나누어졌고, 정보와 지식의 배포는 자본 권력에 의하여 통제되고 관리되었다. 그러한 과정에 변화를 준 것이 바로 20세기 중반 매스미디어(뉴스, 라디오, TV)의 등장이 그 첫 번째이고 그리고 두 번째가 20세기 말의 인터넷과 웹의 등장, 그리고 세 번째가 무선 인터넷과 스마트폰의 등장이라고 할 수 있다. 그 과정은 과거 소수만 독점하던 정보와 지식이 어떻게 일반인들에게 풀려져 버렸는지, 그리고 과거 소수의 지식인과 전문가들만 생산하던 정보와 지식이 어떻게 일반 민초들에 의하여 생산되고 조합되고 정제되어 다시 세상을 움직이는 데 사용되고 있는지를 잘 보여 주고 있다.

이 과정에서 과거 산업혁명 초기에 유형물 생산과 관리 통제를 통하여 자본을 축적하던 세력들처럼, 정보혁명 시기에 무형물, 즉 정보와 지식의 생산, 유통, 관리, 통제를 통하여 새롭게 자본을 적극적으로 축적하려는 세력이 자연스럽게 등장하게 되며, 반대로 지식과 같은 무형물은 지금까지처럼 무료로 자유롭게 사용되어야 한다는, 그래서 모든 정보는 누구나 접근할 수 있고 활용할 수 있게 해야 한다는 그룹이 등장하게 되어, 두 그룹 간의 싸움은 지금 현재도 계속되고 있다.

내가 Richard Stallman을 직접 본 것은 대학원 박사과정 시절인 아마도 1994-5년 정도였을 것이다. 사실 그때는 인터넷이 지금처럼 대중화되었던 시절이 아니라서 그를 이름으로만 알았지 그의 얼굴은 본 적은 없었다. 그는 1983년에 GNU 프로젝트를 시작하여 Free Software(자유 소프트웨어로 많이 번역하지만 정확하게는 무료 소프트웨어란 의미) 운동을 시작한 사람이다. 그 당시 비싸게 팔던 워크스테이션용 운영체제인 유닉스 기반의 소프트웨어를 스스로, 그리고 많은 자원봉사자들의 참여로 무료 프로그램들을 만들어 배포하고 결국은 그 운동에 동참한 핀란드의 대학원생 리눅스 토발즈가 현재도 많이 사용되고 있는 '리눅스'라는 운영체제를 만들어 내게 하였다. 나는 그 당시에 GNU에서 나온 컴파일러와 이맥스(emacs) 편집기 등을 무료로 받아 쓰면서 그의 책도 여러 권 읽고 그리고 그의 자유소프트웨어 운동에 공감하고 있었기에 우리 학과에서 열린 그의 초청 강연을 기다리고 있었다. 처음 본 그의 모습은 믿기 어려울 정도로 남루한 모습이었으나, 강연이 시작되자 그의 눈빛과 그의 목소리는 청중을 압도했다. 그는 하버드 대학에서 물리학을 전공했고, 1970년대 후반 졸업 후에 MIT의 인공지능연구실에서 연구원으로 일하고 있었다. 그 연구실에 사용하고 있던 레이저 프린터가 있었는데 (그 당시에는 레이저프린터가 그 기업의 극비에 해당하는 신기술) 여러 사람이 사용해야 하는 불편함과 그리고 몇 가지 고장을 개선시키기 위하여 소프트웨어를 수정하고 싶었는데 그 회사에서는 소프트웨어 코드를 보안에 붙여 제공하지 않았다고 한다. 화가 난 스톨만은 이전의 프린터에 그가 만든 코드를 사용하여 문제를 해결하고 그 코드를 다른 사람들 또한 쓰도록 했다고 하는데, 그 과정에서 자기가 지금까지 그 연구실에서 세상 사람들의 편리함과 행복을 위해서 연구하고 개발했다고 생각한 코드들이 결국은 특정 기업의 이익과 기업의 배만 불리는 데에 악용되고 있었다는 생각을 하게 되었다고 한다. 그래서 그는 그곳에서 나와 1983년에 GNU 프로젝트를 시작하여 무료 프로그램들을 만들어 배포하기 시작했다. 그는 GNU 프로그램에 copyright 대신에 copyleft라는 용어를 만들어 사용하였다(right와 left의 정치적 의미 차이를 생각해 보라). 그의 자유소프트웨어 운동에 참여하는 해커들과 자원봉사자들이 많이 늘어났으며 1990년대 초에는 리눅스라는 운영체제가 등장하게 된다. 운영체제는 가장 힘들고 어려운 소프트웨어라고 할 수 있는데, 그것이 수백 수천 명의 자원봉사자들의 참여로 만들어진 것이며 지금 현재도 전 세계 서버의 많은 부분이 이 무료 운영체제로 돌아가고 있다는 것은 매우 놀라운 일이다. 스톨만은 그 강연 당시에 자신은 집도 자동차도 소유해 본 적이 없으며, 자신의 집에 있는 개발용 컴퓨터 5대도 모두 기증받은 것이라고 했다. 그는 소프트웨어는 인간의 아이디어와 지식을 표현한 것이며 그것은 무료여야 하는 것이며, 만약 그것이 자본에 묶여 통제되어 버리면 그것을 가지고 있는 사람과 가지고 있지 못한 사람 사이에는 큰 불평등이 생기게 되며 그것은 인류 발전에 저해가 될 것이라고 했다. 그래서 그는 소프트웨어는 무료여야 하며 많은 사람들이 참여해서 함께 조금씩 필요한 부분을 만들어서 공유할 수 있게 하여야 한다고 했다. 2000년대 들어 마이크로 소프트, 애플, 야후, 구글과 같은 거대 기업이 영향력이 커지면서 자유 소프트웨어 운동은 그 영향력이 크게 감소되었는데, 아이러니하게도 최근에 점점 커지고 있는 open source code 운동으로 다시 새롭게 등장하고 있는 느낌이다. 물론 최근의 오픈소스 운동은 IBM, HP와 같은 대기업 중심으로 움직이고 있고 그 의도 또한 스톨만의 생각과는 많이 다르지만, 많은 사람들이 자의로 참여하여 공동으로 프로그램 코드를 공유하고 나누어 더 좋은 소프트웨어를 만들고 있다는 점에서는 같다고 할 수 있다.

왼쪽부터 리차드 스톨만, 리누스 토발즈, 지미 웨일스

위키피디아 창업자인 Jimmy Whales의 강연을 들은 것은 2005년 플로리다에서였다. 그 당시에 나의 연구에 필요한 자료나 내용들은 거의 대부분 위키피디아를 통해서 얻고 있던 터라 (그러면서도 기여는 전혀 하지 않고 있던 터라) 대학 강의실에서 열린 그의 강연은 매우 흥미로운 경험이었다. 그중에서 그가 했던 말이 기억나는데, 그가 우리에게 물었다. "우리가 친구들과 맥주 집에서 즐겁게 이야기하며 맥주를 마시고 있다고 합시다. 우리는 맥주값을 냅니까, 안 냅니까. 우리는 맥주(유형물)에 대해 돈을 지불합니다. 그러면 우리는 친구에게 들었던 그 재미있는 이야기와 아이디어와 정보에 대해서 돈을 냅니까. 우리는 내지 않습니다. 정보는, 지식은 무료여야 합니다. 지식은 공기와도 같습니다. 당신이 숨쉬는 공기에 누군가가 세금과 비용을 물려서 돈을 내도록 한다면, 그 돈이 없는 사람은 숨을 쉬지 못해 죽고 말 것입니다. 비극입니다. 공기는 공공재여야만 하며 그래서 무료여야만 하듯이, 지식도 공공재여야 하고 무료여야 합니다." 그러면서 그는 한 가지 덧붙였다. "하지만, 어느 누군가가 특별한 공기를 만들어서 그것을 캔에 넣어서 팔고, 그것을 사는 사람이 있다면 그것은 괜찮습니다. 마찬가지로 어떤 특정한 목적으로 가공되어 특별하게 만들어진 지식은 돈을 받고 팔 수가 있을 것입니다." 지식은 기본적으로 공공재여야 하지만 특별한 형태의 사유재의 존재도 인정을 한다는 것이다.

리눅스의 개발과 위키피디아에서 보듯이 정보 및 지식의 공개와 그것을 사용한 많은 사람들의 협업은 일부 개인이나 기업 혼자만으로서는 불가능한 많은 일들을 가능하게 한다. 몇몇 전문가들보다도 수많은 '덜' 전문가들의 협업이 훨씬 훌륭한 경우들이 많이 있기 때문이다. 공개된 지식은 다른 사람에 의해 즉시 검토되고, 수정 보완되고, 다시 다른 지식과 연결되고, 이러한 진화 과정이 대규모로 실시간으로 진행된다. 앞선 여러 사례에서도 보았듯이 최근에는 정보와 지식의 공개와 공유가 큰 트렌드로 자리 잡았다. 하지만 여기서 알아야 할 것은 공개를 통하여 잃는 것과 얻는 것 같의 trade-off에 대한 것이다. MIT는 2002년에 MIT Open Courseware를 통하여 MIT의 강의를 무료로 공개하기 시작했다. 입학이 어렵고 등록금이 비싼 MIT의 강의는 산업시대의 관점에서 생각해 보면 소수만 특별히 교육받고 공유되고 관리되어야 하는 특별 지식이었지만,

네트워크 시대에는 공개와 공유를 선택한 것이다. 초기에는 그러한 공개가 MIT 지원자를 감소시킬 것이며 MIT 경영에 악영향을 끼칠 것이라는 우려가 있었지만, 공개 후에 오히려 MIT에 대한 관심과 더불어 지원자 수가 크게 늘었으며, 더 큰 효과는 공개된 MIT 강의에 대한 수많은 일반 사람들의 검토와 수정 보완 지적이 발생했으며 그로 인하여 강의의 질이 크게 향상되었다고 한다. 2011년 11월 기준으로 2,000개가 넘는 강의가 온라인으로 개방되었으며, 이제는 MIT뿐만 아니라 전 세계의 주요 대학이 모두 이 강의 개방 운동에 참여하고 있다. 또한 iTunes U, YouTube Univ 등도 활발한 강의 개방 활동을 하고 있다. 또 다른 예로서 학술 저널지는 최고의 연구 결과를 저널에 싣고, 그 저널을 구독하는(돈을 내는) 구독자들에게 그 연구 결과 논문을 제공함으로써 운영을 해 오고 있으며, 그리고 그러한 고급 지식의 배포가 제한돼 왔다. 최근 그러한 고급 연구 결과의 일반 개방과 공유에 대한 요구가 있어 왔으며, 몇백 년 된 저널 출판사들은 두 가지의 요구를 다 받아들여, 최초 일정 기간 동안(즉 6개월 혹은 1년)은 구독자에게만 제공하고, 일반인들은 그 기간 이후에 무료로 제공받는 정책을 활용하기도 한다. 또한 CCL(Creative Commons License)과 같은 저작권 관리 시스템은 일반인들이 자신의 저작물(글, 사진 등)을 다른 사람이 비영리 목적으로 사용하고자 할 때 법적인 문제없이 공유할 수 있도록 하고 있다.

이 세상에 존재하는 모든 지식과 정보와 아이디어는 결국 누군가의 것이 재조합되고 섞이고 변형되어 만들어진 것이라는 관점에서, 어떤 특정 지식에 특정 개인에게만 소유권을 보장한다는 것 자체가 모순일 수도 있다. 그렇다고 해서 소유권을 전혀 보장하지 않는다는 것은 그러한 재조합되고 특별화시키고 시스템화시키려는 노력의 동기를 없애 버릴 수도 있다. 그러나 너무나 과한 개인 저작원의 적용은 인류 전체의 공동 자산이라고 할 수 있는 지식의 공유과 재생산을 원천적으로 막아 인류 발전을 저해할 뿐만 아니라 자본을 가진 자와 그렇지 못한 자 간의 격차를 더욱 크게 만들어 심각한 불균형을 만들어 버릴 수 있다. 그러므로 지식이 가진 공공재적인 성격과 사유재적인 성격을 모두 포괄하는 적절한 새로운 철학이 등장하고 합의를 도출해 좀더 지혜로운 세상, 즉 공공의 선을 균형 있게 이루는 세상이 되어야 할 것이다.

*새로운 윤리적 문제의 대두*

이미 언급한 바와 같이, 과거에 소수에 의하여 생산되고 공유되고 통제되던 지식이 매스미디어의 등장, 인터넷의 등장, 그리고 스마트폰의 등장을 겪으면서 직식의 생산과 유통, 그리고 소비의 패러다임이 크게 변하게 되었다. 매스미디어(신문, 라디오, TV 등)의 등장은 정보와 지식을 대중들에게 쉽고 빠르게 대량 전달을 할 수 있게 되었지만, 여전히 정보는 소수에 의해 생산되고, 미디어 자본 권력에 의해 선별되고, 변형되어 대량 전달되고 있었다. 반면에 인터넷이 등장하면서의 큰 변화는 정보를 그렇게 통제하고 선별하는 권력이 일단 사라졌다는 것인데, 따라서 누구든지 정보를 올리고 접근하여 볼 수 있도록은 되었지만, 문제는 그러한 인터넷 인프라와 기기를 갖추었는지, 그리고 웹 서버를 소유하고 있는지, 프로그램을 자유자재로 사용할 수 있는지의 여부에 따라서 여전히 일반 사람들의 정보 접근과 생산은 제한받고 있었다. 그런 와중에 웹2.0의 등장은 누구든지 쉽게 자신의 웹페이지, 블로그 등을 만들어 자신의 정보와 지식을 빠르고 쉽게 올릴 수 있다는 것으로 특징 지을 수 있고, 다양한 검색 엔진과 웹서비스의 등장으로 필요한 정보를 쉽게 찾고 접근할 수 있게 되었다는 것이다. 이것은 스마트폰의 등장으로 인하여 장소에 구애 없이 더 빠르고 더 쉽고 더 자주 더 다양한 정보를 생산 및 소비할 수 있게 되었다.

여기에는 새로운 이슈가 발생하게 되는데 그 이유는, 과거에는 정보를 생산하고 전달하는 그룹이 제한되어 있었기 때문에 유통되는 정보의 가치와 영향을 감시하고 통제하기가 매우 쉬웠다. 하지만 지금처럼 남녀노소 누구든 쉽게 그리고 엄청나게 많이 정보를 생산하고 유통되고 있는 환경에서는 그러한 정보의 가치나 역기능을 어느 누군가가 파악하고 통제하기가 쉽지 않게 되었다. 따라서 그러한 정보들을 수집하여 악용할 수 있는 여지도 크게 늘었다. 실제로 개인에 대한 웬만한 정보는 인터넷 검색을 통하여 쉽게 습득할 수 있는 환경이 되어 버렸다. 따라서 정보의 관리와 통제는 과거처럼 어떤 중앙 집중된 권력이 아니라 각 개인이 1차 책임을 져야 하는 문제가 되어 버렸다. 또 하나의 문제는, 유통되는 정보의 정확성에 대한 것이다. 과거에는 중앙 권력이 유통될 지식을 검토하고 선별하여 제한적 제공을 하여 일차 걸러진 것이었지만, 지금은 개인이 바로 다른 개인에게 전달되는 구조이기 때문에 그 정보의 진위를 확인해 줄 수 있는 방법이 전혀 없다. 사용자들 간의 자정적인 과정만이 있을 뿐이다. 따라서 전달받는 정보나 지식의 진위 여부와 가치 판단은 각 개인이 스스로 해야 한다는 점이다.

이와 같이 인터넷에서의 정보는 과거 뉴스나 TV에서에서 받는 정보와는 전혀 다른 성격을 갖는 것이므로, 정보의 생산과 소비, 보호 그리고 가치 판단을 위한 교육과 이해가 반드시 필요하다.

# 찾아보기

데이터로 표현하는 세상

**정보적 사고의 시작**

초판 발행 1쇄 2014년 2월 19일
초판 6쇄 2021년 9월 10일

지은이 김현철
펴낸곳 고려대학교출판문화원
www.kupress.com
kupress@korea.ac.kr
(02841) 서울특별시 성북구 안암로 145
Tel 02-3290-4230, 4232
Fax 02-923-6311
찍은곳 (주)동화인쇄

ISBN 978-89-7641-839-5 03560

값 17,000원